风电场施工与安装技术研究

祝贞国 ◎ 著

吉林科学技术出版社

图书在版编目(CIP)数据

风电场施工与安装技术研究 / 祝贞国著. -- 长春 :
吉林科学技术出版社, 2022.4
ISBN 978-7-5578-9312-5

Ⅰ. ①风… Ⅱ. ①祝… Ⅲ. ①风力发电－发电厂－工
程施工－研究 Ⅳ. ①TM62

中国版本图书馆 CIP 数据核字(2022)第 072871 号

风电场施工与安装技术研究

著 祝贞国
出版人 宛 霞
责任编辑 钟金女
封面设计 优盛文化
制 版 优盛文化
幅面尺寸 185mm×260mm
开 本 16
字 数 329 千字
印 张 14.5
印 数 1-1500 册
版 次 2023年1月第1版
印 次 2023年1月第1次印刷

出 版 吉林科学技术出版社
发 行 吉林科学技术出版社
地 址 长春市南关区福祉大路5788号出版大厦A座
邮 编 130118
发行部电话/传真 0431-81629529 81629530 81629531
81629532 81629533 81629534
储运部电话 0431-86059116
编辑部电话 0431-81629510
印 刷 廊坊市印艺阁数字科技有限公司

书 号 ISBN 978-7-5578-9312-5
定 价 68.00 元

前言

随着能源危机日益加剧和环境污染日趋严重，研究替代能源、新能源及可再生能源，已成为保障能源供应及国家安全的迫切需要。风力发电以其资源丰富、成本低廉、便于利用，成为目前可再生能源利用中技术最成熟、最具规模开发条件、发展前景较好的发电方式。

在诸多可再生能源中，与光伏发电、生物质发电、潮汐发电等技术相比较，风力发电技术更成熟、建造周期更短、成本更低廉、对环境的破坏更小，是一种被普遍公认为安全、可靠、清洁的能源。在国家可持续发展和科学发展观这一总的发展大政方针的指引下，风电正成为我国重要的能源来源之一。

随着我国风电应用规模的不断扩大，在风电场建设和生产中暴露出的安全问题也越来越多。风电行业的安全管理涉及整个产业链，点多、线长、面广，包括风机设备、部件的生产制造，风电场的土建，风机部件的现场组装，风机设备的安装、调试，在运风机的运行与维护，以及各种配套服务环节。但是，与同属于电力行业的火电厂、水电厂等传统电厂相比，风电场对安全的重视程度不高，安全管理体系不健全、行业缺乏成熟的运维经验等，要做到风电行业安全生产还有很长的路要走。基于此，本书从风力发电的基础理论出发，详细的阐述了风力发电的，安装，调试以及各种相应的技术，包括施工过程中的相应管理及维修。

由于是首次系统性介绍风电场施工与安装的图书，再加之编者的水平有限，尽管付出了很大的努力，但是疏漏与不尽人意之处在所难免，恳请读者给予批评指正。

目录

第一章 风电场概述

第一节 风电场的内涵与组成

一、风力发电概述

风是最常见的自然现象之一，风能资源的储量非常巨大，一年之中风所产生的能量大约相当于20世纪90年代初全世界每年所消耗燃料的3000倍。

人类很早就认识到了风资源所蕴含的巨大能量，利用风能的历史已有数千年，早期主要是直接利用风力或由风力机将风能转换为机械能提供动力，例如船帆、风车提水、风车碾米磨面等。19世纪末，风能开始被用于发电，并且迅速成为其最主要的应用领域之一。

风电技术是可再生能源技术中最成熟的一种能源技术，对于应对那些与传统能源有关的迫在眉睫的环境和社会问题，风电是个切实可行而且立竿见影的解决方案。风力发电由于环保清洁、无废弃物排放、施工周期短、使用历史悠久，受到了各国的广泛重视和大力推广。

由于风能开发有着巨大的经济、社会和环保价值及良好的发展前景，如今风力发电在世界范围内都获得了快速的发展，风力发电规模及其在电力能源结构中的份额都增长很快。

风力发电就是利用风力机获取风能并转化为机械能，再利用发电机将风力机输出的机械能转化为电能输出的生产过程。风力机有很多种类型，用于风力发电的发电机也呈现出多样性，但是其基本能量转换过程都是一样的。用于实现该能量转换过程的成套设备称为风力发电机组。

单台风力发电机组的发电能力是有限的，目前在内陆地区应用的主流“大型”机组的额定功率不超过1.5MW，海上风电机组的平均单机容量在3MW左右，最大已达6MWO即使在今后若干年风电机组的功率可以翻倍，与常规火电厂或水电站的上百MW发电机组相比，仍然是很小的。

风力发电机组输出的电能经由特定电力线路送给用户或接入电网。风力发电机组与电力用户或电网的联系是通过风电场中的电气部分得以实现的。

二、风电场的概念

风电场是在一定的地域范围内由同一单位经营管理的所有风力发电机组及配套的输变电设

备、建筑设施、运行维护人员等共同组成的集合体。

选择风力资源良好的场地，根据地形条件和主风向，将多台风力发电机组按照一定的规则排成阵列，组成风力发电机群，并对电能进行收集和管理，统一送入电网，是建设风电场的基本思想。

应根据风向玫瑰图和风能玫瑰图。确定风电场的主导风向，在平坦、开阔的场址，要求主导风向上机组间相隔 5 ~ 9 倍风轮直径，在垂直于主导风向上要求机组间相隔 3 ~ 5 倍风轮直径。按照这个规则，风电机组可以单排或多排布置。多排布置时应成梅花形排列。

风电场是大规模利用风能的有效方式，20 世纪 80 年代初兴起于美国加利福尼亚，如今已在世界范围内获得蓬勃发展。目前，风电场的分布几乎遍布全球，风电场的数量已成千上万，最大规模的风电场可达上百万千瓦级，例如我国甘肃玉门的特大型风电项目。

随着风电场规模的不断扩大，风电场与电网或电力用户的相互联系越来越紧密，学习和掌握风电场电气部分具有相当重要的意义。

三、电气和电气部分

（一）电气的基本概念

我们在生活中常常会听到电气工程、电气部分、电气专业这样的词语，电气化水平也常用于衡量一个国家技术发展情况，那什么是电气呢？

在 20 世纪初，“Electrical Engnieering”作为外来名词被引入我国，被翻译为电工程，后来为了符合汉语的口语习惯逐步衍化为“电气工程”，而电气的本意也即为：带电的、生产和使用电能相关的。对于电气部分可以泛泛地理解为：由所有带电设备及其附属设备所组成的全部。

在日常生活中，人们对于用电的依赖是如此的严重，以至于成了一种生活习惯，现在即使很短时间内的断电都让人们感到不适应，计算机、照明、空调、电视、风扇等在给人们带来精彩生活的同时也使得人们高度依赖电能的供给，而且科技的进步也将更多的电器设备投入到人们的生活中。

此外，在各种生产活动中，对于电能的需求也越来越大。工厂中的电动机驱动泵、风机和空气压缩机需要电能来运行，工业冶炼中需要电弧炉来融化金属，公路铁路中都有由电动机所驱动的车辆，这些都说明现代文明对于电能的依赖，因此电气化成为衡量一个国家文明进步水平的标准。

作为消费者，人们常常关心的是用电设备的正常工作，这些电能又是从何而来的呢？发电厂中的发电机是一般意义上的电源，它将其他能源转化为电能，如煤炭、石油、水能、风能、太阳能、地热、潮汐等。也就是说，人们生产生活中所使用的电能无法由自然界直接获取，是一种二次能源，那些存在于自然界可以直接利用的能源被称为一次能源。

发电厂中发电机生产的电能一般需要经过变压器升高电压后送入其所在电网中，这是因为在输送同样功率时，较高的电压意味着较低的电流，也就意味着较低的输送损耗。电能由电网输送到用户所在地，经降压后分配给最终用户，如驱动风扇的电动机、照明用的日光灯、空调的压缩机等。

由此可见，在电能生产到消费之间需要有电能可以传导的路径，由于一定区域内发电厂和用户的分布非常复杂，因此这一路径自然形成了网状结构，即所谓的电网。电能由发电厂生产出来以后在电网中根据其结构按照物理规律自然分配。现代电网的覆盖范围日益扩大，比如北美电网包括美国和加拿大，而我国也已经实现全国联网。

（二）电气部分的一般组成

包括风电场在内的各类发电厂站、实现电压等级变换和能量输送的电网、消耗电能的各类设备（用户或负荷）共同构成了电力系统，即用于生产、传输、变换、分配和消耗电能的系统。电力系统各个环节的带电部分统称为其各自的电气部分。

注意：这里的说明适用于风电场、火电厂、水电站等各类发电厂站。如果只关心风电场，可以将其中的发电厂都当作风电场来看待。

发电厂和变电站是整个电力系统的基本生产单位，发电厂生产电能，而变电站则将电能变换后分配给用户。发电厂和变电站内部的带电部分即为其自身的电气部分。电气部分不仅包括电能生产、变换的部分，还包括其自身消耗电能的部分（即厂用电或所用电）。以上用于能量生产、变换、分配、传输和消耗的部分称为电气一次部分。此外，为了实现对厂站内设备的监测与控制，电气部分还包括所谓的二次部分，即用于对本厂站内一次部分进行测量、监视、控制和保护部分。

电气一次部分和二次部分都是由具体的电气设备所构成的，一次部分最为重要的是发电机、变压器、电动机等实现电能生产和变换的设备，它们和载流导体（母线、线路）相连接实现了电力系统的基本功能，即电能的生产、变换、分配、输送和消耗。其中发电机用于电能生产，变压器用于电能变换，母线用于电能的汇集和分配，线路用于能量的输送，电动机和其他用电设备用于电能的消耗（电能变换为其他能量形式）。

思考：根据生活实际，电能可以转换为哪些能量形式？

生活中，当人们使用台灯的时候，常需要开关来控制台灯的工作和不工作，即带电和不带电。在需要检查台灯的时候则应将插头从插座上拔下来，以保证和电源没有直接联系。同理，为了使人们可以任意地控制发电机、电动机、变压器等设备的起停（带电/不带电），也需要有相关的开关，这就是断路器。在分合电路的断路器旁边也常伴有用于检修时起电气隔离作用的隔离开关。

提示：断路器分合电路所使用的触头装设于灭弧装置中，无法直接看到，而隔离开关的触头暴露于空气中；断路器一般采用复杂的自动操作机构，而隔离开关常采用简单的人工操作机构。

除了断路器和隔离开关外，常见的开关电器还有熔断器和接触器。熔断器是最早的保护电器，用于电路故障时的过流熔断。而接触器是操作电器，用于正常时电路的分合。这两种开关电器常配合使用在电压较低的场所（如6kV），以替代价格较为昂贵的断路器。

有了上述三类设备（生产消耗电能、传输分配电能、开关电器）以后，人们不仅实现了电力系统的能量生产、变换、消费、分配和输送，还实现了其基本的控制功能，即可以有选择地将设备投入运行或退出运行。

在电力系统中，为了保证人员和设备的运行安全以及满足电力系统本身中性点接地的要求，还需要有相应的接地装置。在发电厂和变电站中常采用埋于地下的人工接地体构成接地网。接地网要求可以覆盖厂站内全部的电气设备，以保证设备的可靠接地。

此外，为应对电力系统中可能的故障或异常，在电气设备中还需要加装一些防止过电压和短路电流的装置，包括避雷器和串联电抗器。

以上的电气设备相互连接构成了发电厂和变电站内的一次部分，这些设备称为一次设备。为了对一次设备及整个系统的运行状态进行监视、测量、控制与保护，还需要在厂站内装设二次设备，这些设备相互连接构成了发电厂和变电站的二次部分（系统）。

二次系统是传递信号的电路，通过电压互感器和电流互感器将被测的一次设备和系统的高电压和大电流变换为低电压和小电流传递给测量和保护装置，测量和保护装置对所测得的电压和电流进行判别以监视一次设备和系统的运行状态并作出记录。以此为基础，人员可以使用控制设备去分合相对的开关电器，如断路器、隔离开关等。这样的设计使得二次系统可以采用低功耗标准化的小型设备来实现功能。特别需要注意的是，电压互感器和电流互感器按作用来分可以认为是二次设备，但其直接并联和串联于一次电路中，实际上是一次系统和二次系统的连接设备。

继电保护及自动装置可以认为是电力系统的卫兵。当电气设备发生故障时，对应的继电保护装置会根据采集到的电流和电压进行分析，判定发生故障后便动作触发与故障设备相连的断路器。断路器断开，将发生故障的电气设备从运行的电力系统中分离出来，从而保证系统的其余部分仍能正常运行。由于电力系统中线路的故障多为瞬时性故障（即故障存在的时间很短），在线路故障后常常允许断路器重合一次，以检验故障是否继续存在。如果故障仍在，则继电保护再次动作切除故障；否则断路器就重合成功，线路可以继续运行。重合闸及备用电源自投装置是电力系统中常见的自动装置，它用故障后断路器的合闸来缩小故障对于系统的影响。

在二次系统中为了实现测量、监视、控制和保护功能，还需要装设必要的控制电器和信号设备。常见的控制电器有断路器的控制开关。断路器分合过程中有可能由于电弧未能熄灭而发生爆炸，因此断路器的分合需要在远方操作，一般在变电站的主控制室内由控制开关来操作断路器的分合。

装设于变电站主控制室内的控制屏，常见于常规控制变电站。控制屏上装设有用于监视的仪表（电流表、电压表、有功功率表、无功功率表）、用于灯光告警的电子牌、用于操作断路器的控制开关和指示断路器位置的红绿指示灯。在主控制室的布置中，一般将控制屏布置于最前列，以便人工监视和控制。在控制屏的最中央一般布置有中央信号屏，控制屏的前方是用于值班员工作的监控台，各类继电保护装置和远动及电能表屏通常按列布置于控制屏后，交直流电源装置可以布置于控制屏后或两旁。

上述设备运行的时候需要消耗电能，是作为耗电设备存在的，如继电保护装置，而断路器和其他设备的控制也需要消耗电能（由电动机驱动或进行储能），因此还需要装设相应的直流电源设备。采用直流的好处是可以利用蓄电池进行电能存储）在正常运行的时候，直流系统对一次系统送来交流电进行整流，提供给二次系统中的设备使用，并对蓄电池组进行充电。而当厂站内一次系统故障或还未带电时，由蓄电池组对二次设备进行供电，保证了二次系统的独立可靠运行。

在发电厂和变电站内，二次设备由控制电缆连接，构成了功能不同的二次回路，如用于实现继电保护功能的保护回路，用于实现断路器控制功能的断路器控制回路和用于信号和告警的信号回路。这些不同的回路间的信息传递依靠二次装置中的继电器来实现。

除了连接一次系统和二次系统的互感器以外，二次系统的设备一般集中布设于发电厂和变电站的主控制室内，并由控制电缆相互连接。

第二节 风电场电气部分的构成与设计

一、风电场电气部分的构成

（一）风电场与常规发电厂的区别

与火电厂、水电站及核电站等常规发电厂站相比，风电场的电能生产有着很大的区别。这主要体现在以下几个方面：

第一，风力发电机组的单机容量小。目前，内陆风电场所用的主流大型风力发电机组多为1.5MW；海上风电场的风电机组单机容量稍大一些，最大已达6MW，平均为3MW左右；而一般火电厂等常规发电厂站中，发电机组的单机容量往往是几百MW，甚至是上千MW。

第二，风电场的电能生产方式比较分散，发电机组数目多。火电厂等常规发电厂站，要实现百万千瓦级的功率输出，往往只需少数几台发电机组即可实现，因而生产比较集中。而对于风电场，由于风力发电机组的单机容量小，要达到大规模的发电应用，往往需要很多台风电机组。例如，按目前主流机型的额定功率计算，建设一个5万千瓦（即50MW）的内陆风电场，需要33台风电机组。若要建设100万千瓦（BP1000MW）规模的风电场，则需要667台1.5MW的风电机组。这么多的风电机组，分布在方圆几十甚至上百公里的范围内，电能的收集明显要比生产方式集中的常规发电厂站复杂。

第三，风电机组输出的电压等级低。火电厂等常规发电厂站中的机组输出电压往往在6kV ~ 20kV电压等级，只需一到两级变压器即可送入220kV及以上的电网。而风力发电机组的输出电压要低得多，一般为690V或400V，需要更高等级的电压变换，才能送入大电网。

第四，风力发电机组的类型多样化。火电厂等常规发电厂站的发电机几乎都是同步发电机。而风力发电机组的类型则很多，同步发电机、异步发电机都有应用，还有一些特殊设计的机型，如双馈式感应发电机等。发电原理的多样化，就使得风电并网给电力系统带来了很多新的问题。

第五，风电场的功率输出特性复杂。对于火电厂、水电站等常规发电厂站而言，通过汽轮机或水轮机的阀门控制，以及必要的励磁调节，可以比较准确地控制发电机组的输出功率。而对于风电场，由于风能本身的波动性和随机性，风电机组的输出功率也具有波动性和随机性。而且那些基于异步发电原理的机组还会从电网吸收无功功率，这些都需要无功补偿设备进行必要的弥补，以提高功率因数和稳定性。

第六，风电机组并网需要电力电子换流设备。火电厂、水电站等常规发电厂站可以通过汽轮机或水轮机的阀门控制，准确地调节和维持发电机组的输出电压频率。而在风电场中，风速的波动性会造成风力发电机组定子绕组输出电压的频率波动。为使风力发电机组定子绕组输出电压的频率波动不致影响电网的频率，往往采用电力电子换流设备作为风力发电机组并网的接口。先将风力发电机输出电压整理为直流，再通过逆变器变换为频率和电压满足要求的交流电送入电网。这些用作并网接口的电力电子换流器，在常规发电厂站中是不需要的，有可能给风电场和电力系统带来谐波等电能质量问题。

正是由于风电场自身的电气特点，风电场电气部分与常规发电厂站的电气部分也不尽相同。

（二）风电场电气部分的构成

总体而言，风电场的电气部分也是由一次部分和二次部分共同组成，这一点和常规发电厂站是一样的。

风电场电气一次系统的基本构成大致如图所示，采用地下电缆接线集电系统未在图中显示。

根据在电能生产过程中的整体功能，风电场电气一次系统可以分为四个主要部分：风电机组、集电系统、升压站及厂用电系统。

注意：这里所说的风电机组，除了风力机和发电机以外，还包括电力电子换流器（有时也称为变频器）和对应的机组升压变压器（有的文献称为集电变压器）。目前，风电场的主流风力发电机本身输出电压为690V，经过机组升压变压器将电压升高到10kV或35kV。

集电系统将风电机组生产的电能按组收集起来。分组采用位置就近原则，每组包含的风电机组数目大体相同。每一组的多台机组输出（经过机组升压变压器升压后）一般可由电缆线路直接并联，汇集为一条10kV或35kV架空线路输送到升压变电站。当然，采用地下电缆还是架空线，还要看风电场的具体情况。

升压变电站的主变压器将集电系统汇集电能的电压再次升高。达到一定规模的风电场一般可将电压升高到110kV或220kV接入电力系统。对于规模更大的风电场，例如百万千瓦级的特大型风电场，还可能需要进一步升高到500kV或更高。

风电机组发出的电能并不是全都送入电网，有一部分在风电场内部就用掉了。风电场的厂用电包括维持风电场正常运行及安排检修维护等生产用电和风电场运行维护人员在风电场内的生活用电等。

二、电气主接线及设计要求

（一）电气主接线的基本概念

1. 地理接线图

地理接线图就是用来描述某个具体电力系统中发电厂、变电所的地理位置，电力线路的路径，以及他们的相互连接。它是对该系统的宏观印象，只表示厂站级的基本组成和连接关系，无法表示电气设备的组成和关系。简单电力系统的地理接线图如图 1-1 所示。

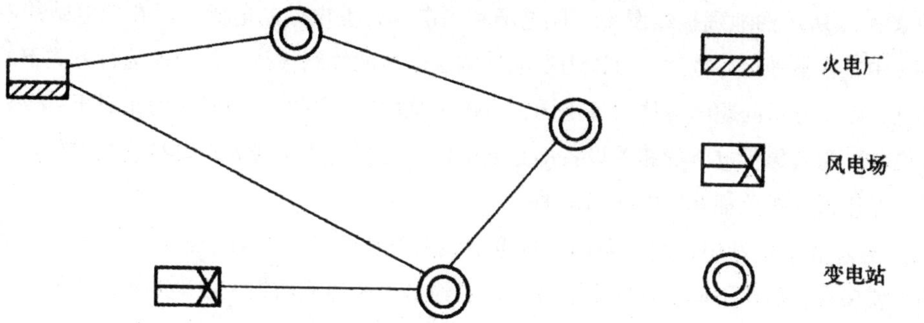

图 1-1 简单电力系统的地理接线图

2. 电气主接线

在发电厂和变电所中，各种电气设备必须合理组织、连接，以实现电能的汇集和分配，根据这一要求由各种电气设备组成，并按照一定方式由导体连接而成的电路被称为电气主接线。某变电站的电气主接线图（部分）如图 1-2 所示。

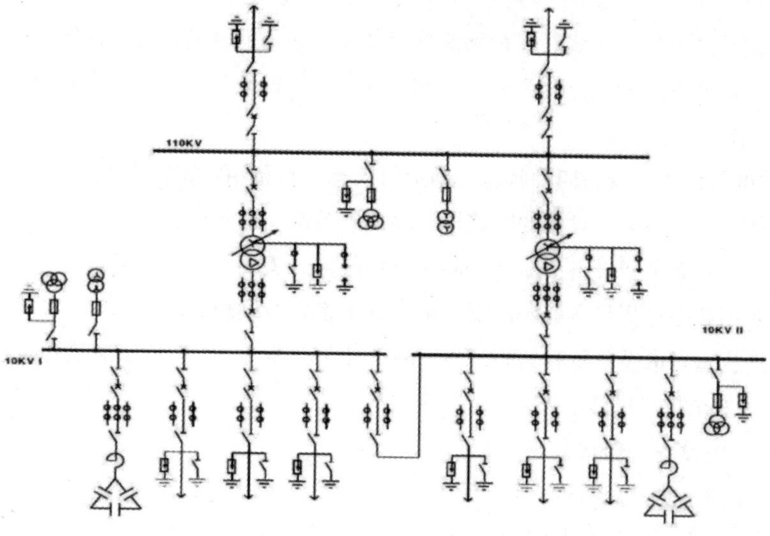

图 1-2 某变电站的电气主接线图（部分）

对于电气主接线的描述是由电气主接线图来实现的。电气主接线图用规定的电气设备图形符号和文字符号并按照工作顺序排列，以单线图的方式详细地表示电气设备或成套装置的全部基本组成和连接关系。它可以表明具体厂站的电能汇集和分配关系以及相关运行方式。

现代电力系统是三相交流电力系统，而电气主接线图基本是以单相图的形式来表征三相电路，但是对于某些需要表示接线特征的设备则要表示其三相特征，比如变压器、电压互感器和电流互感器等。

3. 电源和负荷

在图 1–1 所示的地理接线图中，风电场和火电厂是变电站的电源。而在变电站的电气主接线图 1–2 中，在某种运行方式下可以为变电站输送电能的线路被认为是当前运行方式下的电源。由此可见，由于分析问题的具体对象不同，电源不是固定不变的，通常认为相对于需要分析的具体电气设备，为其提供电能的相关设备即是其电源。在分析主接线时，要将它们看作是带电的。发电机、变压器、线路都有可能作为电源。

在发电厂和变电站中，用于向用户供电的线路被称为负荷。对于这些负荷可靠供电是电力系统的首要要求，由于不同负荷断电后在政治、经济上所造成的损失或影响程度不同，因此电力负荷分为不同等级。不同的电力负荷，其供电可靠性也不同，对供电电源的要求也不同。对于一级负荷，明确规定应由两个电源供电，即两个电源不能同时损坏，因为只有满足这个基本要求，才可能维持其中一个电源继续供电。另外还必须增设应急电源。

在电气主接线中，电源和负荷是相对的概念。同一条线路，在做不同的分析时，可能是负荷的电源，也可能是电源的负荷。

另外，在发电厂和变电站中，配电装置用于具体实现电能的汇集和分配，它是根据电气主接线的要求，由开关电气、母线、保护和测量设备以及必要的辅助设备和建筑物组成的整体。配电装置根据电气设备安装的地点分为屋内式和屋外式，根据组装方式又分为装配式和成套式。

4. 设备工作状态

运行中的电气设备可分为四种状态，即运行状态、热备用状态、冷备用状态和检修状态。

（1）运行状态是指电气设备的断路器、隔离开关都在合闸位置。

（2）热备用状态是指设备只断开了断路器而隔离开关仍在合闸位置。

（3）冷备用状态是指设备的断路器、隔离开关都在分闸位置。

（4）检修状态是指设备所有的断路器、隔离开关已断开，并完成了装设地线、悬挂标示牌、设置临时遮栏等安全技术措施。

送电过程中的设备工作状态变化为：

检修→冷备用→热备用→运行

停电过程中的设备工作状态变化为：

运行→热备用→冷备用→检修

5. 倒闸操作

利用开关电器，按照一定的顺序，对电气设备完成上述四种状态的转换过程称为倒闸操作。倒闸操作必须严格遵守下列基本原则：

（1）绝对禁止带负荷拉、合隔离开关（刀闸），停、送电只能用断路器（开关）接通或断开负荷电流（路）。

（2）停电拉闸操作须按照断路器→负荷侧隔离开关→电源侧隔离开关的顺序依次操作；送电合闸操作应按照与上述相反的顺序进行。

（3）利用等电位原理，可以用隔离开关拉、合无阻抗的并联支路。

（4）隔离开关只能按规定接通或断开小电流电路，如避雷器电路、电压互感器电路、一定电压等级一定长度的空载线路和一定电压等级、一定容量的空载变压器等。但上述操作必须严格按现场操作规程的规定执行。现场除严格按操作规程实行操作票制度外，还应在隔离开关和相应的断路器之间加装电磁闭锁、机械闭锁或电脑钥匙。

（二）电气主接线的设计原则

电气主接线是发电厂、变电所电气设计的首要部分。电气主接线的确定与电力系统的整体及风电场、变电所运行的可靠性、灵活性和经济性密切相关，并对电气设备选择、配电装置布置、继电保护和控制方式有较大影响。

发电厂电气主接线设计的基本要求有以下三点：

1. 可靠性

供电可靠性是电力生产的基本要求，在主接线设计中可从以下几方面考虑：

（1）任一断路器检修时，尽量不会影响其所在回路供电。

（2）断路器或母线故障及母线检修时，尽量减少停运回路数和停运时间，并保证对一级负荷及全部二级负荷或大部分二级负荷的供电。

（3）尽量减小发电厂、变电所全部停电的可能性。

2. 灵活性

发电厂主接线应该满足在调度、检修及扩建时的灵活性。

（1）调度时，应可以灵活地投入和切除发电机、变压器和线路，灵活地调配电源和负荷，满足系统在事故、检修以及特殊运行方式下的系统调度要求。

（2）检修时，可以方便地停运断路器、母线及其继电保护设备，不至影响电力系统的运行和对用户的供电。

（3）扩建时，可以容易地从初期接线过渡到最终接线。在不影响连续供电或停电时间最短的情况下，投入新装机组、变压器或线路而不互相干扰，并且对一次和二次部分改建工作量最小。

3. 经济性

在满足可靠性、灵活性要求的前提下，还应尽量做到经济合理。对于经济性的考虑主要包括下列内容：

（1）投资省

①主接线力求简单，以节省断路器、隔离开关、互感器、避雷器等一次电气设备。

②继电保护和二次回路不过于复杂，以节省二次设备和控制电缆。

③采取限制短路电流的措施，以便选取价格较低的电气设备或轻型电器。

（2）占地面积小

主接线设计要为配电装置布置创造条件，尽量使占地面积小。

（3）电能损失少

在发电厂和变电站中，电能损耗主要来自变压器，应经济合理地选择主变压器的种类、容量、数量，并尽量避免因两次变压而增加的电能损失。

第三节 常用的电气主接线形式与设计

一、常用的电气主接线形式

（一）电气主接线的分类

在发电厂和变电站中，配电装置实现了发电机、变压器、线路之间电能的汇集和分配，这些设备的连接由母线和开关电器实现，母线和开关电器不同的组织连接也就构成了不同接线形式。

主接线形式可以分为两大类：有汇流母线和无汇流母线两种。汇流母线简称母线，是汇集和分配电能的设备。

采用有汇流母线的接线形式便于实现多回路的集中。由于有母线作为中间环节，使接线简单、清晰、运行方便，有利于安装和扩建。相对于无母线接线形式，其配电装置占地面积较大，使用断路器等设备增多，因此更适用于回路较多的情况，一般进出线数目大于 4 回。有汇流母线的接线形式包括：单母线、单母线分段、双母线、双母线分段、带旁路母线等。

无汇流母线的接线形式使用开关电器较少，占地面积小，但只适用于进出线回路少，不再扩建和发展的发电厂或变电站。无汇流母线的接线形式包括：单元接线、桥形接线、角形接线、变压器 - 线路单元接线等。

不同的接线方式决定于电压等级及出线回路数。按电压等级的高低和出线回路的多少，不同的接线形式有其大致的使用范围。

（二）电气主接线的常见形式

1. 单元接线

单元接线是无母线接线形式中最简单的接线形式，即发电机和主变压器组成一个单元，发电机生产的电能直接输送给变压器，经过变压器升压后送给系统。单元接线形式如图 1–3 所示。

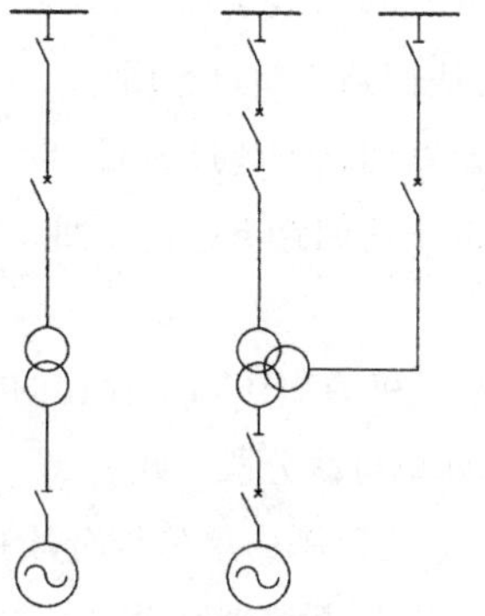

图 1-3 单元接线

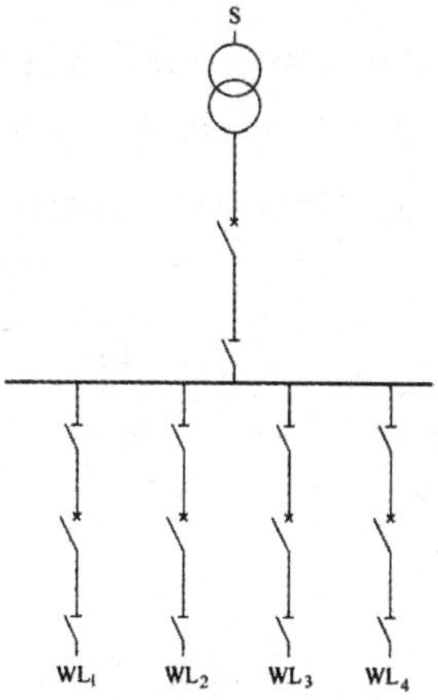

图 1-4 单母线接线

2. 单母线

单母线以一条母线作为配电装置中的电能汇集节点，是有母线接线形式中最简单接线形式。

图 1-4 为一 10kV 降压变电站单母线接线形式，单母线将变压器及四条线路连接起来。线路和变压器由断路器实现电气设备的投入和退出，断路器装有灭弧机构，可以用来切断电路分合时所产生的电弧，具有开合负荷电流和故障电流的能力。断路器两侧装设有隔离开关，隔离开关没有灭弧装置，因此无法分合较大的电流，它用于电路断开后保证停运设备和带电设备的隔离，起隔离电压的作用。由于断路器检修的时候需要保证其两侧都不带电，因此一般在断路器的两侧都设置隔离开关，靠近母线的被称为母线隔离开关，靠近出线的称为出线隔离开关。

单母线的优点是接线简单清晰、设备少、操作简单、便于扩建和采用成套配电装置。但是单母线的可靠性较低，当其中的任一断路器检修停运时，其所在回路必须停电。而当母线或母线隔离开关故障或检修时，由于母线停运，整个配电装置都需要停电，也就有可能造成整个厂站的停电。

单母线接线适用于电源数目较少、容量较小的场合，例如母线上只有一个电源的情况，也就是只有一台发电机或一台变压器的时候，要求如下：

（1）6 ~ 10kV 配电装置的出线回路不超过 5 回。

（2）35 ~ 63kV 配电装置的出线回路不超过 3 回。

（3）110 ~ 220kV 配电装置的出线回路不超过 2 回。

3. 单母线分段

当配电装置中有多个电源（发电机或变压器）存在的时候，单母线不再适用，此时可以将单母线根据电源的数目进行分段，即单母线分段形式。

图 1–5 为 10k ~ 35kV 降压变电站常用的单母线分段接线形式，两台主变压器作为电源分别给两段母线供电，两段母线之间由分段断路器联系，可由分段断路器的闭合而并列运行，也可由分段断路器断开而分列运行。

单母线分段的数目由电源数量和容量决定，分段数目越多，母线停电的范围越小，但是断路器的数目也越多，配电装置和运行也越复杂，因此一般以 2 ~ 3 段为宜。同时需要注意，为了减少功率在分段断路器上的流动，电源和负荷要尽量分配到每条母线上，以尽量保证母线间的功率平衡。

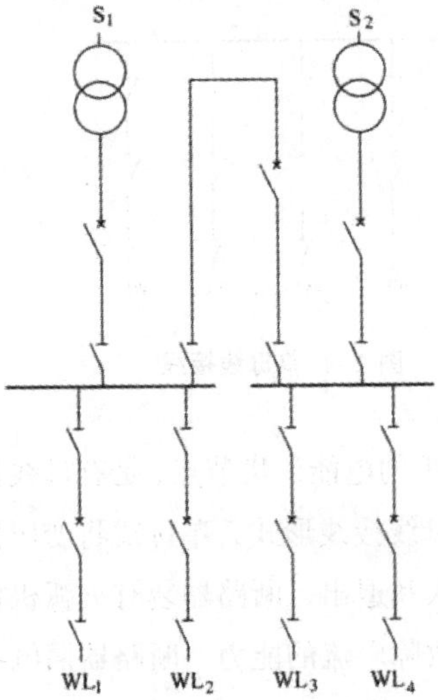

图 1–5 单母线分段接线

单母线分段具有以下优点：

（1）重要用户可以从两段母线上引出两个回路，由不同的电源供电（母线）。

（2）当一段母线发生故障或需要检修的时候，分段断路器可以断开，保证另一段母线的正常运行。

由此可见，单母线分段接线相对单母线接线，其可靠性和灵活性都有提高。但当一段母线故障的时候，其所连接的回路依然需要停电，同时重要负荷采用双回线时，常使得架空线路出线交叉跨越。为了使得两段母线负荷和电源均衡配置，在扩建的时候需要向两个方向均衡扩建。

单母线分段的适用范围如下：

① 6 ~ 10kV 配电装置的出线回路数为 6 回及以上。

② 35 ~ 66kV 配电装置的出线回路数为 4 ~ 8 回。

③ 110 ~ 220kV 配电装置的出线回路数为 3 ~ 4 回。

4. 双母线

单母线分段接线在母线故障的时候虽然保证了部分负荷的供电，但是故障母线所连的回路依然需要停运，在可靠性要求较高的情况下无法满足要求。而双母线接线可以解决上述问题。双母线接线方式如图 1-6 所示，通过设置两条独立的母线，每条母线都可以和配电装置中的任意回路相连接，从而使得当一条母线故障或检修时，所有的回路可以运行于另一条母线。

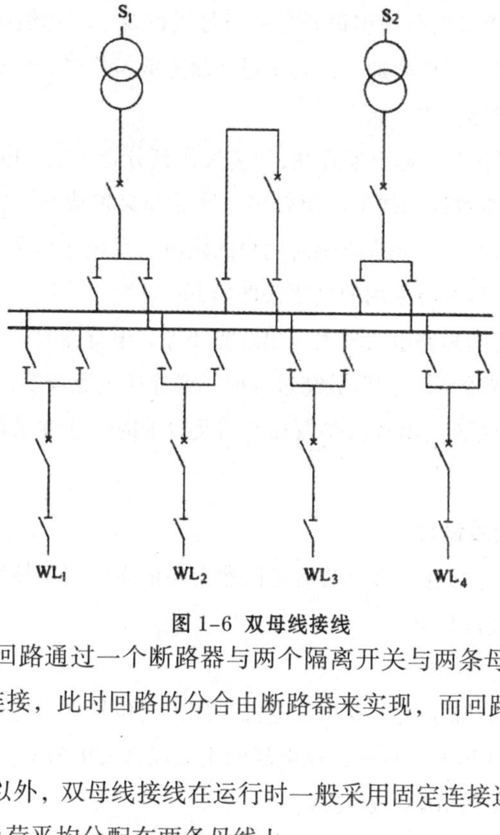

图 1-6 双母线接线

双母线接线的每个回路通过一个断路器与两个隔离开关与两条母线相连，母线之间通过母线联络断路器（母联）连接，此时回路的分合由断路器来实现，而回路运行于哪条母线则由母线隔离开关决定。

除了母线检修情况以外，双母线接线在运行时一般采用固定连接运行方式，即两母线运行，通过母线并列，电源和负荷平均分配在两条母线上。

相对于单母线及单母线分段，双母线具有以下优点：

（1）供电可靠。由于任意回路可以和两条母线联系，通过两个母线隔离开关的倒闸操作，可以使得回路灵活地在两条母线间切换，从而使得检修任一母线只停母线本身，不至于造成供电中断。

而故障的时候，可以迅速地将停电回路倒到另一条带电母线上，减少了故障的影响。

提示：双母线接线中所有回路都经过两个隔离开关和两条母线相互联系，由于隔离开关不能切断电流，当两个母线隔离开关都闭合的时候，任一母线发生故障将无法断开和非故障母线的联系，因此在两母线隔离开关都闭合的情况只允许在倒母操作的时候短时存在。

（2）调度灵活。每个回路都可以运行于任一母线，也就使得电源和负荷可以灵活地在母线上分配，这就可以更好地适应系统中各种运行方式的调度以及潮流变化的需求。

（3）扩建方便。相对于单母线分段，向任一方向扩建都不影响电源和负荷的平均分配，不会引起原有回路的停电。当存在双回架空线时可以顺序布置，不会出现单母分段时候所导致的交叉跨越。

（4）便于试验。当个别回路需要单独试验的时候，可以将该回路单独接于一条母线进行试验。

由于相对于单母线及单母线分段多设置了一条母线以及一组母线隔离开关，双母线接线的配电装置安全性较强，同时投资也增加。但由于母线故障或检修时，隔离开关作为操作电器以实现倒母操作，因此增加了误操作的可能。

提示：隔离开关一般只作为检修电器存在，当需要用其分合小电流电路时也可作为操作电器。

双母线接线适用于回路数或母线上电源较多、输送和穿越功率大、母线故障后要求迅速恢复供电、母线或母线设备检修时不允许影响对用户的供电、系统运行调度对接线的灵活性有一定要求的情况下采用，各个电压等级采用的具体条件如下：

① 6 ~ 10kV 配电装置的短路电流较大，出线需要加装电抗器时。

② 35 ~ 63kV 配电装置的出线回路数超过 8 回，或连接电源较多，负荷较大时。

③ 110 ~ 220kV 配电装置的出线回路数在 5 回及以上时，或在系统中具有重要地位，出线回路数为 4 回及以上。

二、风电场电气主接线设计

在工程实践中对于风电场电气部分的描述依然需要依靠电气主接线图，下面对风电场中电气主接线的各个部分分别进行介绍。

（一）风电机组的电气接线

这里所说的风电机组，除了风力机和发电机以外，还包括电力电子换流器（有时也称为变频器）和对应的机组升压变压器。目前，风电场的主流风力发电机本身输出电压为 690V，经过机组升压变压器将电压升高到 10kV 或 35kV。

一般可把电力电子换流器和风力发电机看作一个整体（都在塔架顶端的机舱内），这样风电机组的接线大都采用单元接线，如图 1-7 所示。

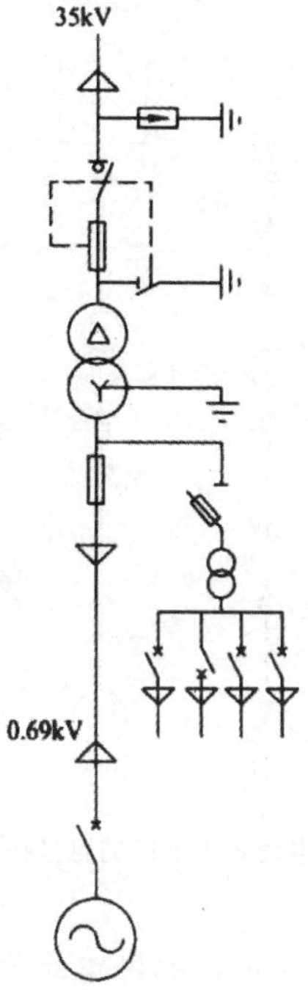

图 1-7 风电机组电气接线

机组升压变压器（也称集电变压器）的接线方式可采用一台风电机组配备一台变压器，也可以采用两台风电机组或多台风电机组配备一台变压器。一般情况下，多采用一机一变，即一台风电机组配备一台变压器。

（二）集电环节及其接线

集电系统将风电机组生产的电能按组收集起来。分组采用位置就近原则，每组包含的风电机组数目大体相同，多为 3 ~ 8 台。一般每一组 3 ~ 8 台风电机组的集电变压器集中放在一个箱式变电所中。每组箱式变电所的变压器台数是由其布置的地形情况、箱式变电所引出的线路载流量以及技术等因素决定的。

每一组的多台风电机组输出，一般可在箱式变电所中各集电变压器的高压侧由电力电缆直接并联。多组机群的输出汇集到 10kV 或 35kV 母线，再经一条 10kV 或 35kV 架空线路输送到升压变电站。当然，采用地下电缆还是架空线，还要看风电场的具体情况。架空线路投资低，但在风电场内需要条形或格形布置，不利于设备检修，也不美观。采用直埋电力电缆敷设，风电场景观较好，但投资较高。

就接线形式而言，风电场集电环节的接线多为单母线分段接线。每段母线的进线，是各箱式变电所汇集的多台风电机组的并联输出，每一组机群的箱式变电所提供汇流母线的一条进线。每段母线的出线是一条通向升压站的 10kV 或 35kV 的输电线路。图 1-8 所示为一种可能的风电场集电系统的电气接线。

注意：这里所说的单母线分段，也可以是地位相当的多条母线。

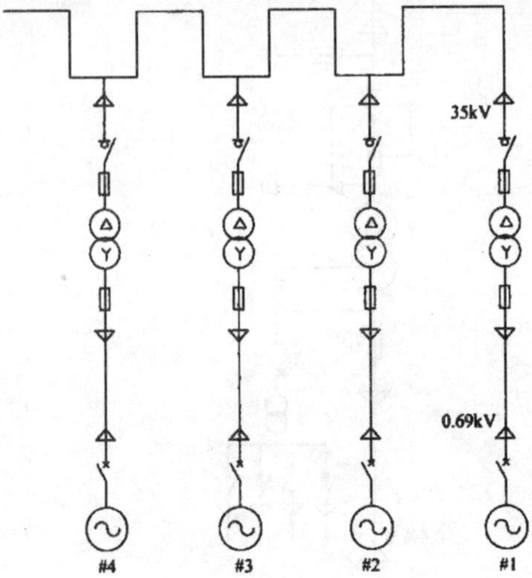

图 1-8 风电场集电系统的电气接线

（三）升压变电站的主接线

升压变电站的主变压器将集电系统汇集的电压再次升高。达到一定规模的风电场一般可将电压升高到 110kV 或 220kV 接入电力系统。对于规模更大的风电场，例如百万千瓦级的特大型风电场，还可能需要进一步升高到 500kV 或更高。

就接线形式而言，升压变电站的主接线多为单母线或单母线分段接线，取决于风电机组的分组数目。当风电场规模不大，集电系统分组汇集的 10kV 或 35kV 线路数目较少时，可以采用单母线接线。而大规模的风电场，10kV 或 35kV 线路数目较多，就需要采用单母线分段的方式。对于规模很大的特大型风电场，还可以考虑双母线等接线形式。

（四）风电场厂用电

风电场的厂用电包括维持风电场正常运行及安排检修维护等生产用电和风电场运行维护人员在风电场内的生活用电等，也就是风电场内用电的部分。至少应包含 400V 的电压等级。

第二章 风电场设备安装

第一节 风机设备安装的基本条件

风电场土建施工阶段结束之后即进入到设备安装阶段。风电场的设备安装主要包括风机设备和升压站设备的安装。由于风电场升压站设备安装的作业项目、风险与危险源的分析辨识、安全与防范要求等和变电站设备的安装基本上相似，可以利用和参考已有的变电站设备安装作业风险、危险源分析辨识和安全防范要求，再结合风电场设备安装作业特点，经过一定整合和修改，提出具体的符合风电场现场实际的安全防范要求和管理文件，故本文将侧重阐述风电场风机设备现场安装作业的风险辨识与安全防范措施。

由于风机设备安装作业涉及面较广，作业范围大，人员较多，突发情况较多，因此作业安全较难控制。设备安装中风险较高的作业主要涉及吊装、安装、导向绳（也称拉绳、风绳）牵引、登高作业等。以最常见的50MW级别风电场使用1.5MW机组为例，需要建设33台风力发电机组，风机分布较散，滩涂地区一般在几平方公里到十几平方公里范围，山区则要视风电场所处环境而定，通常在十几平方公里到几十平方公里；而且，兆瓦级别风力发电机组风塔的高度一般在60 ~ 90m，随着大容量机组的日臻成熟与量产、投运，风机叶片旋转直径已达120m及以上，风塔高度也随之升高，有的已达137m；另外，风机主要部件质量在几吨到几十吨之间。以上这些都给人员的人身安全和设备安全带来了挑战。以下将详细介绍风力发电机组设备现场安装作业及其危险源分析、辨识，以及应采取的相应安全防范措施。

风机设备现场安装作业主要包括风机塔筒吊装、机舱吊装、叶片与轮毂的组装以及叶轮整体吊装等。

一、风机设备安装的基本条件

风机设备现场安装要求具备一定的客观条件。

1. 基础施工完成并经验收合格后，方可逐一进入风机的塔筒吊装、机舱吊装、叶片与轮毂的组对以及整体吊装等作业。

塔筒、风机、叶片、轮毂吊装前，安装施工单位必须按照工作程序要求将所需的各施工材料上报监理单位，由监理单位进行严格审批，经审批后进入安装施工阶段。

安装施工单位必须将施工机械种类、数量、机械状况，参与施工的各类工种人员真实情况上报业主和监理单位备案。

2. 必须配备符合作业方案要求的运输车辆和吊车司驾人员及其引导或辅助人员、指挥人员、安装人员、专职安全员、监理人员等，且凡是对岗位有资质要求的均必须持有效证照上岗。

3. 通常而言，大吨位吊车是必备的起重吊运设备。一般风机设备安装现场要求至少有 2 台大型起重吊车，可以是 500t 级或 600t 级履带吊和 70t 级汽车吊各 1 台。有条件的业主或施工承包单位也可租赁 1 台 120t 左右的吊车专门用于卸货。

4. 在现场安装作业正式开始之前，必须依据风机设计和安装位置分布图对风机基础周围场地进行认真检查。每基风机周围的场地必须平整，具备足够的主吊车、副吊车及配合作业车辆的工作停车位，且场地必须满足以上车辆安全作业的需要。通常要求吊车必须泊于坚实地面，为了保证安全起见，最好要求高吨位履带式吊车（500t 级及以上）必须置于垫铺路基板或路基箱上。同时，现场场地大小还需满足叶片、轮毂摆放和组装的要求，并设置专门的风机机舱摆放位置。现场部件摆放位置可参考图 2–1（也可以根据吊车的起重量及回转半径来确定，但必须注意轮毂吊耳的位置）。

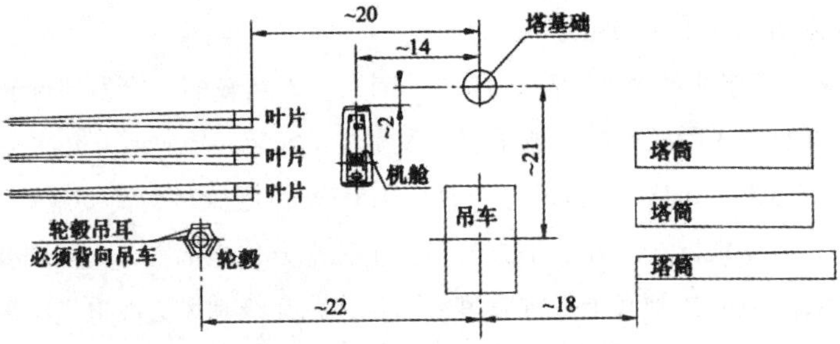

图 2–1 风机安装现场部件摆放示例（单位：m）

5. 安装现场道路的最小工作宽度必须满足风机安装的基本要求（依据各风机生产单位和叶片生产单位的产品使用说明书而定）。一般进场道路有效宽度不应小于 6m，急转弯和斜坡处的有效宽度不应小于 8m（道路的典型弯曲度为 180°）。道路的转弯半径不应小于 50m，道路坡度不大于 8%。车辆轮胎与道路软路（土）基距离必须大于 1m。进场道路须平整、压实。在无法满足上述道路条件而致使物件运输车辆无法正常进入风机机位现场的情况下，施工承包单位须负责使用牵引将车辆拖至风机机位。

6. 在开始安装风塔之前，风机塔筒、机舱、叶片及轮毂等设备及部件应该由部件生产厂家根据合同约定已经运送到风电场的临时设备存储仓库（临时存储仓库通常设在风电场升压站施工场地的附近）。根据风塔安装的工期安排，施工单位再将塔筒、机舱、叶片及轮毂等设备及部件按时运送到风塔安装现场。

二、风机设备安装的安全要求

1. 现场司驾人员必须身穿工装，工装必须系好纽扣或拉好拉链、系好袖扣。进入驾驶室前必须佩戴安全帽，但允许进入驾驶室后暂时性摘除，一旦离开驾驶室必须重新佩戴。佩戴工作手套，以有防滑耐磨功能的为佳。配穿防滑耐磨耐油工作鞋。由于作业基本上在野外，允许司驾人员根据各自情况自行决定是否佩戴防日晒防紫外线的护目镜。应该根据机械设备的噪声情况决定是否佩戴耳部防护装具。现场起吊车辆司驾人员必须配备通信器材，并保证通信器材完好，通信畅通。所有司驾人员必须具备资质证书并在项目经理部备案。

凡是直接参与起重作业的现场配合作业人员都必须持有起重资质证件，并在承包单位相关部门留有备案。

现场配合作业的人员必须佩戴安全帽。必须身穿工装，工装必须系好纽扣或拉好拉链、系好袖扣。佩戴工作手套。配穿防滑耐磨工作鞋。允许根据个人情况和环境条件佩戴防日晒防紫外线的护目镜。根据现场噪声情况决定是否佩戴耳部防护装具。现场负责人应根据现场情况决定是否要求作业人员佩戴防尘口罩。

现场业主单位基建负责人、安全监察人员、风电场项目技术负责人和监理人员等必须始终在装载与吊卸现场，具体监督和协调物件的装卸作业。以上所有人员必须配备和使用与现场配合作业人员完全相同的安全防护装具。

2. 吊车上必须安装相应的安全装置及视频监控设备等，且必须能够正常使用。吊车未支稳、未铺垫路基板（枕木）、未安装视频监控设备、带病时不得进行起吊作业。

运输车辆的车头牵引马力和底盘高度以及各项参数必须满足合同及运输方案的要求。运输车辆上必须安装行车记录仪并经过全面检查，车辆不得超载、超速或违规载人，进场前必须经过甲方、工程监理人员签名确认。运输车辆配重未经过计算、未可靠固定，塔筒、机舱设备运输缆绳、缆索绑固不足四道、车辆载荷重心偏移超安全范围、车辆及运输设备边缘与架空线路的安全距离没有确认安全的，不得进行运输。

3. 作业场所气象条件不满足要求，作业时风速超规程规定，有暴雨雷击风险，能见度不足导致无法看清场地、被吊物和指挥信号时，不得进行起吊作业。

运输道路局部区域气候状况不满足运输方案要求，叶片特种工装车举升运输时风速≥8m/s，设备常规运输时风速≥12m/s时，不得进行运输。

4. 在安装施工开始前，安装施工单位必须对参与施工的各类工种人员进行技术交底、安全交底，有条件的还可以以书面形式让每一位参与施工的各类工种人员签署被告知和已熟悉所参与施工作业内容的承诺书，以此确保工程施工质量和施工全过程的安全。

正式吊装前，业主单位、总承包单位、具体承担安装施工的安装单位、设计单位、产品生产单位及监理单位均必须派人到现场，共同对现场设备、现场作业环境等进行检查，并将检查情况记录在案，以供备用。如发现待安装设备或塔筒有问题，应由生产厂家提出解决方法或就地解决。对缺少配件的，则要求生产厂家立即将缺少的配件发至吊运现场，以免影响工程进度。

正式吊装前，业主单位必须会同相关各单位就吊装过程中可能发生的问题召开联席协调会议，共同商讨与研究，提前制订预防措施，做到防患于未然。同时，业主单位还应责成各相关单位提交上报各相应的应急预案。会议还应对设备或部件在检查中发现的问题或缺陷等进行集中讨论，提出解决问题和消缺处理的方法，排定具体时间表，以尽可能地保证工程的质量、安全和进度。

5. 由于风机的塔筒、机舱、叶片及轮毂通常不是由同一家生产单位制造的，因此，在风电场项目确立后的风电场设计与产品选型阶段、设备采购阶段以及设备监造阶段，业主单位都必须建立一整套的监督、监造、质量管控等体系，并选派业务精通、技术娴熟、工作能力强、富有责任心的员工担任驻厂监造工作，从源头上控制好风机塔筒、机舱、叶片及轮毂的产品质量与设备的安全可靠性。

风机设备或部件运抵风机基础现场后，物件的卸运摆放应根据事先设计好的场所进行摆放。这样，既符合文明施工要求，有利于安全管理，更重要的是便于设备吊装、部件组装等后续作业的进行。由于种种因素，个别风机安装现场作业场地受限，施工单位一般会与业主单位协调，要求设备或部件供应单位按照施工进度和安装条件排定物件运输到达现场的时间，采取物件随时卸运随时安装的作业方案，从而节约了存储经费。这种方法的优点是显而易见的，但应该指出的是，必须十分注重产品的监造工作，一旦放松监造或关系、职责梳理不清，就很容易埋下事故隐患或直接酿成事故。

6. 由于塔筒、机舱等都有一定的重量，因此其装卸都是由吊车来完成的。在所有需运输与装卸的设备与部件中，叶片和风机机舱属于超长、超重、超限的“三超”物件。在天气、运输条件等客观环境都比较适合的情况下，必须特别注意运输车辆的完好性。在承担运输任务前必须认真检查车辆，保证车辆部件、系统都安全可靠。必要时，应该在执行任务前进行试车。

7. 作业前，应向参与物件运输作业的所有现场人员进行包括路况、车况、作业内容与特点在内的技术交底和安全交底。如车辆（包括承载车辆和起吊车辆）是临时租赁或不属于承包单位的，承包单位应事先在和车辆单位签订的租赁协议中明确写明车辆单位的安全责任与义务，且开始作业前仍应参加承包单位的作业班前会。承包单位可以根据实际情况在必要时采取签署书面文件的形式来保证交底工作的完成质量，以此保证物件运输、装卸作业中有较好的“人—机”环境。承包单位须将有关物件运输的具体情况和协议细节如实向业主通报并备案，以保证物件运输作业的安全、可靠。

8. 塔筒吊运和卸运时都必须使用 2 根软质宽吊带或 2 根带软质橡胶皮套的钢丝绳（皮套不得有任何破损），一般建议使用软质宽吊带作为吊具。装运、卸运及吊运塔筒过程中，塔筒必须保持平稳。装运或卸运塔筒时，塔筒底部必须用沙袋等软质垫具垫放。载运时，塔筒必须用软质绳索紧固，防止塔筒因滚动而受损，甚至造成运输事故。卸运放置时，必须将塔筒用沙袋垫起。塔筒在现场临时放置时，严禁拆除塔筒两端的“米”字支撑。

9. 机舱吊运和卸运时，必须使用专用吊具进行。吊车荷载必须能充分满足机舱质量的总重，并留有足够的冗余。若无主吊车完成吊运和卸运作业，允许使用 2 台具有足够冗余的吊车合力吊运或卸运，但必须服从指挥，协调一致。吊运机舱必须通过吊耳，吊耳必须按照制造厂的技术要求力矩给予拧紧。卸运后的机舱必须放置于平整、坚实的地面上，建议最好将机舱放置于事先准备好的机舱枕木架上。卸运后必须检查机舱前脸的防尘罩是否仍然和吊运及运送过程中一样，防尘罩必须依然保持结实的捆扎在机舱前脸上，以防止沙尘或其他可能对机舱造成损伤的物件损坏机舱内部件。

10. 必须使用轮毂专用吊具装运和卸运轮毂。吊运轮毂必须按照制造厂规定的技术要求以 3 点同时系挂的方式起吊。在载运时，必须用楔形枕木将轮毂定位，并用软质紧固绳索将轮毂牢牢地拴系在载运车辆上。卸运时的吊运方法和装运相同。轮毂卸运后必须水平放置，以便于后续叶片与轮毂的组对。轮毂卸运时必须认真核对产品编号，机舱和轮毂的产品编号必须一致。在轮毂与叶片组对之前严禁把轮毂上的密封罩打开。

11. 叶片是超长物件，通常叶片与机舱不是由同一厂家生产的，因此在设备和部件采购中必须按照设计要求的技术条件与技术要求明确规定叶片与机舱生产厂家的产品协调性。装运叶片时应该和塔筒吊运一样使用软质吊具，装载在运输专用车辆上时必须用软质绳索捆扎牢靠，底部垫铺软质垫层，以防止运输过程中的损伤。通常，运输应以车队形式运载。叶片装载车辆进入风机现场后，应根据项目经理部的指示要求和当时的风向风力决定卸载与否。当风速达到 6m/s 时，严禁进行叶片的卸载作业。

由于叶片属于超长部件，运输难度较大。通常，运输叶片是将其平置于运输车辆的平板上，然后加以固定，因超长，按照运输超长物件的规定，应在叶片置于车体外的部分悬挂红色警示标识旗或以彩色小旗加以警示，并在叶片尾部悬挂配重，以稳定叶片，防止运输过程中叶片发生摆动而引发事故。依照交通运输管理规定，运输时，须由前导车引导，疏通交通，保障超长、超重、超限车辆的行驶安全。当前，叶片运输已经有经过改装的专用车辆，可以将叶片通过专用器具固定住，叶片尾部和车辆平面形成一定的夹角，以避免叶片在运输时因可能的刮碰而受到损伤。但由于叶片呈一定角度向上，运输时必须随时注意路途障碍物，尤其是高压线等，以保证叶片运输安全。

叶片卸载前必须认真阅读叶片生产厂家提供的吊装说明。当风速小于 3m/s 时，允许使用 200mm 宽的尼龙吊带吊在叶片的重心位置吊运卸载叶片。吊运时，叶片的两端拴系拉绳（风绳），在吊车起吊过程中，叶片两端的拉绳人员必须密切配合，服从指挥，使叶片平稳起吊。叶片吊运放置时，必须保证叶片顺着当地主导风向摆放，以避免叶片被风吹倒。当叶片在地面放置平稳后，应使用拉绳和地锚将 3 支叶片分别固定。

12. 设备与部件装卸时，车辆司驾人员应服从现场指挥，装车时必须严格按照物件规定或作业指导书要求的装运方法装运。装车作业时，无监理和专职安全员旁站、无专人司索指挥或指挥信号不明确、被吊物重量不清、作业区没有隔离、没有划定警戒范围等情况下不得起吊。起吊时，必须严格按照物件规定或作业指导书要求，在产品说明书标明的系挂中心进行吊绳（带）系挂，防止由于错误系挂而引发车辆、设备与部件损坏事故，甚至造成人员伤害等事故。

13. 物件吊装上车后，必须用楔形枕木等将物件前后楔紧，防止物件运输过程中发生窜动，引发事故。同时，必须用具有足够强度和拉力的软质绳带将物件左右绑扎紧固，防止物件发生左右摆动而引发事故。

14. 物件运输前，地面引导人员、运输指挥人员、车辆驾驶人员必须提前进行道路勘察，不熟悉运输道路情况、无前车引导时不得起运。车辆驾驶人员、地面引导人员、操作人员身体和精神状态不佳、15 小时内饮酒的不得参与运输作业。在物件运输过程中，司驾人员必须严格执行作业指导书规定的限速要求，严禁超速，并在现场指挥人员的指挥下运输物件。

15. 到达物件卸货现场后，运输车辆必须按照指挥要求的停车位停车，严禁越线停车。特别应该注意的是，在停车过程中进行倒车时，不得靠近风机基础，必须保持规定的安全距离。同时，运输车辆与现场吊车之间也必须保持作业指导书规定的足够距离。只有这样，才能防止由错误的停车而造成的车辆、基坑、设备与部件等的损伤事故。

由于物件卸货用吊车的吨位较大，因此吊车进入现场后必须按照作业指导书的规定在现场指挥指定的停车位进行停放，并做好吊运物件的事先准备工作，尤其应认真检查车辆抓地支撑的牢固与平衡，避免作业中因吊车失衡而引发吊运事故。

其他配合作业的车辆应停泊在距离较远的区域。在利用小吊车或手推车进行搬运时，同样要十分注意安全防护，防止发生人身伤害事故。

16. 风机吊装现场作业环境必须做到：

（1）进场入口处须安装提示牌，提示进入风场及风机机位路标。

（2）进入吊装施工现场必须拉设安全警示带，竖立安全警示牌以及安全须知牌。

（3）吊装现场入口设专人值守，严禁非吊装有关人员进入吊装现场。

（4）吊装施工现场必须配备消防设备与器材，包括消防沙、消防桶、消防铲（工兵铲）、灭火器等。

第二节 塔筒吊装

风塔高度与风场的风源流层及风机容量有关，在风电场初步可行性研究、可行性研究报告中有详细的分析与结论。设计部门根据对风电场风力资源的科学分析，结合对风电场当地的地形地貌等条件的综合评估，会同业主单位的意见，科学、合理地设计风机风塔的高度，以保证最大限度地利用可利用的风能资源。

通常，风机风塔总高度（距基础地面）在 60 ~ 90m（有的大容量机组的风塔高度已达

137m），一般由 3 段塔筒组成。在风机基础施工作业完成并经验收后，即可开始风塔的安装。必须清楚地认识到：风塔安装的质量直接影响到风机机舱的安装、叶片轮毂的安装，乃至直接影响到该基风塔、风机的安全运行。

一、塔筒吊装前准备工作

风机塔架一般由 3 段塔筒通过法兰连接而成。在正式吊装基础塔筒前，必须对风机基础进行认真检查。重点是检查基础环的上表面平整度、风机基础接地状况、塔筒基础环上表面及基础环内混凝土上表面的标高、箱变电缆及控制线缆状况等。按照设计要求，基础环上表面的水平度不得大于 1mm，基础接地电阻不得大于 3.5°，基础环上表面及基础环内混凝土上表面的标高必须符合设计图纸要求，且基础环上表面已经清理干净，无污物、无锈蚀、无水渍、无油渍、无毛刺等。由于目前的风机设备布设大量采用塔筒外布设箱变，塔台基础上布设一次、二次控制柜的方法，因此箱变电缆及控制线缆已经按设计图纸要求穿入预埋管中。电缆施工也可根据安装承包单位要求在风机吊装完毕后施工。本书仅以此类布设方法简述塔筒和机舱的吊装。

二、塔底平台吊装

吊装前，经检查确认符合吊装要求后即可开始吊装作业。吊装前必须先根据风电场主导风向的方向确定塔筒门的位置，然后使用汽车吊将塔底平台吊入基础环内，必须确保平台缺口中心线（进门处）与塔筒门中心线重合。调整平台位置，使平台外轮廓到基础环法兰内缘的距离均匀。调整平台底部的螺杆和螺母，确保平台水平，支撑平稳，确保基础环表面到塔筒底部平台踏板表面距离完全达到塔筒设计要求。

塔筒吊装前必须提前将塔底配电柜、塔底控制柜、变频器安装就位。具体位置应依据和满足设备生产单位与设计部门的设计要求。有的风机生产单位（如维斯塔斯 –VESTAS 风机）的配电柜、控制柜等是布设在机舱内的，因此，塔筒底部上的柜体安装需根据具体产品生产单位的设备布设而定。

塔底平台四周的花纹钢板必须在第一段塔筒就位后再进行安装。

变频器地线、箱变地线、基础平台地线、发电机定子地线、转子地线等必须按规定接线并可靠接地，以保证风机长期安全稳定运行。连接地线前必须对等电位板表面进行除锈，打磨光滑处理，确保接线接触良好，等电位板焊接在塔基法兰盘上。

如塔底平台、电气柜等安装就位后因种种原因不能即刻进行塔筒吊装，则必须做好柜体保护，以应对天气可能对设备带来的不利影响。

三、塔筒吊装作业

风机塔筒吊装通常采用车辆运输至机位，在机位上卸车直接吊装的方法。

风机塔筒通常分为 3 段，从下到上分别为底段塔筒、中段塔筒和顶段塔筒。各段塔筒之间均采用高强度螺栓连接。底段塔筒的下端设有塔筒门供作业人员进出。作业人员进入塔筒后，可以利用预装的塔筒内部梯子（预装有安全护栏）攀爬登高到上一层塔筒或至顶。爬梯的一侧预装有攀登自锁器防坠绳或防坠导轨，供登塔人员攀爬时系挂安全带自锁器，避免发生高坠事故。每段塔筒的上部设有安全平台，供攀爬、施工及休息使用。每段塔筒的上部设有照明，便于作业人员施工等。

塔筒运输车就位，即清理塔筒，安装吊耳。安装吊耳时必须采用梯具或带有护栏的升降平台作为作业工具。使用梯具需攀爬到相应高度，使用升降平台也需将平台升到相应高度，以方便作业人员进行安装。使用梯具必须有专人扶梯，且配备专人监护，防止高坠事故的发生。使用升降平台时，升降平台车必须支撑稳定，且作业全过程中不得将除手臂之外的任何身体部位伸出安全护栏之外，以防止高坠事故的发生。

吊耳具有一定的重量，安装时必须注意防止吊耳跌落砸伤现场吊装人员或吊耳安装现场下方配合作业的辅助人员，构成安全事故。

（一）塔筒吊装前的确认检查

检查塔筒法兰的安装尺寸是否在安装公差范围内。

将塔筒与基础环连接用的螺栓、螺母、垫片一一清点数量，并涂抹好 MoS_2 后摆放在基础环下。基础环法兰面外部区域涂抹适量密封胶。

对于作业用的小撬杠等工器具，必须采取有效措施防止其跌落在基础内。引入电源，接通塔筒内照明系统。

确认临时照明灯具、液压力矩扳手、电动扳手及电源线等调试完成。

检查基础环、塔筒法兰孔有无阻塞，一旦发现有阻塞的必须立即进行清洗。清理基础环法兰面及地面。在基础环法兰孔外侧区域上涂抹适量密封胶（不得将胶涂到螺栓孔区域内）。

检查塔筒法兰开口，塔筒纵向、横向塔壁凹痕，塔筒横截面圆度误差不得出现超差。

（二）塔筒吊装前的清洁与准备

清洁塔筒内外壁。如塔筒外观有油漆损伤，则必须待完成补漆后方可吊装。

塔筒内的梯子支架、平台钢板等连接螺栓已经检查并紧固。塔筒内所有紧固件齐备并已紧固。

不论是通过电缆将电能输到箱变还是通过导电轨方法输送电能，都必须在吊装前认真检查电能输送系统，检查内容包括：安装正确与否，支架、连接螺栓紧固程度等。

下塔筒门处于锁闭状态，开门钥匙已经准备就绪。

准备好塔筒上法兰的连接螺栓、螺母、垫片、密封胶等紧固件以及电动力矩扳手、支撑扳手、胶枪等工器具，且必须在吊装前将其放置于塔筒平台上并固定牢固可靠，保证塔筒竖立过程中不发生物件坠落。

塔筒基础环内以及塔筒内外无污物，特别是每个塔筒的对接法兰面处已经清除干净。

照明灯具、液压力矩扳手、电动力矩扳手用动力电源线已可靠连接。如使用塔筒内部照明和电源，则必须保证相序正确。

（三）底段塔筒吊装

采用大吨位主吊车和小吨位副吊车双机抬吊的方法起吊底段塔筒。预先将主副吊具固定在塔筒两端的法兰上，主吊车吊塔筒的小直径端，副吊车吊塔筒大直径端，在塔筒下部对角拴系2根导向绳，然后双机将塔筒同时吊离地面0.2m时暂停5min进行观察，并分别试验两机机械刹车，认真检查塔筒起吊系挂情况，确认准确无误方可继续起吊。当塔筒吊离地面2～3m后，双机配合使塔筒在空中旋转90°，使塔筒处于竖直方向，使塔筒小直径端在上，大直径端在下，然后副吊车脱钩，同时卸下副吊车吊具。塔筒竖直后，拆除大端吊具、防护支架时动作应尽可能快，尽量减少在塔筒内的时间，同时严禁在塔筒壁滞留或手脚躯体长时间在塔筒下方。

牵拉导向绳，防止起吊时塔筒摆动，确保塔筒顺利就位。

底层控制柜支架安装完毕，基础环法兰打双交叉S形胶，连接螺栓放在法兰螺栓孔下方对应排开。塔筒吊至基础环上方100mm处，下降过程中注意底层控制柜及塔底平台，防止挤压作业人员或设备。

底段塔筒的塔筒门位置与塔筒底部平台的缺口位置对正后，缓慢放下塔筒至基础法兰上，下放塔筒时务必注意塔筒与塔筒平台上控制柜的距离，严禁发生碰撞。借助2根小撬杠对正塔筒法兰与平台法兰的螺栓孔后，在塔筒相对的螺母180°方位，把带有垫片的螺栓从下面向上穿，先插入2只螺栓，装上垫片并拧上螺母，且仅允许用手拧紧，再将其余所有的螺栓一一插入螺孔，用手一一拧紧，再按照产品生产单位的安装手册要求，使用力矩扳手采用对角拧紧法分多次拧紧至规定的力矩。待所有螺栓全部安装完成后，吊车方可卸载脱钩，拆除塔筒上部法兰上的起吊工具。穿螺栓过程中，注意防止挤压伤害作业人员手部，特别是手指。使用直梯或升降平台将作业人员升至塔筒门高度，打开塔筒门，将设备、施工工器具等运至上底平台。

检测底段塔筒的垂直度，保证吊装塔筒符合技术规范，底段塔筒吊装作业完成。

摘掉底段塔筒顶部的吊具和导向绳后，即可开始中段塔筒的吊装。

吊装底段塔筒时，由于穿接底段塔筒与基础环连接螺栓的作业人员全部在底段塔筒内，吊装时主辅吊车必须绝对服从现场指挥人员的指挥，辅助指挥人员必须随时与指挥人员联系沟通，同时传达指挥指令。塔筒内作业人员必须绝对服从指挥，严禁将身体的任何部位探出塔筒。由于塔筒内未上电，塔筒内作业人员必须佩戴头部照明，以方便作业。由于基础上已经放置了控制柜等部件，塔筒内空间狭窄，在穿接底段塔筒与基础环螺栓时应事先有明确的位置与分工，防止由于配合失误而引发磕碰、挤压等人身伤害。

（四）中段塔筒和顶段塔筒的吊装。

依照底段塔筒的安装方法依次安装并检测，相邻塔筒对接时需要特别注意对正塔内攀爬直梯。如使用安装有导电轨的塔筒，还应把相邻塔筒内导电轨的接口对正（现在通常不使用导电轨）。

顶段塔筒安装完毕，必须尽快把机舱吊装就位。否则，必须用主吊车保持吊住顶段塔筒的顶部，并让主吊车保持10t的起吊负荷，以保证塔筒的稳定性和基本受力。一般不采用此法，如因天气等原因，当天确实无法完成顶段塔筒与机舱的吊装连接，则在中段塔筒吊装完成后停止后续吊装，并将中段塔筒的上端口加以遮蔽，以保持塔筒内的清洁，便于后续吊装。

（五）塔筒吊装的注意点

1. 塔筒尽可能不在现场存放，以避免存放不当或其他原因导致塔筒损坏。临时存放时，塔筒必须距离地面不少于 150mm。

2. 塔筒对接时，应对齐相邻两段塔筒连接法兰的 0° 线，以及塔筒底级法兰与基础环低级法兰的 0° 线。同时，再次确认塔筒底部平台缺口中心线与塔筒门中心线重合，且塔筒门与主风向成 90° 。

3. 吊装中段塔筒和顶段塔筒的方法与吊装底段塔筒方法相同，并也以相同的对角米字型方法，按照安装作业指导书和产品安装要求紧固连接螺栓。

4. 吊装完顶段塔筒后立即进行机舱吊装。同时，在顶段塔筒吊装前必须做好充分的准备工作，所有吊具准备齐全并经一一检查无误。按照事先编制好的安装作业指导书确定的位置提前摆放好起重吊车（或起重机械），以便于一旦顶段塔筒吊装完成即可进行机舱吊装。清点好塔筒连接螺栓，并放置在塔筒上临时固定牢固，随塔筒同步起吊。机舱与顶段塔筒连接所需定位销及其他工器具提前准备充足，并将其牢固地放置在顶段塔筒平台上。

5. 塔筒就位时，作业人员不得将身体任何部位探出塔架之外。底部塔筒安装完成后须立即与接地网连接。除顶段塔筒与机舱连接的法兰外，各段塔筒之间的法兰连接都必须涂抹密封胶。

6. 塔筒与塔筒之间连接时，必须考虑塔筒之间攀爬梯子连接的对中性，使上下塔筒法兰上 +X、−X、+Y、−Y 标记相对。如若塔筒内使用导电轨，则同样必须考虑塔筒之间导电轨连接的对中性。

7. 在进行中段塔筒和顶段塔筒的连接时，作业人员除必须采取个人安全防范措施外，由于塔筒内照明严重不足，因此不论临时照明是否已经接入，都必须每人佩戴头盔式照明灯（俗称头灯），以增加作业照度，保证作业安全。

（六）塔筒内部的安装工作

塔筒内部照明和线路应当与塔筒安装同步完成。

安装外部人梯和塔筒柔性连接器。

检查塔筒内攀爬梯，无误后将攀爬梯螺栓紧固完毕，并保证两段塔筒之间的攀爬梯对接良好，无大缝隙。两段塔筒间安全导轨对接必须严密，不得有大的间隙，且保证自锁器在导轨上可以自由滑动。如存在较大间隙，必须补充间隙，防止使用时安全自锁器脱落引发事故。如自锁器不能在导轨上自由滑动，必须对导轨进行必要的调整。

采用安全绳索的，必须根据使用说明由上到下加以规定的紧度拉紧，并对安全绳索利用爬梯定距加撑的固定支架加以固定，以保证安全绳索不发生摆动，且能安全有效地止锁自锁器。

（七）塔筒吊装技术要求

1. 塔筒安装用连接螺栓必须使用塔筒生产厂家提供的产品，严格按照产品使用说明要求进行安装。注意垫片倒角必须面向螺母和螺栓头，螺母打印标记端朝向连接副的外侧。

2. 连接螺母拧紧后，螺栓头部必须露出 2 ~ 3 扣，否则更换螺栓。

3. 现场业主代表必须及时收集设备箱内资料，经整理后归档。

4. 顶段塔筒和机舱通常在一天内吊装完成，否则一般不起吊顶段塔筒。如顶段塔筒已经吊装，而机舱达不到吊装条件，则必须将顶段塔筒的上部端面加以封罩，且主吊必须施加不小于 10t 的上提引力，以保证塔体的安全可靠性。

5. 吊装用吊车必须置于坚实的地面，吊装机械履带下必须铺设路基板或路基箱，以增加地面承压能力，提高稳定性。辅吊为汽车吊的，地面必须铺设枕木用于汽车吊的起吊支撑。

6. 起重机械使用前必须认真检查，安全装置必须齐全、有效、灵敏，不得带故障或有影响安全使用的缺陷。

7. 每次作业前都必须检查复核主副吊车的作业半径、水平度、起吊绳情况、专用起吊吊耳的安装紧固情况及吊耳安装位置的正确性等涉及起吊塔筒安全、起吊设备安全与现场作业人员安全的各项具体情况，确认无误并满足作业指导书要求后方可在指挥人员统一指挥下进行起吊作业。

8. 塔筒在安装前必须清洁，塔筒之间的接触面必须洁净，不得带有任何污垢。塔筒法兰连接面必须整圈涂抹双层密封胶，且喷涂均匀，不得留有间隙。密封胶暴露时间不得过长，防止胶体固化。

9. 塔筒起吊必须服从指挥，两台起重吊车必须协调一致，尤其是在塔筒由水平状态调整为竖直状态的过程中，必须保持两台吊车的起吊绳、吊钩始终竖直。指挥人员和吊车司驾人员均必须配备和使用通信工具，并保持通信畅通。塔筒起吊现场必须分设 2 名现场监护人员进行监护。

塔筒起吊时，吊车吊臂下严禁滞留或走动。非特殊需要，吊臂半径范围内不得有人员活动，因事必须处理的作业人员在处理结束后也必须立即撤离到吊臂半径以外，防止吊车异常引发安全事故。

10. 塔筒吊装过程中不得损坏塔筒保护层。必须确保上下法兰不受损坏和不发生局部变形。

11. 按照塔筒生产单位的技术要求使用塔筒连接用螺栓、螺母及垫片，并按照厂家的要求使用力矩扳手将螺栓紧到规定力矩。必须保证螺栓垫片的倒角对着螺栓头和螺母。

12. 连接塔筒螺栓紧固时必须选用大小适当的扳手，采用对角法进行紧固作业，或按照塔筒产品生产单位要求进行紧固作业。

13. 底段塔筒与基础环对接时，必须以塔筒门的朝向为定位基准点，塔筒门朝向主风向。中段和顶段塔筒就位组对时可以以塔内攀爬梯的对齐作为参考。

14. 塔筒安装过程中必须随时注意风速变化，一般吊装时要求风速不超过 8m/s，否则停止吊装。每段塔筒吊装后，如若后续吊装无法进行，或受到恶劣天气影响，则必须将最上段塔筒的开口法兰进行封口保护处理。

（八）塔筒吊装的安全要求

1. 起重吊车作业场地必须平整坚实，吊车性能良好，安全装置齐全。

2. 塔筒就位时，严禁将手指放入螺栓孔中，以免发生人身伤害事故。

3. 作业人员攀爬塔筒进行卸除起吊索具时，必须正确使用自锁器。在底段塔筒上平台作业，如需身体部位探出塔筒时，必须系挂二次保护绳。

4. 作业人员拆除索具过程中，必须配穿并正确使用安全带，同时将安全带二次保护绳系挂到塔筒牢固可靠的攀爬梯的梯架上，但必须注意，一个梯凳上的梯架只允许系挂最多 2 副安全带二次保护绳。

拆除塔筒上端吊具时，必须注意相互间的协调配合及个人安全防护，尤其要防止吊耳滑落砸伤人员，切记拆卸吊具时塔筒下方严禁人员滞留，且现场塔筒外侧须设专人担任安全监护，防止有人擅自闯入危险区域，引发事故。

5. 塔筒内作业时，下端塔筒不得有人，严防因种种原因发生高处坠物击打人员伤害事故。

6. 高空作业时，小的工器具必须放置于密封的专用工具包中，较大或大的工具必须使用吊绳进行上下吊运，严防发生工器具坠落伤人事故。

7. 拆除吊耳后要将连接螺栓的螺母上平，严防发生吊耳安装螺栓高空坠落引发的设备损伤或人身伤害事故。

8. 严禁起重吊车同时进行 3 个动作，严格按照吊车操作规进行操作。

（九）塔筒吊装时的人员安全防护要求

1. 现场司驾人员必须身穿工装，工装必须系好纽扣或拉好拉链、系好袖扣。进入驾驶室前必须佩戴安全帽，但允许进入驾驶室后暂时性摘除，一旦离开驾驶室必须重新佩戴。佩戴工作手套，以有防滑耐磨功能的为佳。配穿防滑耐磨耐油工作鞋。由于作业基本上在野外，允许司驾人员根据各自情况自行决定是否佩戴防日晒防紫外线的护目镜。应该根据机械设备的噪声情况决定是否佩戴耳部防护装具。现场起吊车辆司驾人员必须配备通信器材，并保证通信器材完好，通信畅通。所有司驾人员必须具备资质证书并在项目经理部备案。

凡是直接参与起重作业的现场配合作业人员都必须持有起重资质证件，并在承包单位相关部门留有备案。

2. 现场配合吊装作业的人员必须佩戴安全帽（建议在塔筒内作业的人员帽体上夹装自带式照明，以解决塔筒内无照明或照明不足的问题）。必须身穿工装，工装必须系好纽扣或拉好拉链、系好袖扣。佩戴工作手套，最好佩戴耐磨防滑手套。配穿防滑耐磨工作鞋。允许根据各人情况和环境条件佩戴防日晒防紫外线的护目镜。根据现场噪声情况决定是否佩戴耳部防护装具。现场负责人应根据现场情况决定是否要求作业人员佩戴防尘口罩。

3. 所有在塔筒内配合作业的人员必须佩戴二次保护系统，具备有效登高证件，并在安装施工单位备案。作业时，底段塔筒与基础环连接作业时允许不系挂二次保护，但一旦登高到底段塔筒安全平台，等候或进行底段塔筒与中段塔筒（中段塔筒与顶段塔筒连接作业要求与之相同）连接作业，则必须将二次保护系统系挂在低段塔筒安全攀爬梯子的上端梯架上，同时注意一格梯架仅允许系挂2副保护系统。

4. 在从底段塔筒底部攀爬上底段塔筒安全平台时，每次仅允许一人攀爬，只有当前一人到达安全平台，系挂上二次保护系统并可靠关闭安全平台孔门后，方才允许后一位人员攀爬登梯。

5. 在中段塔筒与底段塔筒连接作业中（或顶段塔筒与中段塔筒连接作业），当塔筒徐徐放下时，严禁塔筒内人员将身体的任何部位探出低层塔筒外部，严防发生人身伤害事故。

6. 在进行塔筒吊装作业中，现场必须设专职监护，塔筒内同样必须设置专职监护及指挥人员（二者可以由同一人担任，但一般不主张为同一人）。

7. 塔筒连接对孔、穿紧螺栓、螺栓打力矩等作业时，必须在塔筒内指挥的指挥下协调一致，防止工器具对现场人员的伤害。

8. 塔筒内所有人员必须佩戴头盔式照明灯（头灯），以保证作业时具备起码的照度。

9. 现场设专职指挥人员，允许配备适当的辅助人员，但必须明确辅助人员无指挥权。指挥人员配备通信工具，并保持通信畅通。

10. 现场所有登高人员必须具有登高资质，并在承包单位相关部门留有备案。

11. 现场业主单位基建负责人、安全监察人员、风电场项目技术负责人、设计单位人员、产品生产单位人员和监理人员等必须始终在吊装现场，具体监督和协调作业。所有这类人员必须配备与使用与现场配合作业人员完全相同的安全防护装具。

第三节 机舱吊装

一、机舱吊装施工准备

1. 机舱吊装前，必须认真检查机舱及其所有附件的完整性和设备状况，清洁机舱外部。在机舱平台上安装或接线气象架、风速仪、风向标及频闪航标灯等。完成相应设备密封胶封闭处理。

2. 安装增速箱排风罩。

3. 认真检查顶段塔筒内部的动力电缆已经放置在机舱内，并已固定牢固。

4. 机舱与轮毂连接用的高强度螺栓、垫片、工器具等已放入机舱内，并可靠固定。

5. 轮毂吊装孔盖已经放入机舱内，并可靠固定。

6. 机舱内已经做完清洁及清理工作。

7. 顶段塔筒顶法兰螺栓孔外圈已经涂抹过一整圈密封胶。

8. 安装起吊装置，注意吊带不得损伤机舱内设备，并必须能够保证机舱起吊时处于水平状态。

9. 安装导向绳，以供机舱起吊时帮助保持水平和较准确地对准顶段塔筒。

10. 机舱正式吊装前，必须对参与吊装的各类工种人员进行技术交底、安全交底，有条件的还可以以书面形式让每一位参与施工的各类工种人员签署被告知和已熟悉所参与吊装作业内容的承诺书，以此确保工程施工质量和施工全过程的安全。

正式吊装前，业主单位、总承包单位、具体承担吊装作业的承担单位、设计单位、产品生产单位及监理单位的人员均必须到现场，对现场设备、现场作业环境等进行检查，并将检查情况记录在案，以供备用。如发现有问题，必须就地解决，并在获得业主单位、设计单位、设备生产单位、吊装单位及监理单位的一致通过并留有背书后方可开始机舱起吊作业。

正式吊装前，业主单位还必须会同相关各单位就吊装过程中可能发生的问题召开联席协调会议，共同商讨与研究，提前做出预防措施，做到防患于未然。同时，业主单位还应责成各相关单位提交上报各类作业相应的应急预案。

二、机舱吊装施工

1. 挂好机舱起吊专用吊具，把机舱和机舱运输底架一起试吊（机舱和机舱运输底架必须一起试吊，严禁将机舱底架拆除后直接试吊机舱）。机舱吊具从机舱顶部放入机舱内部时，必须设有专人扶稳机舱吊具，防止机舱吊具放入机舱时，由于无人扶稳或其他原因，吊具触碰机舱或机舱内设备、部件而造成机舱或机舱设备部件的损伤。

2. 试吊机舱前必须认真检查机舱专用吊具的完好性，以及机舱起吊点上各螺栓是否已经被拧紧。

3. 使用起重吊车将机舱吊离距地面 0.2m 持续 5min，以检查起重吊车制动装置的完好性以及机舱吊点、吊具的可靠性。经过试吊无误后，检查偏航刹车盘表面的清洁情况，拆除机舱运输底架，清理干净机舱底部螺栓孔内的沙土等杂物，检查机舱与塔筒连接的螺孔螺纹情况。在刹车盘下拧入导向杆，开始起吊。

4. 机舱起吊至顶段塔筒法兰上方，经过调整，使二者位置基本对正。

5. 利用导向杆顶把将机舱与顶段塔筒上法兰就位，把机舱缓慢放到顶段塔筒上法兰的上表面，用主吊车调整机舱底部螺栓孔与顶段塔筒上法兰螺栓孔的同心度。对准后用手或电动扳手将螺栓全部拧入后（螺栓头的上表面与顶段塔筒上法兰的下表面贴合后），方才允许使用液压扳手以对角法依照产品厂家的使用说明分次按一定力矩要求将螺栓拧紧。

6. 在机舱起吊过程中，所有参与人员必须绝对服从空中指挥，必须确保机舱整体保持水平。参与拉牵导向绳的作业人员必须协调一致，在空中指挥的指挥下，协助起重吊车，确保机舱整体保持水平及随时调整机舱方位。

7. 在机舱底部螺栓孔和顶段塔筒上法兰螺栓孔未对准的情况下，会有个别螺栓不能全部拧入到机舱底座中，此时严禁使用液压力矩扳手强行把螺栓拧入，否则极易造成螺栓断裂。

8. 只有当使用对角法将螺栓按产品生产厂家规定分次拧紧螺栓至规定力矩后，方可卸除吊具。待风机整体吊装完毕后，再次使用液压力矩扳手按规定的力矩对塔体与机舱连接的全部螺栓进行最终检查。如发现连接螺栓在最终力矩检查时有 2 颗螺栓松动，必须重新对全部螺栓进行检查。

9. 安装好顶段塔筒顶部到机舱的梯子。

10. 机舱与顶段塔筒的安装连接必须在同一天完成。否则顶段塔筒不得安装。顶段塔筒顶部法兰不涂抹密封胶。

三、机舱吊装施工注意事项

1. 风机机舱吊装时必须严格注意当时风速，吊装时风速不得大于 10m/s。

2. 机舱吊装时，必须使用专用的吊装工具。使用时须认真检查，确保所有吊索同时被拉紧，且没有弯曲或触碰到任何物件。确保专用吊具使用的螺栓均为合格螺栓。一旦发现个别螺栓有损伤，必须立即更换合格的螺栓。在螺栓把紧过程中必须注意力矩值。

3. 机舱吊装就位时，上下配合必须使用通信设备。包括吊车司驾人员、地面与空中指挥人员、导向绳牵引负责人等都必须按需配备，并保证通信畅通。

4. 机舱吊装螺栓紧固之前，螺栓头下部和螺纹必须涂抹 $M0S_2$。

5. 机舱底部螺栓孔和顶段塔筒上法兰连接螺栓及垫片必须按照产品生产单位规定的要求选用，拧紧力矩同样依据产品生产单位要求进行操作。

6. 螺栓紧固时，必须按照产品生产单位规定的方法使用大小合适的力矩扳手，以对角法交叉进行紧固。

四、机舱吊装施工中的个人安全防护

1. 现场司驾人员必须身穿工装，必须系好纽扣或拉好拉链、系好袖扣。进入驾驶室前必须佩戴安全帽，但允许进入驾驶室后暂时性摘除，一旦离开驾驶室必须重新佩戴。佩戴工作手套，以有防滑耐磨功能的为佳。配穿防滑耐磨耐油工作鞋。由于作业基本上在野外，允许司驾人员根据各自情况自行决定是否佩戴防日晒防紫外线的护目镜。应该根据机械设备的噪声情况决定是否佩戴耳部防护装具。现场起吊车辆司驾人员必须配备通信器材，并保证通信器材完好，通信畅通。所有司驾人员必须具备资质证书并在项目经理部备案。

凡是直接参与起重作业的现场配合作业人员都必须持有起重资质证件，并在承包单位相关部门留有备案。

2. 现场配合吊装作业的人员必须佩戴安全帽（建议在塔筒内作业的人员帽体上加装自带式照明，以解决塔筒内无照明或照明不足的问题）。必须身穿工装，并系好纽扣或拉好拉链、系好袖扣。佩戴工作手套。配穿防滑耐磨工作鞋。允许根据个人情况和环境条件决定是否佩戴防日晒防紫外线的护目镜。根据现场噪声情况决定是否佩戴耳部防护装具。现场负责人应根据现场情况决定是否要求作业人员佩戴防尘口罩。

3. 所有在塔筒内的配合作业人员必须佩戴二次保护系统，具备登高证件，并在安装施工单位备案。作业时，登高到顶段塔筒安全平台，等候或进行顶段塔筒与机舱的连接作业时，则必须将二次保护系统系挂在顶段塔筒安全攀爬梯子的上端梯架上，同时注意一格梯架仅允许系挂 2 副保护系统。允许随身携带小的工具，且工具必须放置于密封的专用工具包中。工具包使用前必须逐个检查密封性，确保工具不会从包中滑落而引发事故。

4. 在从中段塔筒底部攀爬上顶段塔筒安全平台时，每次仅允许一人攀爬，只有当前一人到达安全平台，系挂上二次保护系统并可靠关闭安全平台孔门后，方才允许后一位作业人员攀爬登梯。某些较大型工具允许由专人携带登梯至塔顶，但必须是所有登塔人员全部登塔后，最后一位登塔，作业结束后第一个下塔，以防止工具坠落而引发人身伤害事故。登塔前必须清点携带的工具数量和种类，下塔前必须核实数量与种类，上下塔前后工具的数量、种类必须相同。

5. 在顶段塔筒与机舱连接作业过程中，当机舱缓慢放下时，严禁塔筒内人员将身体的任何部位探出塔筒外部，严防发生人身伤害事故。

6. 在进行塔筒与机舱连接吊装作业中，地面现场必须设专职监护和指挥人员，塔筒内同样必须设置专职监护及指挥人员（二者可以由同一人担任，但一般不主张为同一人）。

7. 塔筒与机舱连接对孔、穿紧螺栓、螺栓打力矩等作业时，必须服从塔筒内指挥人员的指挥，协调一致，防止工器具对现场人员造成伤害。

8. 现场设专职指挥人员的同时，允许配备适当的辅助人员，但必须明确辅助人员无指挥权。指挥人员必须配备通信工具，并保持通信畅通。

9. 现场所有登高人员必须具有登高资质，并在承包单位相关部门留有备案。

10. 现场业主单位基建负责人、安全监察人员、风电场项目技术负责人、设计单位人员、产品生产单位人员和监理人员等必须始终在吊装现场，具体监督和协调作业。所有这类人员必须配备与使用和现场配合作业人员完全相同的安全防护装具。

第四节 叶片与轮毂的组装

一、组装前施工准备

1. 清洁叶片。

2. 叶片与轮毂连接用的高强度螺栓连接副由一个螺母和一个垫片组成。此螺栓连接副必须使用与叶片根部预埋螺栓同一供应商的产品。垫片内孔上的倒角必须朝向螺母。安装前在螺栓螺纹处和垫片上表面涂抹 MOS_2（下表面严禁涂抹）。

3. 把变桨电机从变桨减速箱上拆除下来，把电机平稳地放在轮毂内合适位置，放置电机时必须保证不能损伤电机上的电源线和信号线。把摇把插入变桨减速箱的动力输入端，用人力转动摇把使变桨轴承内齿圈转动。

4. 将变桨轴承内齿圈端面上的零度标记旋转到轮毂下方。

5. 将变桨轴承的安装面清洗干净，涂一圈中性硅酮密封胶。

6. 对叶片根部的连接螺栓进行清理，必须用毛刷或气泵把螺栓上的沙土清理干净。

二、叶片与轮毂组装作业

风机叶片与轮毂的安装通常采用 2 种方式：一种是先在地面将叶片与轮毂进行组装，然后将叶轮整体吊装至风机机舱；另一种则是先将轮毂吊装至风机机舱，然后再将叶片依次吊装至轮毂上。本文仅对第一种安装方式进行阐述。

叶片的吊装使用 200mm 宽的尼龙软吊带。在叶片吊起后，在叶片零度标尺处引出一条 100mm 长的细线，便于叶片调零度。

缓慢调整吊臂，将叶片的零度标尺与变桨轴承上的零度标记对好后，首先把第一支叶片根部的预埋螺栓穿入变桨轴承对应的孔内，然后在变桨轴承的另一面把露出的螺栓用螺母全部拧上并用电动扳手拧紧。接着，在第一支叶片的中部用高强度泡沫支撑稳定后，摘除叶片上的吊具。使用同样的方法安装第二支、第三支叶片。等第三支叶片安装完毕，把第一支叶片和第二支叶片的支撑去除，此时叶轮的每支叶片都能在轮毂内用摇把转动。最后，对于高强度螺栓副，分 4 次采用“对角”法对螺母施加力矩：第一次采用电动扳手，第二次采用液压扳手，第三次采用液压扳手，第四次使用液压力矩扳手，分别打到规定的力矩值。

三、叶片与轮毂组装作业注意事项

1. 风速超过 8m/s 时不得进行叶片起吊作业。作业时，使用 2 根导向绳保证叶片起吊导向，必须保证导向绳具有足够的长度和强度。起吊叶片必须使用专用吊具，为保证叶片不受损，还必须对叶片加装护板。由于叶轮组装直径较大，为保障顺利组装，工作现场必须配备足够的通信设备，并保证通信畅通。叶片起吊过程中，要保证有足够人员拉紧导向绳，以保证起吊方向，同时必须避免触及其他物体。

2. 在打力矩过程中，有些螺栓孔被变桨控制系统的部件挡住，必须用摇把把旋转叶片螺栓孔让出，才能插入螺栓和打力矩。由于变桨轴承依靠变桨电机上的电磁刹进行制动，电机拆除后，变桨轴承就不再受刹车控制，只受摇把控制，因此，负责摇把人员的手一旦离开摇把（一般不允许擅自脱离），就应当采取措施对变桨轴承进行制动，把摇把拴牢或在变桨小齿轮与变桨轴承内齿圈的啮合处放置木方。否则，叶片在风的作用下会带动变桨轴承转动，使叶片撞击到地面上而造成叶片的损伤。用摇把转动叶片时，必须有 2 个人同时操作，1 个人负责摇，另外 1 个人负责在导流罩外观测叶片转动的位置，以防叶片接触到地面。在风速较大的情况下，严禁用摇把转动叶片。在转动叶片的过程中，必须防止叶片的防雨罩与轮毂的导流罩发生刮擦。一旦发生意外刮擦，应当即刻用切割机对叶片根部的防雨罩进行修理。

3. 在打叶片与变桨轴承连接的螺栓力矩时，必须对作业人员提出特别警示，要求打力矩作业过程中注意保护位于轮毂底部的“重载连接器插座及附件”，防止打力矩人员的踩踏损坏部件。

4. 在风速大于 3m/s 的情况下，严禁在轮毂内使用摇把转动叶片打螺栓的力矩。

5. 叶片的螺栓全部拧上且力矩检查无误后，用摇把转动每支叶片，把叶片根部标尺上的零度刻线与变桨轴承上零度标尺的缝隙对齐（对齐的误差控制在 1mm 内），然后在轮毂内变桨轴承的端面及相邻轮毂面上作零度标记线。其余 2 支叶片也采取同样的方式作零度标记线。如叶片组装完毕后当天不能吊装，则必须把 3 支叶片放平，并且在叶片的端部进行支撑，防止叶轮在风的作用下旋转。

6. 每个轮毂安装的 3 支叶片必须采用同一供应商且同一组编号的产品。

四、叶片与轮毂组装作业现场安全防护措施

1. 现场司驾人员必须身穿工装，必须系好纽扣或拉好拉链、系好袖扣。进入驾驶室前必须佩戴安全帽，但允许进入驾驶室后暂时性摘除，一旦离开驾驶室必须重新佩戴。佩戴工作手套，以有防滑耐磨功能的为佳。配穿防滑耐磨耐油工作鞋。由于作业基本上在野外，允许司驾人员根据各自情况自行决定是否佩戴防日晒防紫外线的护目镜。应该根据机械设备的噪声情况决定是否佩戴耳部防护装具。现场起吊车辆司驾人员必须配备通信器材，并保证通信器材完好，通信畅通。所有司驾人员必须具备资质证书并在项目经理部备案。

凡是直接参与起重作业的现场配合作业人员都必须持有起重资质证件，并在承包单位相关部门留有备案。

2. 现场配合吊装作业的人员必须佩戴安全帽。必须身穿工装，必须系好纽扣或拉好拉链、系好袖扣。佩戴工作手套。配穿防滑耐磨工作鞋。允许根据个人情况和环境条件佩戴防日晒防紫外线的护目镜。根据现场噪声情况决定是否佩戴耳部防护装具。现场负责人应根据现场情况决定是否要求作业人员佩戴防尘口罩。

3. 现场设专职指挥人员，允许配备适当的辅助人员，但必须明确辅助人员无指挥权。指挥人员必须配备通信工具，并保持通信畅通。

4. 现场业主单位基建负责人、安全监察人员、风电场项目技术负责人、设计单位人员、产品生产单位人员和监理人员等必须始终在吊装现场，具体监督和协调作业。所有这类人员必须配备与使用和现场配合作业人员完全相同的安全防护装具。

第五节 叶轮整体吊装

一、叶轮吊装前施工准备

1. 安装轮毂用的高强度螺栓连接副由一个螺栓和一个垫片构成。螺栓连接副必须使用同一供应商的产品。垫片内孔上的倒角必须朝向螺栓。高强度螺栓在螺纹处和垫片上表面涂抹 MoS_2，螺栓涂抹时应确保螺纹的最后几扣螺纹都均匀涂抹，垫片上表面应确保螺栓头与垫片的接触位置均匀涂抹，垫片的下表面严禁涂抹润滑膏。

2. 轮毂内部的杂物清除干净，没有工具等异物遗漏在轮毂内部。叶片及导流罩表面的灰尘等清除干净。轮毂与主轴相连接的螺栓孔内的沙土全部清理干净。

3. 叶片的后缘已经旋转到正上方（–90° ）。

4. 主吊车、副吊车就位，所有吊具安装完毕；叶片后缘护板，叶片导向绳及护套安装完毕。拉绳的人员按照吊装指挥人员的指令站位。溜尾的吊车在起吊叶片时，必须使用叶片后缘的护板，且护板的位置根据叶片厂家的要求来确定，否则很容易造成叶片后缘的损坏。

二、叶轮吊装作业

1. 主吊车吊住轮毂，副吊车吊住第三个叶片上的宽吊带，将组装好的叶轮整体水平吊起 1 人高左右，然后去除轮毂运输底座，安装双头螺栓，切记旋入法兰的一头不可涂抹 MoS_2，且动作要快，为保证安全，尽量减少在轮毂下的时间。主副吊车配合，拉导向绳的人员听从指挥命令，协调一致，使叶轮从起吊时的水平状态逐渐倾斜。当叶轮上升到一定高度时，主副吊听从指挥命令，主吊继续上升，副吊上升减缓，叶轮倾斜至一支叶片朝下，且叶尖不会触地，离地至少 2m，副吊根据指挥命令停止上升，主吊继续上升，使叶轮在空中完成 90° 的翻转（叶轮由水平状态变成竖直状态），下一支叶片竖直向下，主吊继续上升，副吊对轮毂的吊带自动滑落，依靠主吊车把叶轮慢慢吊起。在叶轮起吊过程中，必须有足够的人员通过牵引 2 个叶片护套上的导向绳来控制叶轮在空中的位置，否则，由于风的影响，很难使叶轮与机舱主轴连接法兰对接上。

2. 当起吊高度与机舱高度大致相同时，将叶轮缓慢与机舱对接就位。在叶轮与机舱对接就位过程中，应防止由于轮毂上张口而造成竖直向下的叶片叶尖部位撞击塔筒。如果在叶轮就位过程中出现上张口现象，则应利用在吊装机舱前预先放置其内的 2 个 2t 倒链和 2 根钢丝绳调整叶轮就位位置，即将倒链一端固定在增速箱的吊点上，一端固定在导流罩的支撑架上，通过调整倒链来调整叶轮的位置。在叶轮与机舱的端面进行就位时，应防止轮毂撞击机舱前部的防雨槽。在机舱内靠近机舱与叶轮对接临边作业的安装人员必须事先系挂好安全带的二次保护绳，并注意主吊吊臂动作方位，防止不慎被叶轮挤伤，机舱指挥和地面指挥密切沟通，时时掌握吊装情况，保证叶轮吊装顺利完成。

3. 轮毂与机舱对接时，一旦轮毂螺栓对准发电机主轴法兰，即将主轴上部露在外部的 16 个螺栓孔全部穿上螺栓，采用对角法紧固螺栓，用电动力矩扳手打力矩至指定力矩，摘掉轮毂吊具。

4. 拉动叶片导向绳旋转叶轮（同时，在机舱内，用人工在增速箱高速轴处盘车），摘掉一个护套。再穿入 1/3 的螺栓，用电动力矩扳手打力矩至指定力矩。

5. 拉动叶片导向绳继续旋转叶片（同时，在机舱内，在增速箱高速轴处盘车），摘掉另一个护套。穿入余下的螺栓，用电动力矩扳手打力矩至指定力矩。

这里需特别注意的是，在整个叶轮起吊安装的过程中，拉绳人员必须服从地面吊装人员的指挥，整个吊装过程中确保叶片护套不能脱离开叶片。

6. 用液压扳手采用“对角”法对螺母施加指定力矩。在盘车打力矩过程中，严禁用定位销进行叶轮的制动，应当使用液压站的手动刹车功能对叶轮进行制动。只有在微风的情况下，才允许受过产品生产单位培训的安装人员操作定位销对叶轮进行制动。

7. 力矩打完后，使用液压力矩扳手按要求力矩进行 100% 检查。一旦发现有螺栓松动或未紧到位，必须重新检查整个法兰的螺栓。

8. 力矩作业完成后，安装好轮毂吊装孔盖，把轮毂内的重载连接器与轮毂内的插座连接好，把变桨控制柜的门关闭好。把高速轴液压闸松开，使整个叶轮处于自由状态。

9. 由于螺栓的各个批次不一样，所以力矩值也随之改变，但是最终的力矩值必须以设备厂家提供的数据为准。

三、叶轮吊装注意事项

1. 风机叶轮吊装过程中必须严格注意当时风速，风速大于 10m/s 时不得进行吊装作业。

2. 叶轮吊装时，必须使用专用的吊装工具。使用前，必须检查吊装工具的外观和合格标识，只允许外观无瑕疵、吊具合格标识完整的吊具在现场使用。如有不符合要求或条件的，必须立即更换，以保证吊装作业的顺利进行。使用时，吊车司驾人员、地面配合吊装人员必须在指挥人员的指挥下，协调一致，缓慢起吊。起吊过程中，吊装作业配合人员须认真检查，不断调整吊具吊索位置，确保所有吊索同时被拉紧，且没有弯曲、扭转或触碰到任何东西或物件。确保专用吊具使用的螺栓均为合格螺栓。一旦发现个别螺栓有损伤，必须立即更换合格的螺栓。在螺栓紧固过程中必须注意力矩值。

3. 叶轮吊装就位时，上下配合必须使用通信设备。包括吊车司驾人员、地面与空中指挥人员、导向绳牵引负责人等都必须按需配备，并保证通信畅通。

4. 连接螺栓紧固之前，螺栓头下部和螺纹必须涂抹 M0S2。

5. 连接螺栓及垫片必须按照产品生产单位规定的要求选用，拧紧力矩同样依据产品生产单位要求进行操作。

6. 螺栓紧固时，必须按照产品生产单位规定的方法，使用大小合适的力矩扳手，以对角法交叉进行紧固。

四、叶轮吊装现场安全防护措施

1. 现场司驾人员必须身穿工装，必须系好纽扣或拉好拉链、系好袖扣。进入驾驶室前必须佩戴安全帽，但允许进入驾驶室后暂时性摘除，一旦离开驾驶室必须重新佩戴。佩戴工作手套，以有防滑耐磨功能的为佳。配穿防滑耐磨耐油工作鞋。由于作业基本上在野外，允许司驾人员根据各自情况自行决定是否佩戴防日晒防紫外线的护目镜。应该根据机械设备的噪声情况决定是否佩戴耳部防护装具。现场起吊车辆司驾人员必须配备通信器材，并保证通信器材完好，通信畅通。所有司驾人员必须具备资质证书并在项目经理部备案。凡是直接参与起重作业的现场配合作业人员都必须持有起重资质证件，并在承包单位相关部门留有备案。

2. 现场配合吊装作业的人员必须佩戴安全帽（建议在塔筒内作业人员的帽体上加装自带式照明，以解决塔筒内无照明或照明不足的问题）。必须身穿工装，必须系好纽扣或拉好拉链、系好袖扣。佩戴工作手套。配穿防滑耐磨工作鞋。允许根据个人情况和环境条件决定是否佩戴防日晒防紫外线的护目镜。根据现场噪声情况决定是否佩戴耳部防护装具。现场负责人应根据现场情况决定是否要求作业人员佩戴防尘口罩。

3. 在轮毂内作业时，作业人员必须佩戴安全帽和防护手套，穿防穿刺安全鞋。

4. 在进行叶轮与机舱对接吊装作业中，现场必须设专职监护和指挥人员。

5. 叶轮与机舱连接对孔、穿紧螺栓、螺栓打力矩等作业时，必须在塔筒内指挥的指挥下协调一致，防止工器具对现场人员造成伤害。

6. 现场设专职指挥人员，允许配备适当的辅助人员，但必须明确辅助人员无指挥权。指挥人员配备通信工具，并保持通信畅通。

7. 现场业主单位基建负责人、安全监察人员、风电场项目技术负责人、设计单位人员、产品生产单位人员和监理人员等必须始终在吊装现场，具体监督和协调作业。所有这类人员必须配备与使用和现场配合作业人员完全相同的安全防护装具。

第三章 风电场风机调试

第一节 风机调试的基本条件

风电场基建阶段除去升压站建设和线路架设外，在完成风机基础土建和塔架安装、机舱安装后的最重要作业内容就是风机的调试。

风机目前主要有双馈和直驱两大类型，本节侧重以1.5MW永磁直驱全功率整流水冷风力发电机组为典型机组叙述。不同容量的直驱和双馈型机组不同部分基本未涉及，但总体就安全作业的辨识、要求和目的而言，应该可以将本节作为参考。

1.5MW永磁直驱全功率整流水冷风力发电机组调试作业主要包括主控系统调试、水冷变流系统调试、变桨系统调试等。

主控系统调试包括主控制柜网侧上电、低压配电柜上电、程序下载、机舱柜上电、机舱通信系统检测、液压系统测试、偏航系统测试、测风系统测试、主控系统信号监测、安全链回路测试、并网测试等。

水冷变流系统调试包括水冷系统上电、水冷系统加水、水冷回路检查（静态）、水冷系统主循环泵测试、水冷电加热器测试、水冷散热风扇测试、水冷回路检查（动态）、变流系统上电、电压检查、变流程序下载、拖动功能测试、预充电、空开闭合测试等。

变桨系统调试包括减速器油位检查、变桨系统上电、电压检查、变桨通信部分调试、变桨风扇和加热器测试、手动变桨测试、接近开关测试、自动变桨测试、齿形带张紧度测试等。

由于风机动力电缆是随机舱吊运安装时一起运达风机顶部的，而二次保护电缆、通信光纤电缆等线缆则必须在调试前通过风机尾部机舱内置吊车运达机舱，并在调试前将动力电缆和二次保护电缆、通信光纤电缆等按照技术要求和规范进行安装、排线及电缆线头的正确连接，经过技术验收合格，以保证风机调试工作的顺利进行。

一、调试基本条件

风机调试作业应该达到如下基本条件方可进行。

1. 接地系统已达到风电机组防雷接地系统安装规范工艺要求。

2. 机组吊装、接线完毕并通过安装检查验收。

3. 箱变低压侧已经上电，相序正确，相间、单相对地均无短路现象且相间电压值为690V ± 5%VAC（个别早期机组为 620V ± 5%VAC）。

二、安全要求

（一）调试人员要求

1. 身体健康，具备基本的电气安全操作常识，通过三级安全教育培训及考试，取得电工证和高处作业证，持证上岗。

2. 具备通用电气设备基本理论和知识，掌握风机结构与各系统基本理论和知识。

3. 有风力发电机组对应容量的整机调试经验或参加过调试培训且成绩合格。本书以 1.5MW 风机调试为例，故要求具备 1.5MW 整机调试经验或培训合格。

（二）风电机组调试的一般规定

1. 操作过程注意安全，以“现场安全规范”要求进行；严格执行工作票制度，履行监护制度，工作许可制度，工作间断、转移制度，工作终结制度。若涉及动火必须开具动火工作票。

2. 箱变给机组送电合闸过程，全体工作人员撤出风机，待上电后无异常现象并须经工作负责人确认同意方可进入风机；严格按照各种测试仪器的使用说明进行操作；机组上电前做好上电前的接线检查和参数核查工作，只有经核查符合风机设备说明书规定的基本条件方可开展风机设备的调试作业。

3. 机舱调试必须严格执行以下规定：

①风速≥ 12m/s 时，不得打开机舱盖（含天窗）；

②风速达到 14m/s 时，须关闭机舱盖；

③风速≥ 12m/s，不得在轮毂内工作；

④风速≥ 18m/s 时，不得在机舱内工作。

4. 测量网侧电压和相序时必须佩戴绝缘手套，配穿耐压绝缘工作鞋并须站在干燥的绝缘台或绝缘垫上。风电机组启动并网时，任何人员不得靠近变频器；检查和更换电容器前，必须将电容器充分放电。

5. 检修液压系统时，须先将液压系统泄压；拆卸液压部件时，须佩戴耐油耐酸碱防护手套和护目眼镜，以确保避免液压油对作业人员的手部、眼睛的意外伤害。

6. 风电机组测试工作结束，须核对机组各系统的所有被调试项保护参数，恢复正常设置；超速试验时，所有调试人员必须全部撤离下塔，仅允许在塔架底部控制柜进行操作，任何人员不得滞留在机舱和塔架爬梯上，且须配有专人监护。

7. 调试结束后，必须认真检查风电机组各系统部件状态是否已经恢复原位，特别应该检查风电机组叶轮锁定是否松开，风电机组叶轮锁定未松开时，严禁启动机组。

8. 进入轮毂或在叶轮上工作，必须首先将叶轮可靠锁定，锁定叶轮时不得高于机组规定的最高允许风速；机舱人员进入轮毂之前，必须提前和轮毂内作业人员沟通，得到允许后方可进入；进入轮毂后，必须确定导流罩连接螺栓及垫片齐全且紧固，导流罩舱门固定紧固，才可以作业；调试人员退出轮毂时必须将轮毂内打扫干净，清点所携带的工器具种类、数量，必须保证其与进入作业时相同，轮毂内不得留下任何工具及杂物。

9. 兆瓦级别机组以变桨距机组（是指整个叶片绕叶片中心轴旋转，使叶片攻角在一定范围内变化的风力发电机组）为主。进入变桨距机组轮毂内工作，必须首先将变桨机构可靠锁定；进行变桨操作时，轮毂外（导流罩内）必须有人配合监控变桨情况，使用通信设备进行沟通，且执行变桨操作时外部配合人员不得接近变桨旋转部件；调试变桨时严禁同时调试多支叶片，每次只能调试一支叶片。

10. 严格遵守叶轮作业技术要求，严禁在叶轮转动的情况下插入锁定销，严禁锁定销未完全退出插孔前松开制动器。

11. 作业时使用的吊篮（也称吊篮脚手架），须符合 GB/T19155-2017《高处作业吊篮》相关标准技术要求。工作温度低于零下 20℃时严禁使用吊篮，当工作处阵风风速 > 8m/s 时，不得在吊篮上工作。

吊篮作业是一项十分危险的工作，必须严格按照吊篮使用标准和作业规范，从吊篮材料的选用、组装，作业人员选配、资质审查、技能技巧水平、安全防护意识和装备配备配用，监护人责任心与监护技巧等方面加以综合考虑和权衡，以确保避免高坠事故或高处物件击打伤害等事故的发生。

吊篮作业安全要求如下：

（1）所有作业人员须经过严格的培训、考核并合格，无任何不得参与高处作业的疾病，具备良好的心理素质和体质体能，具有高处作业的专业培训和上岗资质，熟练掌握高处作业紧急救援的基本技术和救援心理，具有较为强烈的安全防护意识和团队合作精神。必须明确吊篮作业人员是特种作业人员。

（2）作业所使用的吊篮、挑梁（支撑件）必须经过严格的可靠性设计计算和各项验算，严格执行 GB/T19155 规定的技术条件和设计要求。

（3）使用吊篮必须确保吊篮的升降机构、限速机构、控制装置及安全保险设备，尤其是防坠落装置的完好。要求吊篮升降做到匀速上升或下降，且运动速度适中，不得过快或猛升急降，任何时候都不允许吊篮发生一端高、一端低的情况。升降过程中必须避免发生吊篮撞击塔体。

（4）依据 GB/T19155 规定，吊篮脚手架不得超负荷，极限数值为 120kg/m2，通常规定每个吊篮的使用最大限载为 300kg。

（5）现场使用中，作业人员和安全负责人（安全监护人）对跨天作业的（即一天无法完成作业的），依据工作票的规定内容和安全管理要求，须坚持每天对吊篮脚手架进行检查，尤其是关键部位和安全装置须加以特别认真的检查，如若发现隐患，须按照隐患排除管理办法，上报相关部门，组织进行对应的隐患排除，确保吊篮脚手架的完好性。

（6）吊篮上所使用的工具材料应码放平稳，防止坠落。

（7）吊篮出现故障后，必须由专业人员维修，严禁非专业人员私自拆改。

（8）距高压线（按照 GB 26859，GB 268560，GB 26861 规定，所谓高压应 N1000V）10m 范围内严禁使用吊篮。

（9）必须在吊篮下方设置警戒线或安全通道，按一定距离设置安全警戒标识，并应配备专职的安全监督人员。

（10）吊篮升空作业范围内应清除各种异物或障碍物，对于固定异物或障碍物应设置明显的安全警示标识。

（11）在吊篮中作业人员必须系挂风电专用的带有防坠功能的全身式安全带，并且通过二次保护安全绳防止高坠事故的发生，二次保护绳必须系挂在塔筒的外置系挂点上（一般系挂于吊篮的保险钢丝绳或安全绳上）。

（12）使用吊篮进行塔筒外作业须事先检查吊篮系统的质量，明确吊篮内作业人员的分布，且确保不超员。建议作业时，最好明确每一位作业人员的作业位置，即在吊篮中作业的人员名单和位置，以做到责任到人。

（三）接近风机进行作业及攀爬时的安全要求

1. 雷电天气，严禁任何人员接近或进入风机。由于风机自身传导雷电流，因此，接近或进入风机作业，必须在雷电过去 1 小时以上，且须持有有效工作票，方可进行作业。

2. 开启的塔架门必须完全打开并加以固定，防止和避免发生意外伤害事故。

3. 塔筒内作业时，须在塔架门外显著位置悬挂“有人作业，非相关人员禁止进入”的安全警示牌，防止非相关人员进入，触动设备。

4. 作业人员必须正确佩戴安全帽，下颚带必须锁止在下部，以保证在进出塔筒、机舱等低矮部位时安全帽不会脱落，避免因安全帽不慎脱落而引发人身伤害事故。由于机组并未上电，塔筒内无照明或虽有临时照明，但照度不能满足调试作业要求时，应该在安全帽正上方或耳部侧外方加戴头盔式电筒，以提供作业人员自身照明。配穿防滑耐磨工作鞋，特别注意鞋底根部磨损程度，当跟部磨损超过原厚度的 1/2 时（不论一双鞋的单只还是一只鞋的单边），必须更换新鞋，以保证工作鞋的安全防护作用。

5. 攀爬塔筒塔架前，凡要登塔的作业人员必须配穿在合格期内的全身式安全带，建议选用风电专用全身式防坠安全带。穿用前必须认真检查安全带的外观和带体上的合格标志及在预试合格周期内，只有经检查且符合要求的安全带方可穿用。如安全带有可疑损坏、不安全或不符合要求的，则必须立即更换新的安全带，并重新进行检查，只有经检查合格的方允许穿用。穿用时必须按照使用说明书要求与方法正确穿用，以确保安全带能够起到安全保护作用。

进入塔筒，必须认真检查塔筒塔架的爬梯状况，只有爬梯完好，系挂自锁器的钢索（或安全导轨）紧固可靠方可登梯攀爬。

攀登爬梯时，必须将安全带上的自锁器在登梯时即锁扣于位于爬梯上的攀爬安全钢索（或安全导轨）上，并经上下滑动自锁器，检查自锁器在钢索（或导轨）上的灵活程度及自锁效果（按照标准要求，自锁器突然下坠时，必须下滑距离在 0.2m 范围内锁止方为合格）。只有自锁器按照正确使用方法可以自由移动且瞬间下坠时能即刻锁止，方可开始攀爬。

当进入安全平台时，必须立即将二次保护安全绳拴挂在爬梯的梯架上，然后盖上安全平台的安全门，并加以锁闭，然后观察上一段塔筒情况，如上一段塔筒梯架上无人攀爬，即允许摘除二次保护绳，进行下一段爬梯的攀爬。

如攀爬时还带有其他二次保护器具等，同样须在开始攀爬前对器具进行认真的检查，仅允许符合技术规范和要求，并在试验周期内的合格器具方可在攀爬现场使用。

6. 攀爬过程中，同一段塔筒爬梯上仅允许一人在攀爬，只有该人员到达一个安全平台后，并将安全平台的安全门已经关闭，后一位攀爬人员方可开始攀爬。同一节塔筒上，不得有 2 人同时在攀爬。

7爬过程中,由于机组并未上电,塔筒内无照明或有临时照明,但由于照度达不到实际需要时，为避免发生踏空事故，每到达一层平台休息时，须先伸出一只脚确认是否到达平台，然后再落地休息。

8. 攀爬作业时，随身携带的小工具或小零件必须放置于封闭的帆布袋中或工具包中，固定可靠，防止引发高处坠物伤害事故。一般而言，登梯上机舱作业所需随身工器具不多时，应尽可能由一人独自携带。登塔前应清理工器具的种类、件数，以便下塔时核查，防止作业完成后有工器具等物件遗漏在机舱内，尤其是严防机舱内设备或部件中遗留工器具。另外，为确保安全，携带工器具的登塔人员应最后一个登塔而第一个下塔（“后上先下”），以防止或避免因各种原因导致随身工器具从密闭的工具包中滑落引发物件高坠伤人事故。塔筒内或机舱内使用的重物必须由布设在机舱尾部的机舱内置吊车输送。

（四）风机调试的安全要求

1. 调试时，须将风机“远方 / 就地”模式切换至“就地”模式，使风机处于“维护”状态，调试期间须在控制盘、远程控制系统操作盘处悬挂“禁止操作，有人工作”字样的安全警示牌。

2. 在机组静态调试期间，叶轮转子须处于锁定状态，风速≥ 10m/s 不得进行静态调试。

3. 独立变桨机组调试变桨系统时，严禁同时调试多支叶片。

4. 机组其他调试测试项目未完成前，严禁进行超速试验。

5. 新安装风电机组在启动前必须具备以下条件：

（1）各电缆连接正确，接触良好；

（2）设备绝缘状况良好；

（3）相序已经校核，严格测量电压值和电压平衡性；

（4）检测所有螺栓力矩达到标准力矩值；

（5）正常停机试验及安全停机，事故停机试验均无异常；

（6）完成安全链回路所有元件检测和试验，并正确动作；

（7）完成液压系统、变桨系统、变频系统、偏航系统、刹车系统、测风系统性能测试，达到启动要求；

（8）核对保护定值设置无误；

（9）填写风电机组调试报告。

第二节 风电场风机调试准备工作

一、工器具准备

进行工作时，首先准备调试用工器具及仪器仪表，按照调试需求工器具及仪器仪表清单，从工器具库房取出相应工器具及仪器仪表。将工器具及仪器仪表搬运装入车辆货斗过程中，存在搬运物品划伤、磕碰、砸伤的危险，因此必须佩戴防护手套（建议佩戴耐磨防滑工作手套为宜），并且不得强拉硬拽搬运。对于较重的测试设备，不主张采用人工搬运的方式装卸，建议通过机械吊运或机械运转和机械升降抬运等方法装卸。少数较轻的测试设备允许人工搬运，但必须采用正确的方法。人工搬运时，不得采用弯腰搬运的方法，因弯腰搬运极易造成腰部损伤，而应该采用下蹲式搬运方法，即搬运物件时采用下蹲的方法搬取物件，然后直立，再行走搬运的方法。如果下蹲式方法无法搬动测试设备或部件，又无机械搬运设备，则一定采用多人协作的方式进行搬运，这时必须强调多人搬运之间的协调一致，以免由于协调失误引发设备脱手损伤设备或设备击打、磕碰伤人事故。搬运物件过程中，由于一般库房空间安排比较密集，注意避免碰撞库房货架，避免损坏设备及保证人身安全。为应对可能的人身伤害事故，随车应携带急救药箱，配备常用急救药品及医疗器具。

二、车辆及驾驶

司驾人员在确认乘员全部上车、车门全部关严后开始启动车辆，严禁乘员正在进入车辆时行驶车辆，造成人员受伤事故。所有司驾、乘坐人员均应系安全带。严禁人货混装或货车载人。司驾人员应提前规划好行程，明了运送人员及设备去往指定风力发电机组的路线，掌握沿途路况及环境，确保行车安全。由于风电场位置一般较偏僻，应选择路况较好、熟悉的线路行驶，避免在行驶途中遇险或迷路。司驾人员必须十分熟悉风电场布局，明了各编号风塔及其具体位置，掌握风电场及风塔道路情况。行驶时，精神必须高度集中，随时观察路标、路牌提示，沉着应对急弯险道，保证行车安全。

三、进入风机

调试用车辆行驶至风机位置后，调试组长（工作负责人）应先观察风机状态是否正常，有无物体高空坠落危险，确认正常后再下车。现场召开班前会，根据工作票和作业指导书进行作业技术交底和安全交底，并要求作业班成员逐一明确各自作业任务及对应的危险源，明了辨识与防范方法，再次检查（或互查）作业班成员个人安全防护装备或装具的配备与穿戴正确与否，发现问题当场给予纠正和解决，杜绝作业前就“带病”，保证作业安全。一切检查无误后，方可进入风机开始作业。

风机底层平台一般高于地面，并由钢结构踏板带扶手梯子与塔筒门相连。上下梯子时确认梯子牢靠、避免踏空、跌落等。上至梯子平台打开塔筒门，即须将塔筒门固定锁销插入锁孔，锁止塔筒门，在塔筒门显著位置悬挂“有人工作，严禁关门”的警示标识牌，避免塔筒门被误关和因大风吹动塔筒门碰撞挤伤进出人员造成事故。

在将工器具备件搬运至塔筒底平台过程中也要注意安全，避免磕碰、击打等伤害，同时还应注意搬运过程中，被塔架基础平台梯的梯脚等磕绊而致使引发人身伤害事故。

第三节 主控系统调试

一、主控柜调试

（一）网侧上电

打开风机网侧接入电缆柜门，使用万用表测量网侧三相入线有无电压。确认无电压后，测量三相相间、单相对地绝缘。确认均无接地短路现象。将箱变断路器合闸，检查网侧三相入线相序正确，且相间电压值为 690V ± 5%VAC（个别早期机组为 620V ± 5%VAC）。

（二）低压配电柜上电

依次闭合低压配电柜内断路器、刀熔开关、空气开关。测量各开关出线侧电压是否正常。

（三）程序下载

将机组 PLC 程序通过笔记本电脑下载灌装至机组 PLC 模块中，将就地显示面板程序下载至机组面板电脑中。

二、主控柜调试危险源分析与辨识及安全防范

网侧上电时存在触电风险，应佩戴绝缘手套，主控柜地面须铺设绝缘垫板。为有效防止上电作业时可能的电弧灼伤，根据 DL/T 320-2010《个人电弧防护用品通用技术要求》的规定与要求，作业人员应配穿一级防护用防电弧服和对应的面屏、手套等电弧防护专用装具，以避免开关漏电或电弧伤害上电作业人员。

使用万用表测量电压时，应注意以下使用方法及安全注意事项：

1. 如果无法预先估计被测电压或电流的大小，则应先拨至最高量程挡测量一次，再视情况逐渐把量程减小到合适位置。测量完毕，应将量程开关拨到最高电压挡，并关闭电源。

2. 满量程时，仪表仅在最高位显示数字“1”，其他位均消失，这时应选择更高的量程。

3. 测量电压时，应将数字万用表与被测电路并联。测电流时，应与被测电路串联，测直流时不必考虑正、负极性。

4. 当误用交流电压挡去测量直流电压，或者误用直流电压挡去测量交流电压时，显示屏将显示“000”，或低位上的数字出现跳动。

5. 禁止在测量高电压（220V 以上）或大电流（0.5A 以上）时换量程，以防止产生电弧，烧毁开关触点。

6. 当显示“BATT”或“LOWBAT”时，表示电池电压低于工作电压。

尤其应当正确选用交直流挡和量程，防止误选误用导致测量仪表的损伤或烧毁。

箱变合闸操作一般由业主单位的作业人员操作，因此，调试人员必须和业主单位事先协调，编制作业方案，现场通过及时沟通和密切配合，共同完成调试作业。必须在作业指导书中编制针对可能的各类隐患、事故的处理预案，并在现场配备必要且充足的相应器材和工具。若箱变合闸过程中导致设备或线缆发生漏电或起火现象，必须立即使用干粉灭火器灭火。

使用兆欧表进行绝缘测试、电压测量等作业时，必须严格遵守万用表的安全使用要求，且必须 2 人进行作业，相互保护与监督，避免触电及二次伤害。使用兆欧表测量绝缘电阻时应注意如下问题：

（1）测量前应正确选用表计的规范，使表计的额定电压与被测电气设备的额定电压相适应，额定电压 500V 及以下的电气设备一般选用 500 ~ 1000V 兆欧表，500V 以上的电气设备选用 2500V 兆欧表，高压设备选用 2500 ~ 5000V 兆欧表。

（2）使用兆欧表测试前，首先鉴别兆欧表的好坏，先驱动兆欧表，其指针可以上升到“∞ false”处，然后再将两个接线端钮短路，慢慢摇动兆欧表，指针应指到“0”处，符合上述情况表明兆欧表正常，否则不能使用。

（3）使用时必须水平放置，且远离外磁场。

（4）接线柱与被试品之间的两根导线不能绞线，以防止绞线绝缘不良而影响读数。

（5）测量时转动手柄应由慢渐快并保持 120r/min 转速，待调速器发生滑动后，即为稳定的读数，一般应取 1min 后的稳定值，如发现指针指零时不允许连续摇动手柄，以防线圈损坏。

（6）在雷电情况下，禁止使用仪表进行测量，只有在设备不带电，且同时不可能受到其他感应电而带电时，才能进行。

（7）在进行测量前后，必须对被试品进行充分放电，以保障设备及人身安全。

（8）测量电容性电气设备的绝缘电阻时，应在取得稳定值读数后，先取下测量线，再停止转动手柄。测完后立即对被测设备接地放电。

（9）禁止仪器长期剧烈震动，防止仪器受损影响测量精度。

（10）仪表在不使用时应放在指定的地方，环境温度不宜太热和太冷，切勿放在潮湿、污秽的地面上。

开关、熔断器、刀闸上电时要先确认开关所在回路绝缘良好、无短路，操作时必须佩戴绝缘手套，开关、熔断器、刀闸地面须铺设绝缘垫板。为有效防止上电作业时可能的电弧灼伤，根据 DL/T 320 的技术要求，作业人员应配穿一级防护用防电弧服和对应的面屏、手套等电弧防护专用装具，避免开关漏电或电弧烧伤。若电气设备起火，必须立即使用塔底进门处配有的干粉灭火器灭火。

三、机舱部分调试

（一）攀爬塔筒

塔底调试工作完成后，开始进行机舱内调试。作业人员需沿塔筒爬梯攀爬至机舱平台，上至机舱平台后，使用对讲机等通信设备与塔底人员进行沟通。

（二）机舱柜上电

塔上、塔下人员配合，塔下人员在塔底合上低压配电柜机舱电源空开，塔上人员在机舱检查确认机舱控制柜电源入线侧电压及相序正常。依次闭合机舱柜内各开关，但液压站电源除外。

（三）电压检查

用万用表测量各电压等级回路、电源模块电压是否正常。

（四）机舱部分通信调试

检查各个通信子站状态是否正常。各通信子站电源指示灯是否长亮，运行指示灯是否长亮。若不长亮，检测通信子站模块是否正常，光纤插头是否插紧、DP 接头内部接线是否可靠紧固、接线正确。

（五）液压系统测试

1. 液压回路检查。检查液压站和油管衔接处、偏航刹车和油管衔接处是否存在渗油和漏油现象。如果存在渗漏油现象，立即切断机舱柜内液压泵电源，然后将液压站泄压阀旋松泄压，处理管道渗漏油。

2. 液压站测试。液压站上电，开始建压，观察液压站系统压力指示表显示压力是否在正常范围内，同时再次检查液压站和油管衔接处、偏航刹车和油管衔接处是否存在渗油和漏油现象。如无渗漏油现象，系统压力仍未达到要求，需要调节液压站压力继电器，直到系统压力在正常范围内。

（六）叶轮锁定传感器测试

使用金属器件遮挡左侧叶轮锁定接近开关探头处，观察就地监控显示器界面上“环境 / 机器设备 / 控制柜”一栏中“左侧叶轮锁定”信号是否给出，释放后，从就地监控软件上观察信号是否恢复，并调节接近开关与感应铁杆的垂直距离为 3 ~ 4mm。右侧叶轮锁定测试方法与左侧相同。

（七）机舱内置吊车功能测试

通过对机舱内置吊车进行手柄操作，检查机舱内置吊车相序是否正确，并将提升铁链（有机组配置的为钢丝绳）导入机舱内置吊车链盒内。

若机舱内置吊车相序不正确，需要倒接机舱内置吊车电源线，应先断开电源开关，使用万用表检查无电后，再使用螺丝刀拧开压接螺丝，倒换接线，注意不要看错端子，防止接错线号及螺丝刀误碰带电端子引发触电等事故。

将机舱内置吊车链条导入链盒内时，一人操作手柄，一人捋顺链条。将链条捋顺全部导入链盒后可以进行吊物操作，将调试用较重较大物品通过机舱内置吊车吊至机舱。

（八）偏航减速器油位检查

偏航减速器油位必须在油窗 1/2 以上，否则需要添加润滑油。

（九）偏航位置传感器测试

1. 偏航 0° 位置确定。在机组偏航之前调节凸轮，通过面板偏航位置进行比较校准初始 0° 位置；也可以调节电阻值，拆去位置传感器的外部接线，调节尼龙齿轮盘，使 1 和 2 间阻值等于 2 和 3 间的阻值（注意测量时不可以带电测试）。调整好初始 0° 后，在调节凸轮之前不得碰转凸轮齿轮盘。

2. 扭缆限位触发设定。拆下凸轮计数器，打开其端盖，将凸轮计数器凸轮调节锁定螺钉旋松。进行左右偏航限位触发设定。设定完成后，调节凸轮，测试左右偏航触发扭揽（机舱的转动被限定在一定的圈数内，防止塔筒内电缆因扭曲造成破坏）的实际位置在规定范围内。触发扭揽时，在就地监控观察：环境 / 机器设备 / 控制柜栏：“扭揽开关”信号是否显示。最后将凸轮计数器凸轮调节锁定螺钉旋紧，然后重新调节凸轮到初始 0° 位置，调整好后将凸轮计数器安装在原位。

（十）润滑系统测试

1. 润滑加脂测试。进入就地监控显示器界面的“就地调试与控制”模式，点击“润滑加脂”按钮，观察润滑泵是否旋转，旋转方向与加脂罐外壳的标示方向是否一致。

2. 润滑回路检查。润滑泵工作以后，检查油脂分配器及各油路接口处是否漏脂，如发现有漏脂情况则立即停止润滑加脂测试，进行处理。如一切正常，等待 10min 后观察油毡齿出脂状况，出脂表示润滑加脂工作正常，停止润滑加脂测试。在就地监视器界面点击“润滑加脂 0 任”退出测试。

（十一）测风系统测试

1. 风向标测试。通过就地监控面板检查风向标数据是否符合实际情况（根据风向实际情况，可以手动调整 90° 、180° 和 270° 来分别观察风向标对应情况）风向标标头正对机头为 180° 。如果发现对风不正确，松掉风向标底座顶丝（或螺栓）重新调整风向标标识“S 线”正对机头，或“N 线”正对机尾。调整完毕后固定底座顶丝（或螺栓）。如果对风仍不正确，请检查风向标是否损坏。

2. 风速仪测试。通过就地监控面板检查风速仪数据是否符合实际情况（可以手动拨动风速仪，观察数据是否正常）。

（十二）主控系统信号监测

1. 温度信号监测。观察就地监控显示器界面上环境温度、柜体温度、发电机绕组等温度是否正常。

2. 电网信号监测。观察就地监控显示器界面上网侧电压电流值是否正常。

3. 机舱加速度信号监测。拆下机舱加速度传感器，将机舱加速度传感器外壳标示的坐标 X 轴正轴竖直向下，观察就地监控软件 X 方向加速度为 0.5g；将机舱加速度传感器外壳标示的坐标轴 Y 轴正轴竖直向下，观察就地监控软件 r 方向加速度为 0.5g。测试完毕后，按照原安装方式恢复安装，注意机舱加速度传感器坐标轴安装方向，应和原安装方式一致。正常情况风速小于 18m/s，X 和 Y 方向加速度值应小于 0.05g。

4. 叶轮转速传感器测试。检查叶轮转速 1 和叶轮转速 2 的接近开关与齿形盘的距离是否为 4mm，如不是则调整至 4mm。使用金属器件遮挡接近开关的探头，然后释放，频繁进行此操作，观察机舱控制柜内叶轮转速采集模块指示灯是否正常闪烁。

5. 故障信号监测。通过就地监控软件监测机组是否存在故障，如仍存在故障，排除相关故障进行下一步的步骤。

（十三）安全链回路测试

1. 低压配电柜急停按钮测试。通过复位按钮清除所有故障，按下低压配电柜急停按钮，观察就地监控软件，机组是否报安全链故障，如果报出表示功能正常。

2. 机舱柜急停按钮测试。通过复位按钮清除所有故障，按下机舱柜急停按钮，观察就地监控软件，机组是否报安全链故障，如果报出表示功能正常。

3. 振动开关测试。通过复位按钮清除所有故障，拨动振动开关摆锤，使其摆锤偏向一方，观察就地监控软件，机组是否报安全链故障，如果报出表示功能正常。

4. 扭缆测试。用端子启分别压下凸轮计数器的两个凸轮触点触发扭缆，观察就地监控软件，机组是否报安全链故障，如果报出表示功能正常。

（十四）维护手柄功能测试

通过维护手柄按钮进行叶轮刹车、偏航、变桨测试，测试偏航和变桨时需要确定实际旋转方向和手柄指示标牌一致。

（十五）偏航测试

进入就地监控软件的就地控制模式，分别点击“逆时针偏航”“顺时针偏航”按钮，连续偏航一圈，观察偏航方向是否正确，同时听偏航声音是否正常。如果有异常立即停止偏航，查找原因。如一切正常，则分别点击“逆时针偏航 Off”“顺时针偏航 Off”退出测试。

（十六）偏航余压测试

断开机舱柜内液压泵电源开关，然后将液压站泄压阀旋松，把余压表安装在偏航刹车油路末端的油口处，将液压站泄压阀旋紧，然后闭合舱柜内液压泵电源开关，从就地监控软件上强制机组偏航，观察偏航余压表的压力值，调节偏航溢流余压调节阀，使余压值符合要求。

（十七）发电机绝缘测量

测量前先确定发电机侧空气开关处于断开状态、保险处于断开状态、叶轮锁定处于锁定状态，然后使用兆欧表测量发电机单相对地、两绕组间的绝缘电阻，确认其是否正常。

四、机舱部分调试危险源分析与辨识及安全防范

攀爬塔筒爬梯的人员必须具备有效登高证，并在项目部备案和报业主单位安监部门备案。攀爬时，必须严格遵守攀爬安全要求，攀爬前必须由工作负责人再次向作业班成员当面交代安全注意事项，并检查每位登塔人员的登高安全防护装具的配备及正确使用与否，做到防患于未然。

1. 攀爬塔筒爬梯时，存在高空坠落与高空坠物砸伤风险，应采取以下措施。

（1）要正确戴安全帽，穿全身式安全带（建议配穿风电专用全身式安全带），系挂自锁器和二次保护安全绳，配穿防滑耐磨安全防护鞋，做好防坠措施。

（2）攀爬加装助爬器的风机塔架，事先必须要确认助爬器安全可用，使用前必须对助爬器进行调节，使之具有合适提升重量，以保证安全助爬。

（3）攀爬时应打开塔筒壁上的照明灯，若照明灯不亮，应佩戴头灯，严禁摸黑攀爬。

（4）登塔攀爬过程中，每段塔筒每次仅允许一个人在塔架梯子攀爬，仅允许在前一位作业人员攀爬到本段塔体上部安全平台，并已经将二次保护安全绳系挂在塔架上，盖好安全平台出入盖板后，方允许下一位作业人员开始登梯攀爬。以此循环，完成所有登塔作业人员的攀爬。

（5）攀爬过程中，要匀速前进，不能盲目追求速度，避免体力透支。攀爬过程中若感觉疲劳可以在各层平台休息，但在平台上休息时应挂二次保护安全绳。

（6）上至平台时应先在平台上站稳，系挂好二次保护安全绳，关闭平台盖板，再解开安全锁扣，严禁在攀爬过程中解开安全锁扣。

（7）攀爬时，所有工器具须放入密封的工具包内，并锁紧包口，避免物品坠落砸伤下部人员。

（8）每次在爬塔架时，要检查梯子、平台、机舱底板是否有油、油脂、污垢或其他危险物质。必须将污染区域清洗干净，以免滑倒发生危险。

（9）攀爬时携带对讲机等通信工具，并保持通信畅通。

2. 由于本节是以低压配电柜布设在塔架基础平台上的机组为典型机组加以阐述，因此，机舱柜上电必须在塔上、塔下密切配合下作业。因塔架有一定的高度，机舱又是相对密闭的，在进行机舱柜上电作业时，必须塔上、塔下通过通信联络，协调一致。所以，塔上、塔下作业人员必须根据作业指导书和现场要求配备通信器材，并保证通信畅通，作业时密切协调配合。

机舱柜上电过程中，事先须在柜体前地面铺好绝缘胶垫，若发生短路、漏电、冒烟、起火等情况，空开一般会自动跳闸，若空开未跳闸，立即佩戴绝缘手套、站柜体地面绝缘胶垫上操作断开电源开关，然后再进行后续处理。机舱上配有灭火器，可以在起火时，用于紧急灭火。

3. 机舱柜上电的电压检查时，由于是低压 690V+5%VAC（有的为 620±5%VAC），因此允

许使用万用表进行检查，但必须严格遵守万用表安全使用的技术要求，对电压挡位、交直流挡位等特别加以注意，防止因错误使用造成烧表事件，延误调试周期和导致仪器仪表损坏等。

同时，检查时必须认真核查，规范作业行为，避免误操作造成端子之间短接造成短路。

4. 若通信子站不正常，进行通信回路通断检查时，由于 DP 接头螺丝较小，在使用螺丝刀旋松螺丝，打开设备检查时，必须十分小心，防止错位或划伤手指等身体部位。

5. 液压回路检查过程中，由于塔筒最上面一层平台和机舱平台之间空间较小，偏航刹车盘、闸体正在两层平台之间，容易磕碰头部，要正确戴好安全帽，扣好并适当收紧下颚带。人员移动或作业时，仔细观察周围情况，避免身体与机舱内设备的磕碰损伤。此平台一般无照明灯，工作时应使用头盔式电筒照明。液压站上电后，若存在漏油现象使用对应口径的扳手紧固接头螺栓时，必须佩戴护目镜和耐油耐酸碱防护手套，佩戴防毒口罩或防毒面具。系扣好衣袖、衣扣和领扣，防止液压油流渗到身上，污染和伤害皮肤。有条件的还可以配穿耐油围裙，杜绝接触液压油。

6. 叶轮锁定传感器所处空间狭小、低矮，作业时避免磕碰，上下台阶须谨慎，避免滑倒摔伤。

7. 机舱内置吊车相序接线有误重接时，作业人员需佩戴工作手套，选用适当的螺丝刀，不得用小号或大号螺丝刀强行拧松连接螺栓，防止螺丝或螺母滑扣，造成端子连接损坏而更换端子。同时，使用螺丝刀时应注意方法正确，螺丝刀刀头始终不得对人，防止刀头不慎伤害他人。螺丝刀使用时应对准所要作业的螺丝凹槽，用力适度，保证顺利装卸螺丝。

切断电源时须佩戴绝缘手套，脚下垫绝缘垫板。使用万用表时必须按照安全使用规定操作，注意事项见前述。

捋顺链条时，由于铁链较重，并可能存在油污及铁屑，须佩戴耐磨防滑防护手套，佩戴防击打护目镜，且一旦链条打结时必须立即停止机舱内置吊车的运行，防止伤及链条操作人员。链条入盒时，2 人必须密切协同配合，避免挤压等伤害。

进行机舱内置吊车功能测试及吊物时，由于机舱空间狭小且周围临时性防护围栏一般较简陋，达不到安全防护的作用，人员靠近吊物口存在高空坠落风险。因此，进行吊物测试或吊物作业，必须在作业指导书中十分明确地写明安全防护要求和设置专人担任现场监护，并严格遵照执行，以防止高坠事故的发生。

具体吊物时须先放下吊物口防护围栏，穿好安全带，系挂好二次保护安全绳，检查现场作业人员安全带穿着情况，仅允许正确穿用风电专用全身式安全带的作业人员参与吊物作业。作业前，先检查二次保护安全绳与安全带的栓系必须牢靠，作业时则必须先将二次安全保护绳系挂在机舱安全挂环上，再打开机舱吊物口盖板和机舱吊物口门开始吊车的功能测试或吊物。同时机舱内置吊车测试或吊物作业必须遵守以下规定：

（1）雷雨天气严禁使用提升机作业；

（2）风速大于 10m/s 时严禁使用机舱内置吊车作业；

（3）当雨雾、沙尘暴等恶劣天气导致能见度过低时，严禁使用机舱内置吊车作业；

（4）一旦发生机舱内置吊车链条打结等不宜吊物的情况时，应立即进行恢复，且仅允许恢复正常后方可使用；

（5）参与机舱内置吊车测试或吊物作业的人员必须穿工作服，系好袖扣、衣扣、领扣。正确佩戴安全帽。如有女工或长发作业人员，必须先佩戴棉质工作帽，将头发盘置于工作帽中，再佩戴安全帽。正确配穿风电专用全身式安全带，并在后背连接好二次保护安全绳，进行作业时，必须将二次保护安全绳系挂到机舱内布设且远近合适的挂点上。所有参与人员必须佩戴耐磨工作手套和防冲击耐磨耐油工作鞋。

（6）将机舱内置吊车围栏固定好，严禁不使用提升围栏进行提升作业，严防人员坠落。吊物提升至机舱内后，先将吊物孔盖板盖好再将所吊物资脱钩，严防物资坠落伤人；

（7）所吊物品将要到达机舱或抵达地面时，通过对讲机等通信工具提醒对方注意吊物并进行脱钩操作；

（8）提升物品尺寸不能大于吊物口尺寸，物品重量不能超过机舱内置吊车最大负荷；

（9）同时应遵守吊物“十不吊”原则。

（10）使用机舱内置吊车完毕，及时关闭电源，及时关闭机舱吊物孔门，防止人员、物品坠落。

8. 添加润滑油要使用专用漏斗，防止润滑油外漏。作业时须戴耐油耐酸碱防护手套、佩戴护目镜、配穿耐油耐酸碱防滑工作鞋，最好佩戴防护口罩。

9. 偏航位置传感器测试过程中，注意防止设备元器件从机舱平台缝隙掉落坠地。拆卸设备过程中应注意防止螺丝刀戳伤等机械伤害。

10. 加润滑脂时使用专用加脂工具，防止润滑脂外漏，污染环境，造成平台底板较滑，摔伤工作人员。一旦被油污染，必须立即清洁，保持地面干净。作业人员作业时，必须佩戴耐油防护手套、戴护目镜佩、戴防毒口罩、配穿耐油防滑工作鞋。

11. 进行风速仪、风向标测试时，需要打开机舱天窗，出机舱外操作，存在高空坠落风险。作业人员出舱作业前必须认真检查个人安全防护装具的穿用和配备。出舱人员必须正确配穿风电专用全身式安全带，且在出舱前已经将系挂到后背的二次保护安全绳栓系连接在全身式安全带的后背二次保护 D 型环中，并已正确锁止。一旦出舱，立即将二次保护安全绳的另一端连接器正确系挂在机舱外壳安全挂点（围栏）上，以防止发生高坠事故。如要在机舱外移动，建议加挂二次保护用的专用限位绳，以确保安全作业。为便于测试，不主张佩戴太阳防护镜。

在使用扳手拆卸顶丝时，必须注意防止螺丝、扳手等脱落、坠向地面导致地面伤人事故的发生。出舱操作时，注意使用对讲机等通信工具通知塔底人员远离风机，严禁有人员逗留在风机下。塔底人员可以进入塔筒内，避免高空坠物伤人。

机舱外作业是一件十分危险的作业任务，每一位作业人员都必须时刻绷紧“安全”这根弦。

12. 进行叶轮转速开关测试时，由于轮毂内空间狭小，齿形盘端角较锐利，作业人员必须避免磕碰、划伤；由于机舱控制柜在机舱内发电机底座上，因此，轮毂内外人员需要使用对讲机等通信工具进行配合，共同完成作业任务。

13. 轮毂内空间狭小，不易散热，夏季温度较高，在其中工作容易中暑，因此调试作业中应带足够的饮用水，并在急救箱中配备人丹等防中暑药物。

14. 维护手柄测试包含叶轮刹车测试、偏航测试、变桨测试等内容。进行叶轮刹车测试时，叶轮转速不能太高。偏航测试时，偏航齿盘范围内不得有人员或物件。进行变桨测试时，变桨驱动盘范围内不得有人员或物件。

15. 偏航余压测试安装余压表时，必须佩戴耐油耐酸碱防护手套，配穿耐油防滑工作鞋，严禁作业人员身体任何部位直接接触流出的液压油。

16. 发电机绝缘测量时应遵守以下规定：测绝缘通常使用兆欧表，使用兆欧表必须严格遵守兆欧表使用说明书和安全使用规定，一是保证测量数据的正确性，二是保证测量人员的人身安全。细述请见前述。

在进行发电机绝缘测量时，还应注意：

（1）测量前须锁止叶轮，防止发电机转动。严禁在雷电时或高压设备附近测绝缘电阻，只能在设备不带电，也没有感应电的情况下测量；

（2）在测量含有 IGBT 或其他电力功率器件回路的绝缘时，必须将其脱离后进行测量；

（3）在使用兆欧表过程中，禁止对被测器件进行操作；

（4）兆欧表线严禁绞在一起，必须分开；

（5）兆欧表未停止转动之前或被测设备未放电之前，严禁用手触及。拆线时，也不得触及引线的金属部分；

（6）测量结束时，对大电容设备必须进行彻底放电；

（7）按照兆欧表使用规定，必须定期对兆欧表进行校验，以保证其准确度。

五、并网调试

在面板机就地监控“调试及参数设置”选项，设置功率给定值。分别进行机组 0 功率、100kW 功率、600kW 功率、1000kW 功率、1500kW 功率并网测试。

六、并网调试危险源分析与辨识及安全防范

机组在如下条件下方可进行并网测试：

1. 按照调试步骤完成以上所有测试，并且测试结果达到要求；

2. 确保所有人员、物品都已置于塔底平台安全位置，机舱内无人员滞留，关键转动部位经检查确认无任何物品遗落；

3. 就地监控软件通信正常，软件中“调试及参数设置”下的“参数设置”可以正常设置，在“参数设置”中按照操作手册中的操作菜单名称设置对应的数值后，启动风机进行测试。

若测试时，机组出现异常噪音、振动、烟味、灼烧味、放电、漏水现象，应立即按下紧急停机按钮，对机组进行认真检查，消除一切隐患，并确认机组正常后方可继续进行并网测试。

第四节 水冷变流系统调试

一、水冷部分

（一）水冷系统上电

将低压配电柜水冷系统空开上电后，依次闭合水冷柜内断路器、刀熔开关、空气开关，测量各开关出线侧电压是否正常。

（二）水冷系统加水

检查确定水冷管道连接正确，采用开口扳手检查各管道接头连接状况，经确认各管道接头连接紧固后，使用加水装置（单相水泵）为水冷系统添加冷却液。

具体加液步骤为：先往加水装置储水桶内加满冷却液，将加水装置出水软管接头与冷却系统入水口管道接口连接紧固：连接加水装置电源，合上加水装置启动开关开始加水。

加水过程中需密切观察水冷压力表的读数，一旦达到压力标准时，同时关闭水冷系统入水口阀门和断开加水装置启动开关。

加水时利用散热器顶部的手动阀进行手动排气，以确保散热器中注满水。

（三）水冷回路检查（静态）

检查水冷柜、变流柜、散热片法兰连接处是否存在渗水、漏水现象。若有渗漏水须立即进行处理。

（四）水冷系统主循环泵测试

从人机交互面板的就地监控系统进入“就地调试与维护”模式。点击“循环泵启动”按钮，待泵的驱动电机旋转后，观察旋转方向是否与外壳标示的方向一致。若不一致则即刻进行调整。测试完毕后，点击“循环泵关闭”按钮。

（五）水冷电加热器测试

依次点击“循环泵启动”“加热器启动”按钮。且持续 3 ~ 5min，变流器进出水温度读数会有所提高。测试完毕后，依次点击“加热器关闭”“循环泵关闭”按钮。

（六）水冷散热风扇测试

依次点击“1 号散热风扇启动”“2 号散热风扇启动”“3 号散热风扇启动”按钮，待风扇的驱动电机依次旋转后，观察旋转方向是否与电机外壳标示的方向一致。若不一致则即刻进行调整。测试完毕后，依次点击“1 号散热风扇关闭”“2 号散热风扇关闭”“3 号散热风扇关闭”按钮。

（七）水冷回路检查（动态）

水冷系统正常运行以后，检查水路管道各法兰连接处，是否存在渗水现象，检查前必须要先使用干净的卫生纸或抹布清理法兰连接处的水渍。若有渗漏，则立即处理。

二、水冷部分调试危险源分析与辨识及安全防范

1. 开关、熔断器、刀闸上电时同样要先确认开关所在回路绝缘良好、无短路，操作人员须佩戴绝缘手套，脚下垫绝缘垫板，建议根据 DL/T 320 要求配穿一级电弧防护服，配用对应的其他电弧防护装具，以防止因开关漏电或电弧烧伤而引发人身伤害事故。

2. 检查水冷系统管道时，由于空间狭小，存在划伤磕碰危险，必须正确佩戴安全帽、佩戴耐磨防护手套（除进行电气操作时必须佩戴绝缘手套外）。进入基础环负一层平台时，是从底段塔筒的安全平台上下到基础环平台，通常塔筒的攀爬梯未安装到底，与基础环有一定的距离（距离很小，一般在 0.3m 左右），而爬梯的防坠装置未装至基础环平台，基础平台到底段塔筒平台之间的间距一般不超过 2m，由于上述的结构状况，在两个平台间上下存在跌落的安全隐患，因此，为防止跌落事故的发生，作业人员必须配穿风电专用全身式安全带，使用二次保护安全绳。在上下时，利用二次保护安全绳来确保人员不发生事故。二次保护安全绳必须在作业人员从底段塔筒平台下到基础平台时就将安全绳系挂在塔筒的塔架上，做到高挂低用。在基础环平台作业时，因此时的作业面已经是最低的，不可能发生坠落，故这时允许临时摘除二次保护安全绳进行作业，但当结束作业准备开始由基础环平台攀爬至底段塔筒平台时，必须重新系挂二次保护安全绳，直至达到底段塔筒平台方可摘除二次保护安全绳，以做到作业全程安全防护。

基础环平台空间相对狭小，设备及基础底部平台支架横向支撑较多，容易磕碰头部，因此须正确佩戴安全帽，特别是下颚带必须扣好，并适当收紧，防止帽子滑落或帽体歪斜，起不到应有的保护作用；而大部分铁屑或螺栓等安装小物件都易落至基础环内，作业时必须十分留心，避免踩踏落在基础环内的落物，最好在作业前对平台加以清理。基础底部平台的现场作业人员必须配穿防滑防刺耐磨安全鞋。

3. 水冷加水操作中，作业人员必须佩戴耐酸碱防护手套、佩戴全罩式护目镜，防止接触有毒化学物品（水冷液）及有毒化学物品进入眼睛。加水冷液过程中，进行手动排气时，会有部分液体从排气孔喷出，因此，作业时还必须佩戴防毒口罩（或防毒面具），以加强防护。

4. 水冷加水用水泵重 30kg 左右，需人工搬运，搬运时 2 人配合搬运，且须搬运姿势正确，防止因错误姿势而引发腰部损伤。搬运过程中必须 2 人协调配合，防止物件对人体的磕碰或击打伤害。

5. 水冷散热风扇测试过程中，若风扇不转，严禁将手伸入防护罩拨动风扇叶片，防止风扇突然运转伤害手部。

6. 水冷回路动态检查的安全要求及防护同静态检查。

三、变流部分

1. 变流系统上电。

闭合变流系统总开关。

2. 电压检查。

测量变流柜各端子排端子的电压是否正常。

3. 变流程序下载。

使用装有变流下载软件的笔记本给变流控制器加载变流程序。

4. 拖动功能测试。

进行变流器拖动功能测试。

5. 预充电、空开闭合测试。

进行强制预充电及主空开、发电机侧空开闭合测试。

四、变流部分调试危险源分析与辨识及安全防范

1. 由于变流功率整流模块 IGBT 发热大，对环境要求较高。环境湿度过大或长期放置受潮时，变流系统上电过程中功率整流模块存在失效风险。因此应先除湿。可以采用加热除湿、使用除湿机除湿和施放干燥剂除湿。

上电时应锁闭柜门，防止功率整流模块 IGBT 击穿爆燃。操作人员须正确佩戴安全帽，特别是下颚带必须扣好，防止帽子滑落或帽体歪斜：配穿防滑防刺耐磨绝缘安全鞋，脚下垫绝缘垫板。

2. 测量端子电压时注意防止触笔误触其他端子造成短路事故。操作时作业人员须戴绝缘手套，脚下垫绝缘垫板。

3. 在机组没有故障、叶轮锁定已经松开、水冷系统正常运行、发电机绝缘正常情况下，才可做变流器拖动功能测试。

4. 进行强制预充电及主空开、发电机侧空开闭合测试时要严格按照操作步骤进行。预充电过程中，变流柜内如有异响等异常现象应立即停止操作，断电检查，直至异常消除并经确认，方可再恢复预充电。若发电机侧空开闭合失败，应断开电源再检查，防止触电。操作时作业人员须戴绝缘手套，脚下垫绝缘垫板。

第五节 变桨系统调试与整机调试完毕整理

一、调试内容

进行锁定叶轮操作后，通过人孔进入轮毂进行变桨系统测试。

（一）减速器油位检查

变桨减速器应无漏油现象，且从油窗能够看到油位。

（二）变桨系统上电

使用万用表测量机舱柜内变桨动力电缆三相间、单相对地均无短路现象。确定 3 个变桨柜的变桨模式选择开关处在手动模式，变桨柜主开关处于 Off 状态。闭合机舱柜变桨动力电源开关及变桨柜后备电源充电器电源开关，紧闭变桨柜门，然后依次 1 号、2 号、3 号闭合控制柜主电源开关。

（三）电压检查

测量变桨柜内各回路、电源模块的电压是否正常。

（四）变桨通信部分调试

进行通信测试，监视各个子站工作、通信状态。通过就地面板观察各个子站状态是否正常。

（五）变桨风扇和加热器测试

进入就地监控软件的就地调试与控制模式，分别点击“变桨柜 1 风扇”、“变桨柜 1 加热”观察变桨柜内风扇和加热器是否动作。同时通过风机就地监控面板“叶轮 / 变桨系统信号”中确认“变桨柜 1 风扇”“变桨柜 1 加热器”工作信号显示。如风扇和加热器动作正常，点击“变桨柜 1 风扇 Off”“变桨柜 1 加热 0 任”退出测试。变桨柜 2 和变桨柜 3 测试同上。

（六）手动变桨测试

在 1 号变桨柜上，点动变桨旋钮至“F”“B”方向，测试变桨的速度和方向是否正确。“F”为向 0° 方向变桨，“B”为向 90° 方向变桨，从就地监控软件上监测叶片 1 的变桨速是否正常。叶片 2、3 手动变桨测试同上。

（七）变桨角度清零

在强制手动变桨模式下，将叶片 1 变桨至机械零点处，进行清零操作。从就地监控软件上监测叶片 1 的角度为 0° ，表示叶片 1 角度清零成功。叶片 2、3 变桨角度清零同上。

（八）5° 接近开关测试

调整叶片 1 变桨盘的挡块，使得 5。接近开关在 5° （误差范围为 ±0.3。）正好触发，从就地监控“叶轮 / 变桨系统信号”栏“变桨 1 接近开关”信号触发。使用扳手旋松挡块固定螺栓，调整挡块位置，使 5° 接近开关与挡块的垂直距离为 2 ~ 3mm。调整完必须固定好接近开关和挡块。叶片 2、3 的 5° 接近开关测试同上。

（九）87° 接近开关测试

调整叶片 1 变桨盘的挡块，使得 87° 接近开关在 87° （误差范围为 ±0.3。）正好触发，87° 接近开关与挡块的垂直距离调整为 2 ~ 3mm（接近开关在档块斜面上就会触发，此处调整距离为接近开关与挡块平面垂直距离）。调整完必须固定好接近开关和挡块。叶片 2、3 的 87。接近开关测试同上。

（十）92° 限位开关测试

调整叶片 1 变桨盘的挡块，使得 92。限位开关在 92° 附近触发（由于 87° 接近开关和 92。限位开关使用同一个挡块，且两者之间的距离已经固定，所以 92° 限位开关，只需要调整限位开关滚轮与挡块的高度，使其触发时正好在挡块斜面上，并且限位开关高度要调整合适，避免限位开关冲向挡块平面时，撞到本体）。触发后通过风机就地监控面板“叶轮 / 变桨系统信号”中确认“变桨 1 限位开关”信号处于触发状态。叶片 2、3 的 92。限位开关测试同上。

（十一）变桨控制器散热风扇测试

在手动变桨过程中观察变桨控制器散热风扇是否正常启动，正常情况应该启动。叶片 2、3 的变桨控制器散热风扇测试同上。

（十二）自动变桨测试

将叶片 1 旋转至 70° 后停止，由强制手动变桨模式转为自动变桨模式。从就地监控软件上监测叶片 1 的自动变桨速度是否正常，叶片 1 停止后，从就地监控软件上监测叶片 1 的角度为 87° ±1.5° 为正常。如果发现变桨动作不能停止，或变桨方向不正确，必须立即分断变桨柜总电源开关。

（十三）齿形带张紧度测试

使用张紧度测试仪，测试齿形带张紧度，若不合格，则调整调节螺栓，使张紧度增大或减小，再测试，直至合格为止。

二、变桨系统调试危险源分析与辨识及安全防范

1. 锁叶轮时，应 2 人配合，一人操作维护手柄进行刹车，使叶轮刹车盘减速，一人通过观察孔，观察叶轮位置，叶轮上的锁孔即将通过锁销时，操作刹车按钮刹住叶轮刹车盘，将锁销与锁孔对齐，同时快速转动锁销轮盘，将锁销旋入锁孔，锁定叶轮，并将另外一个锁定销也旋入，锁死。确认叶轮锁定后，方可打开人孔，进入导流罩内工作。并遵守以下规定：

（1）导流罩内工作时至少有 2 个人，2 个人中任何一个人的操作，都要获得对方的确认，确认后方可操作。

（2）进入导流罩前所有工具必须清点记录，都要放入密封的工具包内，严防把工具掉落或遗落在导流罩内。

（3）变桨柜门必须锁好，导流罩内的操作仅允许一种操作（偏航时禁止变桨）。

2. 变桨系统上电过程中存在触电及火灾风险。

变桨系统上电过程中调试人员始终把住控制柜主电源开关，一旦发生变桨电机误动作，立即分断该开关；上电过程中若发现控制柜有放电、冒烟异常现象，必须立即断开该开关。

变桨柜上电过程中，作业人员配穿绝缘手套，变桨柜下方铺设绝缘垫板供作业人员踩踏，若发生短路、漏电、冒烟、起火等情况，空开一般会自动跳闸，若空开未跳闸，立即手动断开电源开关，然后再进行后续处理。轮毂内由于机组运行时为旋转状态，故一般未配备灭火器，若发生火灾，立即使用机舱内灭火器进行紧急灭火。

3. 进行电压检查时，必须特别认真仔细，严防因误操作造成端子之间短接引发电气事故。

4. 近海现场或调试当天空气湿度较大现场，应该先启动变桨柜风扇和加热器，运行一段时间，使柜体除湿后方可进行后续操作。

5. 进行手动变桨测试时，必须确保叶片内无人员，以防止因叶片转动时导而导致发生人身伤害事故。在进行变桨测试时，还必须确保变桨盘范围内无人员、工具、物品等，以防止变桨盘

转动时挤伤人员、损坏物品，引发人身伤害事故和设备损伤事故。导流罩内有人员作业时，必须充分沟通，确保其所处位置安全后方可进行变桨操作（一般不建议当导流罩内有人员作业时进行变桨操作）。

6. 进行接近开关、限位开关测试使用扳手工具时，由于空间狭小，作业时尤其要防止工具脱落。在朝上的两支叶片上工作时必须正确穿用风电专用全身式安全带、拴挂好二次保护安全绳、必要时可以使用限位绳帮助提高安全可靠性、正确佩戴安全帽，防止不慎滑落；同时作业时不得发生工具掉落，轮毂下严禁有人，防止发生物件跌落引发击打伤害事故。

7. 进行齿形带张紧度测试时，由于所处位置为导流罩前段，注意调整螺栓时不要用力过猛、防止滑倒。作业时必须配穿防滑耐磨防刺工作鞋。

三、整机调试完毕整理

机组调试完毕后，首先将机组置于停机状态，将低压配电柜维护钥匙旋转至“维护”状态，对机组卫生进行清理，要求达到干净整洁，不遗留任何物品在风机内，关闭所有变桨柜、机舱柜、发电机开关柜、低压配电柜、水冷柜、变流柜。整理完毕，将低压配电柜维护钥匙旋转至“运行”状态，待待机指示灯点亮后，启动风机，使风机处于试运行状态。

第四章 风能资源评估及风电场设计

第一节 风能资源与评估

一、风能资源

根据国际上对风能资源技术开发量的评价指标，在年平均风功率密度达到300W/m2的风能资源覆盖区域内，考虑自然地理和国家基本政策对风电开发的制约因素，并剔除装机容量小于1.5×10 ~ 3kW/m^2的区域后，得出我国陆上50m、70m、100m高度层年平均风功率密度大于等于300W/m^2的风能资源技术开发量分别为20亿kW、26亿kW和34亿kW。

我国陆上风能资源丰富区主要分布在东北地区、内蒙古自治区、华北北部、甘肃省酒泉市和新疆维吾尔自治区北部，云贵高原、东南沿海地区为风能资源较丰富地区。以70m高度风能资源技术可开发量为例，内蒙古自治区最大，约为15亿kW，其次是新疆维吾尔自治区和甘肃省，分别为4亿kW和2.4亿kW，此外黑龙江省、吉林省、辽宁省、河北省北部，以及山东省、江苏省和福建省风能资源丰富，适宜规划建设大型风电基地。我国中部内陆地区的山脊、台地、岸边等特殊地形也有较好的风能资源分布，适宜分散式开发利用。

从我国近海风能资源的初步数值模拟结果得知，台湾海峡风能资源最丰富，其次是广东省东部、浙江省近海和渤海湾中北部，相对来说近海风能资源较少的区域分布在北部湾、海南岛西北、南部和东南的近海海域。

风能资源取决于风能密度和可利用的风能年累积小时数。风能资源受地形的影响较大，我国风资源分布总体呈现北方优于南方、沿海优于内陆的特点，内陆地区风资源总体较为匮乏，但中部地区存在一些可开发利用的山地风资源，由于其特殊地形地貌的影响会形成局部风资源丰富区，具有一定的开发利用价值。中国气象学界根据全国有效风能密度、有效风力出现时间的百分率，以及大于等于3m/s和6m/s风速的全年累积小时数，将我国风能资源划分为四类地区。

第Ⅰ类风能资源区：内蒙古自治区除了赤峰市、通辽市、兴安盟、呼伦贝尔市的其他地区；新疆维吾尔自治区乌鲁木齐市、伊犁哈萨克族自治州、昌吉回族自治州、克拉玛依市、石河子市。

第Ⅱ类风能资源区：河北省张家口市、承德市；内蒙古自治区赤峰市、通辽市、兴安盟、呼伦贝尔市；甘肃省张掖市、嘉峪关市、酒泉市。

第Ⅲ类风能资源区：吉林省白城市、松原市；黑龙江省鸡西市、双鸭山市、七台河市、绥化市、伊春市、大兴安岭地区；甘肃省除了张掖市、嘉峪关市、酒泉市的其他地区；新疆维吾尔自治区除了乌鲁木齐市、伊犁哈萨克族自治州、昌吉回族自治州、克拉玛依市、石河子市的其他地区；宁夏回族自治区。

第Ⅳ类风能资源区：除了前三类资源区的其他地区。

二、风能资源评估

风能资源评估的目的是分析现场风能资源状况，并通过分析测量数据完成风电机组类型选择及微观选址工作。

（一）风能资源评估方法

国内外风能资源评估的方法主要有四种：基于气象站历史观测资料的评估、基于气象塔观测资料的评估、风能资源评估的数值模拟和卫星遥感技术。其中卫星遥感技术主要用于研究海上风能资源评估。

基于气象站资料的风能资源评估只是得到 10m 高度上的风能资源分布，但目前风电机组的轮毂高度多数在 70m 甚至 100m。随着风电技术的发展，风电机组高度还有可能提高，因此更需要的是评估风电机组高度上的风能资源。采用数值模拟的方法可以给出任意高度上的高分辨率风能资源分布，因此数值模拟技术能够满足风电技术发展的需求，是近 10 年来风能资源评估的主要技术手段。

风能资源评估的数值模拟方法可以较准确地获得计算区域内风能资源的分布趋势，但模拟的风速在数值上会有系统性偏差，需要用测风塔观测数据和气象站观测数据进行修正，才能获得较准确的区域风能资源分布。因此，有效的风能资源评估手段是数值模拟与测风塔观测和气象站观测相结合。此外，数值模拟方法可以模拟出近海风能资源的分布，弥补海上观测资料的不足，为开发近海风能资源提供科学依据。同样，对于气象站点稀少的西部地区，通过数值模拟方法可以找到过去用气象站资料没有发现的风能资源。

（二）风能资源评估软件

近十几年来，欧美国家应用数值模拟的方法发展了许多较为成熟的风能资源评估系统软件，主要分为两大类：适用于较简单地形的线性模型风谱图分析及应用程序（wind Atlas analysis and application programs，WAsP）类和适用于复杂地形的非线性模型计算流体动力（computational fluid dynamics，CFD）类。其中，由丹麦 Riso 国家实验室开发的 WAsP 软件包和由挪威 WindSim 公司开发的 WindSim 软件包分别是以上两类风资源评估软件中应用率最高的软件。

1.WAsP

20 世纪 80 ~ 90 年代，丹麦 Riso 国家实验室在 Jacksonhe Hunt 理论基础上，开发了用于风电场选址的资源分析工具软件 WAsPo 20 世纪 90 年代后期，Riso 实验室发展了将中尺度数值模式与 WAsP 模式相结合的区域风能资源评估方法，利用网格尺度为 2 ~ 5km 的中尺度模式输出结果驱动 WAsP,从而得到具有较高分辨率的风资源分布图。但 WAsP 本身采用线性模型计算方法，有一定的局限性，用它计算流经复杂地形的流体时会带来计算结果的不确定性。所以 WAsP 对地形相对简单、地势较平坦的地区较适用，但对较复杂地形，由于受许多边界条件等的限制，不太适合采用。

2.WindSim

WindSim 软件是挪威 WindSim 公司设计的基于计算流体力学方法进行风资源评估及风电场微观选址的软件。利用计算流体力学进行风资源评估和微观选址，实际上是求解风电场边界条件下的流体力学微分方程，获得微观风电场内的基本流动细节，根据空气流动的能量分布，安排风电机组处于高风能区的一门技术。它主要是通过有限体积方法数值求解 Navier–Stokes 方程，其湍流模型采用湍流动能耗散率闭合方案。

3.WindPRO

WindPRO 是丹麦 EMD 公司开发的风电场设计规划软件，它是以 WAsP 和 WindSim 等为计算引擎，不但具备了 WAsP 的所有优点，而且测风数据分析手段方便灵活，可进行不同高度测风数据比较，提供多种尾流模型的风电场发电量计算，进行风电场规划区域的极大风速计算，具备不断更新的风电机组数据库等优势，从而被广泛使用。

4.MeteodynWT

M eteodynWT 是由法国 Meteodyn 公司开发的适用于任何地形条件的风流自动测算软件。MeteodynWT 使用计算流体力学方法，此方法在风资源评估中的优点是能减少复杂地形条件下评估的不确定性，得到整个场区的风流情况。

5.WindFarmer

风电场优化设计软件 WindFarmer 是由 WINDOPS 有限公司开发的，主要用于风电场优化设计即风电机组微观选址，是通过德国劳氏船级社（Germanischer Lloyd，GL）认证和相关实地验证的风资源评估软件。在国外，尤其在欧洲国家，已得到广泛应用，但在国内的应用较少。

（三）风能资源评估工作

在一个给定的地区内调查风能资源时可以将调查过程分为三个阶段：区域的初步甄选、区域风能资源评估和微观选址。

1. 区域的初步甄选

建设风电场最基本的条件是要有能量丰富、风向稳定的风能资源。区域的初步甄选是根据现有的风能资源分布图及气象站的风资源情况结合地形从一个相对较大的区域中筛选较好的风能资源区域，到现场进行勘探，结合地形地貌和树木等标志物在万分之一地形图上确定风电场的开发范围。风电场场址初步选定后，应根据有关标准在场址中立塔测风。测风塔位置要选具有代表整个风电场的风资源状况区域，具体做法：根据现场地形情况结合地形图，在地形图上初步选定可安装风电机组的位置，测风塔要立于安装风电机组较多的地方，如地形较复杂要分片布置测风塔；测风塔不能立于风速分离区和粗糙度的过渡线区域，即测风塔附近应避免地形较陡，应无高大建筑物、树木等障碍物，与单个障碍物距离应大于障碍物高度的 3 倍，与成排障碍物距离应保持在障碍物最大高度的 10 倍以上；测风塔位置应选择在风电场主风向的上风向位置。测风塔数量依风电场地形复杂程度而定：对于较为简单、平坦地形，可选一处安装测风设备；对于地形较为复杂的风电场，要根据地形分片布置测风点。测风高度最好与风电机组的轮毂高度一样，应不低于风电机组轮毂高度的 2/3，一般分三层以上测风。

2. 区域风能资源评估

区域风能资源评估内容包括：对测风资料进行三性分析，包括代表性、一致性、完整性；测风时间应保证至少一周年，测风资料有效数据完整率应满足大于 90%，资料缺失的时段应尽量小（小于一周）。根据风电场测风数据处理形成的资料和长期站（气象站、海洋站）的测风资料，按照国家标准《风电场风能资源评估方法》（GB/T 18710—2002）计算风电机组轮毂高度处代表年平均风速、平均风功率密度、风电场测站全年风速和风功率日变化曲线图，风电场测站全年风速和风功率年变化曲线图，风电场测站全年风向、风能玫瑰图，风电场测站各月风向、风能玫瑰图，风电场测站的风切变系数、湍流强度、粗糙度；通过与长期站的相关计算整理一套反映风电场长期平均水平的代表数据。综合考虑风电场地形、地表粗糙度、障碍物等，并合理利用风电场各测站订正后的测风资料，利用专业风资源评估软件（WAsP、WindFarmer 等），绘制风电场预装风电机组轮毂高度风能资源分布图，结合风电机组功率曲线计算各风电机组的发电量。按照国家标准《风力发电机组设计要求》（GB/T 1845 1.1—2012）计算风电场预装风电机组轮毂高度处湍流强度和50年一遇10mm平均最大风速，提出风电场场址风况对风电机组安全等级的要求。根据以上形成的各种参数，对风电场风能资源进行评估，以判断风电场是否具有开发价值。

3. 微观选址

目前，国内微观选址通常采用国际上较为流行的风电场设计软件 WAsP 及 WindFarmer 进行风况建模。建模过程如下：根据风电场各测站修正后的测风资料、地形图、粗糙度，采用关联的方法在 WindFarmer 软件中输入 WAsP 软件形成的三个文件（轮毂高度的风资源栅格文件、测风高度的风资源栅格文件及测风高度的风资源风频表文件），输入三维的数字化地形图（1 ∶ 10000 或 1 ∶ 5000，地形复杂的山地风电场应采用 1 ∶ 5000 地形图），输入风电场空气密度下的风电机组功率曲线及推力曲线，设定风电机组的布置范围及风电机组数量，设定粗糙度、湍流强度、风电机组最小间距、坡度、噪声等，同时考虑风电场发电量的各种折减系数，采用修正一维线性尾流模型进行风电机组优化排布。根据优化结果的坐标，利用全球定位系统（global position system，GPS）到现场勘查定点，根据现场地形地貌条件和施工安装条件进行机位微调，并利用 GPS 测得新的坐标，然后将现场的定点坐标输入 WindFarmer 中，采用黏性涡漩尾流模型对风电场每台机组发电量及尾流损失进行精确计算。

（四）评估的风能资源参数

评估风资源参数应考虑的因素：各机位轮毂高度处的 50 年一遇最大风速（10min）和极大风速（3s）；各机位轮毂高度处的有效湍流强度（环境湍流强度与机位之间尾流产生湍流强度的叠加）；风速分布概率密度应小于风电机组设计值；入流角（入流气流与水平面夹角）≤ 80°；0.05 < 风切变系数 a < 0.2（负切变指数和大切变指数对风电机组的载荷均不利）；在主风向的机位多于 5 排或垂直主风向的距离小于 3d（d 为风轮直径）时，会增加风电场的环境湍流强度，最终影响机位的有效湍流强度。

第二节 风电场的宏观选址

风电场宏观选址即风电场场址选择，是在一个较大的地区内通过对若干场址的风能资源、电网接入和其他建设条件的分析和比较，确定风电场的建设地点、开发价值、开发策略和开发步骤的过程，是企业通过开发风电场获取经济利益的关键。风电场宏观选址主要指导文件是《风电场场址选择技术规定》（发改能源（2003）1403 号）。

宏观选址大体可分为三个阶段。

第一，初评阶段。参照中国国家风能资源分布区划，在风能资源丰富或较丰富地区选出一个或几个待选区域。待选区需要具备丰富的风能资源；在经济上有开发利用的可行性；风能品质好的特点。

第二，筛选阶段。在待选的风能资源区进行进一步筛选，择优选取有开发前景的场址。这一阶段主要考虑一些非气象因素的作用，如交通、投资、土地、通信、并网条件等。

第三，测风阶段。对准备开发建设的场址进行具体分析；利用自立测风塔进行现场测风，以取得足够的精确数据；考虑风电机组输出对已有电网系统的影响；进行风电场的初步工程设计；对场址建设运行的经济效益、社会效益进行评价。

一、影响风电场宏观选址的主要因素

影响风电场宏观选址的因素是风能资源及相关气候条件、地形和交通运输条件、土地征用与土地利用规划、工程地质、接入系统、环境保护以及影响风电场建设的其他因素。开发风电场的目的就是充分利用风资源，将风能高效地转换为人类工作和生活所需的电能，因此风资源是影响风电场宏观选址的重要因素。风资源评价要根据有关气象资料，结合必要的风能资源测量手段，对风能资源进行分析和评价，并估算风能资源总储量及技术开发量。

建设一个风电场，首先要对该区域的风能资源进行分析，确定有风能开发潜力的区域。具体实施的第一步是收集风电场初步选定地区的风资源信息；第二步是根据卫星地图进行区域风能资源土地电子勘察，收集各项风况及土地信息，参考已建成的周边风电场的开发前景、当地已有风电开发相关信息、土地可用范围等信息；第三步是结合已收集到的各项风况及土地等信息进行初步风资源分析，并同时结合下述方法初步判断该地区风能资源的潜力，以便最终确定具有风能开发利用价值的地区。

1. 地形地貌特征判断法。较高的平均风速经常发生在强烈气压梯度区域内的溢口和峡谷；长峡谷的山脉呈向下延伸趋势；海拔较高的特殊地势如高原等；暴露在强烈的高空风区域内的山脊和山峰或暴露在温度压力梯度区域内的海岸岛屿的迎风和侧风角；表面粗糙度大的区域。

2. 植物变形判别法。植物的变形程度可反映该地区风力特性情况，记录并识别当地植被高度和形状与风力特性的关系，能够作为风力强度和主风向证据。

初步确定该区域具有风能开发利用的价值后，首先是对选取的地区进行调查，做好相关信息的咨询，并对候选场址进行排序；其次是核实已确定的可建设风电场候选场址的各项风况及土地信息并收集更详细的相关信息，结合风资源情况对初选地区标记风资源优劣信息。

二、风电场宏观选址的基本原则

1. 风能资源丰富、风能质量好。年平均风速较高，一般平均风速达到 6m/s 以上，且测风塔在整个风电场中所处位置具有代表性；风功率密度大，年平均风功率密度大于 300W/m^2；风频分布好；可利用小时数高，风速为 3 ~ 25m/s 的小时数在 5000h 以上；盛行风向相对稳定；风速的日变化和季节变化较小；风电机组高度范围内垂直切变小；风的湍流强度小。

2. 符合国家产业政策和地区产业发展规划。

3. 满足电网连接和规划要求。研究电网网架结构和规划发展情况，根据电网容量、电压等级、电网网架、负荷特性、建设规划，合理确定风电场建设规模和开发时序，保证风电场接得进、送得出、落得下。

4. 具备交通运输和施工安装条件。拟选场址周围的港口、公路、铁路等交通运输条件应满足风电机组、施工机械、吊装设备和其他设备、材料的进场要求。场内施工场地应满足设备和材料存放、风电机组吊装等要求。

5. 保证工程安全。拟选场址应避免洪水、潮水、地震、火灾、山体滑坡、气象灾害（台风）等对工程造成破坏性的影响。

6. 满足环境保护的要求。避开鸟类的迁徙路径、候鸟和其他动物的停留地或繁殖区。和居民区保持一定距离，避免噪声、叶片阴影扰民。尽量减少对耕地、林地、牧场等的占用。

7. 规划装机规模满足经济性开发要求。风电场选址于容量系数 q 大于 0.3 的地区将会有明显的经济效益。

三、风电场宏观选址的流程

风电场宏观选址流程见 4–1。

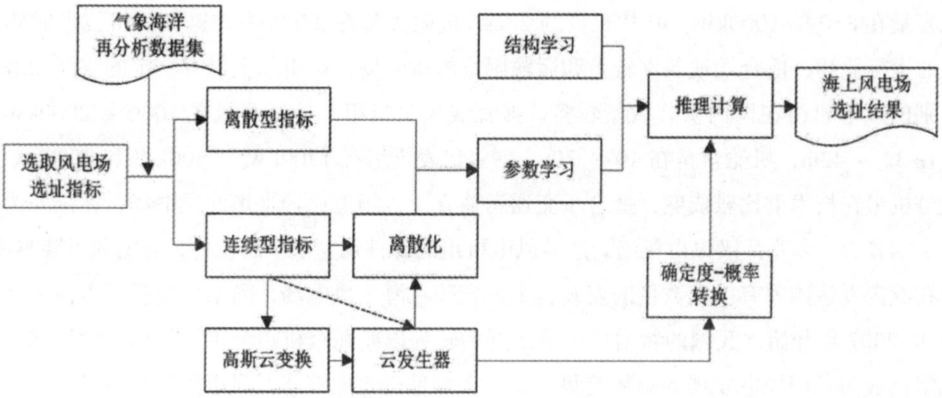

图 4–1 风电场宏观选址流程

第三节 风电机组的选型

国外风电场建设的成本约为 1000 美元 /kW，我国近几年建设的风电场单位造价为人民币 7500 ~ 10000 元 /kW，偏高。造价水平偏高的主要原因是风电机组造价水平较高，一般风电设备占总投资的 60% ~ 70%。统计表明，单机容量在 0.25 ~ 2.5MW 的各种机型中，单位千瓦造价随单机容量的变化呈 U 形趋势，目前 600kW 风电机组的单位千瓦造价正处在 U 形曲线的最低点，随着单机容量的增加和减少，单位千瓦造价都会有一定程度的增加。风电机组的产量增加一倍，成本下降 10% ~ 15%，因此，风电机组的合理选型有利于降低风电场的建设成本、提高风电场的发电量。对于某一个风电场，应选择合适的风电机组，而不能局限于追求风电机组容量的最大化。在风电场建设中由于风电机组选型不当，会造成风电场运行中出现弃风问题，使风电场的发电量达不到原设计指标，风电场等效满负荷利用小时数低于设计值。风电机组选型时应注意以下几方面问题：风电机组在运行中存在机型选择不当，造成不能正常发电；机组不成熟，正处在可靠性增长期，故障多，严重影响发电量；重要部件出现故障，因缺少零备件或者零备件供应不及时，造成停机；在当地气候条件下，受机组性能限制不能正常运行，如低温条件下停机等现象；有些机组其使用性能达不到原设计指标；外购产品，在海上运输过程中有损坏情况，影响发电时间等问题。风电机组的选型分为单机容量的选择和机型的选择。

一、单机容量的选择

根据目前国内外风电机组市场的现状以及国内已建风电场的装机情况，按照单机容量的大小通常可以将风电机组分为四个级别。600kW 级风电机组，单机容量为 600kW 或 750kW，叶片长度在 19 ~ 23m，机舱重量在 19 ~ 23t，适合安装在地形复杂的风电场。国外这类机组已开始退出风电机组市场，国内生产这个级别风电机组的厂家有新疆金风和浙江运达等。850kW 级机组，单机容量在 850 ~ 1000kW，叶片长度约 25m，机舱重量在 27t 左右。这类机组技术成熟，并有良好的运行业绩，适合场地条件较差和运输困难的风电场，在市场上仍有一定的空间和潜力。这个级别的风电机组在国内安装数量较多。兆瓦级风电机组，单机容量在 1000 ~ 2000kW，叶片长度在 32 ~ 42m，机舱重量在 40 ~ 70t，主要代表机组有 1200kW、1500kW 和 2000kW 级。这类风电机组在技术上比较成熟，适合于交通运输方便、场地比较平坦的风电场，在国外风电市场所占份额较大。多兆瓦级风电机组，这类风电机组的部件属超长、超重件，运输和吊装难度很大，目前在欧美发达国家有一定数量的安装，主要安装在海上风电场，尚未大规模投入商业运行。

从 2007 年开始，我国的新增风电装机开始转为以兆瓦级机组为主。目前，发展兆瓦级大容量机组已成为各国风电发展的总体趋势。安装大容量机组能够降低风电场运行维护成本，降低整个风力发电成本，从而提高风电的市场竞争力。同时，随着现代风电技术的日趋成熟，风电机组技术朝着提高单机容量、减轻单位千瓦重量、提高转换效率的方向发展。

二、风电机型的选择

依据风电机组主轴安装形式的不同，风电机组有水平轴风电机组和垂直轴风电机组两种。常见的水平轴风电机组可按发电机的不同转速范围分类。

双馈机组，采用增速齿轮箱与绕线式转子异步发电机，其变流器的容量占发电机功率的 30% ~ 40%，因此也称为部分功率变流机组。由于技术成熟度高、成本低，目前双馈机组的市场占有率最大，且在未来若干年里仍将占据市场主流地位。但是，随着机组单机容量的增大，齿轮箱高速级传动部件的故障问题日益突出，加之目前双馈异步发电机存在集电环碳刷磨损问题，需要定期维护，在海上风电应用中显现出劣势。

直驱机组，采用低速永磁或电励磁同步发电机和全功率变流器，具有更宽的转速范围，提升了机组的发电量，发电机的输入端直接与机组主轴和轮毂相连，简化了机舱结构，消除了增速齿轮箱和集电环的故障风险，减少了维护。但是，直驱机组低功率密度设计造成体积和重量的大幅增加，运输吊装困难，使得发电机的吊装维护成本很高。随着机组单机容量的增大，直驱机组成本和重量上升特别快，且同步发电机的气隙非常小，控制难度相当高。

常见的全功率变流机组除了直驱，还有半直驱、混合驱动或紧凑型等中速永磁机组、高速永磁机组，以及采用高速笼型异步发电机的全功率变流机组。从某种意义上讲，它们都是直驱和双馈机组的折中方案。因为它们既保留了直驱的全功率变流技术，缩减了直驱发电机的重量和尺寸，又借鉴了双馈的增速齿轮传动，提高了机组的综合效率。通过折中之后，齿轮箱和发电机两大部件在重量上都将得到显著的降低。目前，采用全功率变流技术的机组中只有直驱机组在国内已大规模批量化应用。从全寿命周期的运维成本考虑，直驱比双馈将更适合于海上风电。

根据叶片类型不同，把垂直轴机组分为主要依靠叶片的阻力来工作的阻力型垂直轴机组和主要依靠叶片的升力来工作的升力型垂直轴机组。同时，阻力型垂直轴机组进一步细分为 S 型、风杯型、活动平板型三种主要类型，将升力型垂直轴机组进一步细分为直叶片型、弯叶片型两种主要类型。

风电场风电机组的选型是一个相当重要的工作，机型选择的合理与否关系到风电场的经济效益，所选择的机组应能够最大限度地利用当地风资源，并且所得到的输出功率可以达到最大。机组技术的成熟性、质量的稳定性和可靠性、及时且低成本的维修与维护将是市场选择最重要的标准，即性能价格比最优原则永远是项目设备选择决策的重要原则。

三、风电机组选型的步骤

风电机组选型的步骤如下。

1. 考察交通运输条件、安装条件和风资源情况，确定风电场规划容量和单机容量。

2. 根据气候条件，确定几种备选机型。

3. 用 WAsP 和 WindFarmer 软件将几种备选机型作初步布置，计算出其理论发电量。

4. 对各备选机型及其配套费用作投资估算。其中风电机组的价格用最新的招标价格计算。

5. 计算各备选机型的机组风轮单位面积性价比。

6. 结合各备选机型的特征参数、结构特点、控制方式、成熟性、先进性、售后服务等进行综合的技术经济比较，确定机型。

四、影响风电机组选型的因素

影响风电机组选型的因素分为三个方面：风电机组选型的技术性因素、实用性因素和经济性因素。

（一）风电机组选型的技术性因素

风电机组选型的技术性主要体现在以下几个方面：风资源评估、风功率计算、上网电量估算和机组的可靠性。

1. 风资源评估。目前国内外针对风资源的测试与评估已经开发出许多测试设备与评估软件。在风电场选址，特别是微观选址方面已经开发了商业化软件，使得风资源在评估时有了一定的保障，根据风况和安全要求，选择符合当地风资源情况的风电机组。

2. 风功率计算。根据风资源评估的结论，确定该风电场年平均风速和年风功率密度，进一步确定该风电场盛行风向是否稳定，湍流强度是否较小，以及场区实测空气密度和风切变指数、风功率密度等。根据《风电场风能资源评估方法》（GB/T 18710—2002），定性该风电场属于哪一类风电场，从而选用适合该风电场的高效能风电机组。

3. 上网电量估算。根据适合该风电场的几类机型，还要进行年理论发电量的计算。也就是根据该风电场在标准状态下的功率和推力系数曲线、风电机组的布置和风电场的地形图，采用程序计算得到标准状态下的理论发电量。然后考虑空气密度的修正、尾流修正、控制和湍流折减、叶片污染折减、功率曲线折减、厂用电、线损等能量损耗和气候影响停机等因素，估算出本风电场工程年上网电量。

4. 机组的可靠性。机组的可靠性是指考虑不同机型的结构及构成而提出的机组稳定运行的可靠程度。一般情况下，所有的系统元件须满足如下三个可靠性要求之中的一个：用控制系统检测可能发生故障的方式，如果检测到故障，系统应能自动安全停机；元件分析后表明要求的检测间隔时间足以在发生故障前发现并解决问题；系统设计要求元件冗余，其要求在故障后能维持系统持续安全运行至故障被监测设备检测到或在正常的检查中被发现。另外，可靠性还与机组设备所选用零部件的质量、生产质量和安装质量有关等。

根据 50 年一遇风速和湍流强度参数计算结果，我国陆地风能资源开发区内有约 75% 的区域可采用Ⅲ类风电机组，约 10% 的区域宜使用Ⅱ类机组，近 15% 的区域需要采用Ⅰ类机组；80% 区域可采用低湍强的 C 级机型，10% 的区域属于中等湍强可采用 B 级机型，4% 左右的区域为高湍强需要采用 A 级机型。

（二）风电机组选型的实用性因素

风电机组选型的实用性主要是指根据风电场的特点，考虑机组选择还要受风电场自然条件、交通运输、吊装等条件的制约。同时，也要考虑风电场的总体规划和规模，再结合选型的技术性，从而决定选用实用类型的机组。例如，选择高输出电压的风电机组，这样机组不需要增速齿轮箱，减少了齿轮箱运行时能量损耗，不用升压变压器而直接与电网连接，免除了变压器运行时的损耗，提高了运行的可靠性，降低风力发电成本，效率可提高 5% 左右；在大型机组的运输、安装较为困难的地区，应考虑采用较小型的机组；考虑风电机组装配和主要部件生产厂家情况，在选型时应对机组生产厂家情况进行考察，考察生产厂家实力（含财务状况）和业绩（产品产量、销售情况和品种）、是否通过质量管理体系认证并取得 ISO 9001 证书、是否获得产品证书（A 级或 B 级）、是否有设计开发能力、主要零部件本地化生产情况。

（三）风电机组选型的经济性因素

风电机组选型的经济性，主要指评价该风电场投资所产生的经济效益。对于一个风电项目，主要风险变量有固定资产投资、年上网电量和上网电价等。在电网价格给定的情况下，对于一个风电场的建设和投资，需要考虑因素有单位千瓦的造价、年上网发电量和资金内部收益率。综合考虑风电机组的报价，选择性价比高的机组（单位千瓦年发电量 / 单位千瓦设备价）。通过对风电场建设的多种方案的计算、比较和分析，得出能反映每种方案的经济指标。

第四节 风电场发电量计算

风电场发电量作为分析风电场建设可行性的重要内容之一，是风能规划制定、风电场选址、风电功率预测、电网建设规划、风能资源开发和管理的重要基础，也是整个风电场建设、运行的重要环节，在一定程度上反映了风电场建设项目的效益水平和风险程度，影响和决定着风电场的投资决策。要使风电场发电量预测结果更加精准，需要在熟悉测风点风资源特征的前提下，掌握规划风电场风能资源数量与质量，从而计算出整个风电场的发电量。

一、风电场发电量计算方法

目前风电场发电量计算方法主要为直接测风估算法和计算机模型估算法。直接测风估算法是估算风电场发电量最可靠的方法。该方法是在预计要安装风电机组的地点建立测风塔，其塔高应达到风电机组轮毂高度，在塔顶端安装测风仪连续测风一年，然后按照《风电场风能资源评估方法》（GB/T 18710-2002）对测风数据验证、修正，得出代表年风速资料，再按照风电机组的功率曲线来估算其理论年发电量，计算方法为统计测风塔轮毂高度处各风速段的小时数，与该风速对应的功率求积为该风速段总的发电量，其他风速段以此类推，最后求和为该机组理论年发电量（不含其他折减因素）。用该方法估算发电量时，在复杂地形情况下应每 3 台风电机组安装一套测风系统，甚至每台风电机组安装一套测风系统，地形相对简单的场址可以适当放宽。在测风时应把风速仪安装在塔顶，避免塔影效应的影响，如果风速仪安装在塔架的侧面，应该考虑盛行风向和仪器与塔架的距离，以降低塔影所带来的影响。

目前国外用于风能资源评估和发电量计算的软件有 WAsP、WindFarm、WindPro、WindSim、MeteodynWT 等，国内有木联能 CFD 风电工程软件。其中基于线性模型的 WAsP 只适合地形起伏变化较小的研究区域；WindFarm 与 WindPro 则以 WAsP 和 WindSim 等为计算引擎，WindSim 尽管适应复杂地形，但是对物理现象的描述存在缺陷，如尾流及风廓线形状的确定等；基于 CFD 建立的 MeteodynWT 是法国 Meteodyn 公司开发的软件，能在 WindSim 的基础上解决大气边界层问题，能尽量减少复杂地形条件下评估的不确定性，通过求解全部的 Navier-Stocks 方程，得到整个场区的风流情况，但该软件以欧洲地形为基础建立，不适合我国具体的地形。单机容量修正法能较为准确地计算测风点处的发电量，通过与 WAsP 计算结果进行比较，利用修正系数折算整个风电场的发电量，但是对于复杂风电场其地表特征并不类似，修正系数并不适合整个风电场发电量的折减。

二、上网电量估算

上网电量是对风电场理论发电量计算结果进行修正后得到的。

1. 空气密度修正。风电机组的功率曲线一般是按标准状态空气密度即 1.225kg/m^3 提供的，而风电场空气密度并非标准空气密度，不同空气密度下发电量不同，因此须对空气密度进行修正。严格来讲，进行空气密度修正时，应要求生产厂家根据当地空气密度提供功率曲线，然后按照这条功率曲线进行发电量估算。

2. 机组控制和湍流修正。风电机组在实际运行中机组控制总是落后于风的变化，造成发电量损失，应进行机组控制修正，主要有以下两个方面：①风电机组的切入和切出。风电机组启动时由于风速较小，切入滞后造成的发电量损失较小。风电机组在切出之后等风速下降到某一风速方可再切入，如果此时大风持续时间较长，则这部分电量损失较大。②风向的变化。机组的偏航滞后于风向的变化，如果风向变化频繁，这部分损失会较大。风电场各风电机组之间有相互影响，在进行风电机组发电量估算时，应进行尾流修正。一般情况下机组控制以及湍流修正系数取 5% 左右。

3. 叶片污染修正。叶片表层污染使叶片表面粗糙度提高，翼型的气动特性下降，从而使发电量下降。一般叶片污染修正系数为 2% 左右。

4. 风电机组利用率修正。机组因故障、检修以及电网停电等因素造成发电量损失，目前商业化机组的利用率修正系数一般为 5%。

5. 功率曲线修正。风电机组的生产厂对风电机组功率曲线的保证率一般为 95%，因此功率曲线修正系数为 5%。

6. 厂用电、线损等能量损耗修正。风电场估算上网发电量时应考虑风电场箱式变电所、电缆、升压变压器和输出线路的损耗以及风电场厂用电，该部分修正系数一般为 3% ~ 5%。

7. 气候影响停机修正。当低温、雷暴、冰雹、沙尘暴等恶劣天气时机组停机造成风电场发电量损失。气候影响停机修正系数一般为 5%。

8. 其他因素影响。考虑风电场运行中遇到一些其他的影响因素，暂时按 1% 折减。

利用软件计算出各台风电机组的理论年发电量、年净发电量、尾流损失、发电利用小时数，理论发电量经过上述修正后为上网电量。从风电场的实际情况看，影响风电机组发电量的原因有主观和客观两种因素，主观因素主要就是设备故障，客观因素就是风况不满足、弃风限电等。虽然客观原因我们无法控制，但主观原因我们要全力以赴加以解决。风的变化趋势从宏观上可以预知，但从微观上是无法控制的，所以对风电机组的要求就是一旦风况满足条件就必须并网发电。可事实上却是在风况满足的条件下总有几台风电机组故障停机，这样就影响了机组的发电量。直接反映这种情况的概念就是风电机组的可利用率，所以在小风天气里要加强对风电机组的定期维护和故障处理，使风电机组始终维持在最佳的健康水平，这样才能保证风电机组的可利用率达标，提高发电量。

风电场发电量的多少不能单纯地只看对应的平均风速高低，而是要结合并网运行小时、有效风时数、利用小时等参数综合判断。若要更精确地反映风电场整体发电能力，应当对每个风电机组进行一整年的运行数据分析，然后进行发电能力排序，对排名靠后的风电机组认真分析其原因，必要时可以考虑移位。这样才能真实反映出风电场的发电能力。而可利用率在风电场是个极其重要的概念，要想保证其达标，就要加强设备巡视、定期维护、隐患排查和故障处理等工作，从而提高发电量。

第五节 风电场的微观选址

微观选址就是在宏观选址的基础上，根据风电场风能资源的利用要求和风电机组的运行要求，结合工程建设条件，通过计算分析和现场勘验，对风电机组进行选型，提出风电机组的布置方案和坐标数据。风电场微观选址设计工作，涉及场区风能资源的利用、风电机组及集电系统的布局、交通设施、占地规模，以及环境保护目标的实现等许多方面，对于风电场的建设成本和电量生产、设备设施的安全可靠性和运行维护便利性等，都将产生重要而广泛的影响。

一、风电机组布局的影响因素

风力发电机在风电场中的布局排列取决于风电场地域内的风速、风向、地形，风力机结构（如风轮直径 d）、风轮的尾流效应、风轮对侧面（旋转平面方向）气流的影响等因素，其中尾流效应是一个必须慎重考虑的因素。所谓尾流效应是指气流经过风轮旋转面后所形成的尾流，对位于其后的风力机的功率特性和动力特性所产生的影响。

（一）地形地貌对风电机组布局的影响

1. 平坦地形

当风电场预建在平坦地形时，主要考虑粗糙度和障碍物对风电机组布局的影响。机组可布置成单列型、双列型和多列型，多列型布置时应呈“梅花”形。

（1）地表粗糙度。地表粗糙度是反映地表起伏变化与侵蚀程度的指标，风电场地表覆盖物特征会对风电场风能的输出产生重要的影响。当地表粗糙度在某一位置变化较快时，该处的风速廓线将变得非常复杂。在这类的边缘位置上（由粗糙变为平滑或由平滑变为粗糙时），在下风方向要经过一段距离，才能使风况重新适应新的粗糙度，一般将这一距离称为“过渡区”。地表粗糙度的增加会导致近地面风速的减小，且增强近地面的湍流强度。随着高度的增加，地表粗糙度对风速及湍流强度的影响将逐渐减弱，当到达一定高度后，其影响可忽略不计。

（2）障碍物的影响。风流经障碍物时，会在其后面产生不规则的涡流，致使流速降低，这种涡流随着来流远离障碍物而逐渐消失。

障碍物对风速的影响主要取决于障碍物距考察点的距离、障碍物的高度、考察点的高度、障碍物的长度以及障碍物的穿透性。在实际中所说的障碍物一般指建筑物。建筑物对其周围的大气流动（特别是尾部的流动）将产生非常复杂的干扰，在干扰区中，风速和湍流强度均有较大变化。随着建筑物的宽高比及建筑物间的距离不同，一般会形成单体绕流、尾流干扰绕流、顶部绕流等流态形式。

根据经验，当距离在障碍物高度 20 倍以上时，涡流可完全消失。所以布置风电机组时，应远离障碍物高度 20 倍以上。

2. 复杂地形

我国 70% 的陆地都是山区，在山区局部环流的影响使流经山区的气流发生改变，由于地形的复杂，各种不同地形下的风速会有不同，即使是同一地形，其不同部位风速也会有所不同。在开发复杂地形风资源时，由于目前我国对此方面的研究较欠缺，而且目前常用的风资源评估软件对复杂地形的适应性并不良好，所以亟须对复杂地形风资源分布进行研究。而在研究的过程中一般将 CFD 技术与数值模拟相结合，对不同的典型地形地貌进行多尺度数值模拟。

目前国内的研究主要是针对一些典型的山体模型进行数值模拟分析，例如，正弦地形、后台阶地形、三维轴对称山丘、二维山坡、二维山脊方体绕流、三维圆形陡坡等。在这些研究中，通常给出了在不同山体特征的情况下，风速和风能的变化以及湍流强度等影响风电机组布置的相关因素的变化情况。这样就可根据这些分析结果，安全、高效地布置风电机组。

（二）风能分布对机组布局的影响

根据当地的风向，单一盛行风向的风电场风电机组一般采取矩阵式（“梅花”形）排布；多风向的风电场风电机组一般采取圆形或“田”形排布；风电机组排列应与主导风向垂直。

当风电场平均风速为 6.0 ~ 7.0m/s 时，单列型布置机组的列距约为 3d（d 为风轮直径）；双列型布置机组的行距约为 6d，列距为 4d ~ 5d；多列型布置机组的列距约为 74 当盛行主风向为一个方向或两个方向且相互为反方向时，风电机组排列一般为矩阵式分布。风电机组群排列方向与盛行方向垂直，前后两排错位，也称为“梅花”形。当场地存在多个盛行方向时，风电机组排布一般采用“田”形或圆形分布。

二、微观选址原则

微观选址应满足以下几个布置原则：

1. 尽量在风功率密度高的点布置风电机组，保证产能最大化；尽量集中布置，以减少风电场的占地面积，在同样面积的土地上安装更多的机组，同时可减少电缆和区域内道路长度，降低工程造价。

2. 尽量减小风电机组之间的尾流影响，还应避开障碍物的尾流影响区；满足风电机组的运输条件和安装条件，尤其对于山区等复杂地形，机位附近要有足够的场地作业和摆放叶片、塔架，道路有足够的坡度、宽度和转弯半径，使运输机械能到达所选机位。

3. 视觉上要尽量美观，在经济效益和美观上，达到平衡。

三、微观选址的主要方法步骤

1. 资料收集。需要收集项目规划审定的结论及预可行性研究成果；附近长期测站气象资料、灾害情况，长期测站基本情况（位置、高程、周围地形地貌及建筑物现状和变迁、资料记录、仪器（变更）、测风仪位置变化的时间和位置）；长期测站近 30 年历年各月平均风速、历年年最大风速和极大风速，以及与风电场现场测站测风同期完整年逐时风速、风向、气温资料，人工自记与自动观测对比逐月平均风速资料；风电场处至少连续一年的现场实测数据和已有的风能资源评估资料；收集的有效数据完整率应大于 90%；风电场工程所在地的地区土地利用的规划；风电场工程所在地文物、军事设施、自然保护区、矿产等敏感区资料。

如果风电场工程位于两县交界处，还应收集两县分界线坐标或在分界处布置风电机组后请业主复核；相邻风电场应收集其设计资料、风电机组坐标，避免冲突和互相干扰；风电场边界及其外延 10km 范围内 1 ： 50000 地形图，风电场边界及其外延 1 ~ 2km 范围内 1 ： 10 000 或

1 ： 5000 地形图，升压站部分 1 ： 2000 地形图；风电场工程岩土工程勘察结果及资料；风电场工程所在地的自然条件、对外交通运输情况；风电场工程所在地的地区社会经济现状及发展规划等；工程所在地的建筑及安装材料价格、国家有关工程造价文件、规定及项目可享受的优惠政策；工程所在地的征租地单价、工程所在地的拆迁补偿项目及其他费用。

2. 处理测风数据。利用风电场区域内一年的测风数据，测风有效数据完整率应大于 90%，利用收集到的地形图，结合地形、地表粗糙度和障碍物等，应用 WindFarmer 或者 MeteodynWT 软件在风电场范围内绘制出一定轮毂高度的风能资源分布图。

3. 进行风电机组优化排布，拟订布置方案。对于平坦地形，可沿盛行风布置机组，前后排机组的间距取 5 ~ 6 倍风轮直径，同一排机组的间距取 3 ~ 4 倍风轮直径；对于山区和丘陵的机组排布，应利用 MeteodynWT 软件进行机组排布优化设计。

4. 对各方案进行综合比较，确定最终布置方案。根据发电量和尾流计算结果，以及投资差异及其他相关因素，综合评定各方案，优选出最合适的布置方案，依据计算输出的机组坐标，利用 GPS 到现场测量，根据测点的实际情况，最终确定机组的位置。

5. 机组的安全性复核。机组的安全性主要根据风电机组厂家对拟用机型的国际电工委员会（International Electrotechnical Commission，IEC）等级进行判断，判定依据为国际电工委员会标准。共分为 50 年一遇最大或极大风速以及湍流强度两种判定条件。

6. 微观选址的专项研究和论证。通过微观选址，虽然对风电机组进行了优化排布，但仍需要专项研究和论证，以防出现下列情况，如风电机组的位置临近陡峭山崖边缘、孤立的山包、马鞍型地形及垭口部位、山脊狭窄地段等地形，或者在迎风面被障碍物遮挡等，这些情况均会威胁机组的安全及经济运行。因此，业主、设计单位、风电机组厂家三方需要一起到现场进行勘察，通过讨论研究，最终确定机组的具体位置。

四、风电场常见的布机方式

风电场中的风电机组可以多种多样的形式排列，但必须遵守布置原则，现有风电场的布机一般采用 3 种排列方式。

1. 盛行风向不变时风电机组的排列方式。在山口、河谷中建风电场，盛行风向仅能为一个方向或其相反方向，此时前后风电机组安装距离应大于 7 倍风轮直径（下面用 d 表示），左右间距应大于 5d，纵向风电机组应间距 7d ~ 10d，横向间距 5d ~ 7d。

2. 盛行风向变动时风电机组的排列方式。盛行风不是一个方向时，风电场中机组可按规定方式排列。

3. 迎风山坡的风电机组排列。迎风山坡的风电场，机组排列可按坡上与坡下两台机组的高差相差 0.5d ~ 1.5d，左右相距 5d ~ 7d 排列。

目前风电场的布置一般采用以上三种布置方法，但在实际运行过程中只能作为一个参考，具体的布机方式与具体的风电机组风轮直径、风速、地形地势等因素有关。因此，在实际布机过程中应综合对以上因素进行参考。例如，杨建设提出，风电场在布置多台机组时，考虑尾流效应，应依次加大风向下游后序机组的间距，使置于多台机组尾流效应的风向下游的机组占有较大距离空间，获得风速恢复时空，承受较少尾流影响，进而提高全场机组的能量转换效率。这种依照主导风向依次拉远排布距离的风电场风电机组布机方法称为“顺向渐远”法凹。

五、风电场微观选址过程中存在的问题

1. 土地利用规划问题。虽然明确要求微观选址前需要土地地类图，但由于各种原因有些项目为了赶进度，在没有搜集到土地地类图的情况下就开展微观选址工作，有时会出现土地性质没任何问题可以顺利进行微观选址工作的情况，但更多的是土地性质有问题，带来的问题比较多，造成工作的多次反复。例如，有些风电场直到现场微观选址时才发现场内有规划的高速公路从风电场通过，这直接导致十几台机组机位不能利用，而且高速公路对风电场施工检修道路、集电线路的规划影响也很大，使得前期工作基本废弃；有些风电场在微观选址时才发现场内有重要矿产资源，需要重新规划布置等。出现这些问题就不得不对风电场机位布置重新调整，有时甚至需要调整风电场拐点坐标，重新规划风电场，对整个风电场投产计划带来严重影响。因此前期搜集土地地类图工作一定要加强。

2. 周围风电场影响问题。风电场附近有其他投资方的风电场时，一定要注意边界附近其他风电场的建设情况，有些工程根据业主提供的风电场拐点范围前期调研时没发现异常，在进行机组布置后计算的发电量本来很好，但后期到现场开展微观选址工作时发现分界线附近很多发电量好的机位已被别的风电场所占用，而风电场范围又有限，为了达到 4.95 万 kW 的装机容量不得不选择一些发电量低的机位，导致整个风电场的利用小时数偏低，直接影响到风电场以后的经济效益。因此对于风电场附近其他风电场的建设情况必须进行了解，掌握其施工动态，尤其对于分界线不明确的场地更应加强关注。

3. 县分界线问题。在核实县分界线问题时不能仅依靠地图，还要注意现场实际调研情况，特别是对于山区风电场更应重视。因为山区风电场风电机组机位一般都在山脊上，稍微移动几十米就可能出现机组平台不够或者道路无法施工的情况，从而导致机位取消的后果。有个风电场就发生过这样的问题，本来在县界图上看到的结果是机位在风电场所在县界内，但现场微观选址时却无法利用，导致好多机位取消。这是因为当地老百姓实际开垦种地范围越过了县界，所以造成实际县界与地图上稍有差异，结果造成征地无法进行，必须移位，但有些山脊上根本无法移位，只好取消。

4. 业主外委勘测问题。有些工程为了节约时间，在开工条件不成熟的情况下或者设计单位没确定前，业主会先委托一些专业勘测单位进行测量、地勘工作，由此带来的问题更是突出，如提供的测量地形图出现等高线错误、数字化图不连续、测量图有射线、敏感区的范围没落实到数字化地形图上等问题，有的甚至出现控制点坐标错误的严重问题。再加上单位之间配合不流畅，时间耗费比较严重，在微观选址阶段经常需要经过多次反复才能完善地形图，由此引起的时间损

失也比较大。

5. 其他问题。项目投资单位跑前期工作的人员一般不参与后期施工建设，有些地类在前期搜集的资料中显示不是基本林场，认为可以通过赔偿等方式协调解决，因此在前期规划中不考虑这些林地的影响，虽然设计时风电机组机位尽量避免占用林地，但有些通往风电机组的道路却无法避开林地，而在后期施工建设过程中，却往往出现林地无法协调解决的情况，道路无法通行，风电机组机位自然也就无法利用，这就必须重新核实林地实际利用情况，重新规划风电机组布置，开展微观选址工作，耽误工期。以上问题经常需要经过多次反复才能解决，这给短、平、快的风电项目带来的时间损失很严重，因此在实际工作中应该加强这些方面的认识，把时间损失降到最低，保证工程顺利进行。

第五章 风电场的防雷和接地

第一节 雷电的产生机理与防护

一、雷电的产生机理

（一）雷电的形成

雷云放电是由带电荷的雷云引起的。一般认为雷云是地面上强大的湿热气流上升，进入稀薄大气层，冷凝成水滴或冰晶形成云。在强烈气流上升穿过云层时，水滴或冰晶因碰撞分裂，有的失去电子，有的得到电子，故而带电。其中轻微的水沫带负电，形成带负电的雷云；大滴的水珠带正电，凝聚成雨下降，或悬浮在云中，形成局部带正电的区域。在雷云的底部大多带负电荷，它在地面上又会感应大量的正电荷。这样，在带有不同极性与不同数量电荷的雷云之间，或者雷云与大地之间就形成了强大的电场，其电位差可达数兆伏甚至数十兆伏。于是，当空间电场强度随着雷云的发展和运动而增强，并超过大气游离放电的临界强度时，就发生雷云之间或雷云与大地之间的火花放电。放出几十千安甚至几百千安的电流，并伴随有强烈的光和热，使其周围空气急剧膨胀，并发出轰鸣，这就是人们所见与所闻的闪电和雷鸣，统称为雷电。简而言之，雷电是雷云间或雷云与地面物体间的放电现象。

雷云中的负电荷随雷云的发展逐渐聚积，并在附近地面感应出正电荷。在雷云与大地之间局部电场强度大于大气游离临界强度时，就产生局部放电通道，由雷云边缘向大地发展，此即为先导放电。

先导放电通道中充满了负电荷，并向地面延伸，与此同时，地面上感应出的正电荷也逐渐增多。

当先导通道发展到靠近地面，由于局部空间电场强度增强，在地面突起处出现正极性电荷形成的迎雷先导，并向天空发展。当先导放电与迎雷先导相遇后，因大气强烈游离，在通道端形成高密度的等离子区，并由下而上迅速传播，产生一条高导电率的等离子通道，从而使先导通道中的负电荷以及雷云中的负电荷与大地感应出的正电荷迅速中和，这个过程称为主放电过程。

先导放电发展较慢，平均速度约为 1.5×105m/s，电流约数百安；主放电发展很快，速度约为 2×107 ~ 1.5×108m/s，出现较强的脉冲电流，数值约达几十 kA 甚至 200 ~ 300kA。

以上所述为带负电荷的雷云对地放电的基本过程，故又称为下行负闪电。若从地面高耸的突起处，如尖塔或山顶，出现由地面向云中负电荷区域发展的正先导放电，则称为上行负闪电。

与上述两种情况类似，带正电荷的雷云对地面放电可能是下行正闪，或者为上行正闪。

不难看出，主放电过程是逆着先导通道发展方向产生的。

另外，通过雷电观测，还发现先导放电并非一次性贯通全部空间，而是间歇的脉冲发展，称为分级先导。每次间歇的时间约几十微秒。人们观察到的一次闪电，实际包含很多次先导 - 主放电的重复过程，平均为 2 ~ 3 次，最多的有 40 余次。实际观测表明，第二次及以后的冲击放电，先导阶段均很短，而冲击放电电流的幅值以第一次的最大，第二次及以后的电流幅值均较小些。

（二）雷电的类型

雷电有几种常见类型。

1. 直击雷：雷云直接对建筑物或地面上的其他物体放电的现象。

2. 感应雷：包括静电感应雷和电磁感应雷两类。

（1）静电感应雷。静电感应是由于雷云接近地面，在地面凸出物顶部感应出大量异性电荷所致。在雷云与其他部位放电后，凸出物顶部的电荷失去束缚，以雷电波形式，沿凸出物极快地传播。

（2）电磁感应雷。电磁感应是由于雷击后，巨大雷电流在周围空间产生迅速变化的强大磁场所致。这种磁场能在附近的金属导体上感应出很高的电压，造成对物体的二次放电，从而损坏电气设备。

3. 球形雷：是一种球形的发红光或极亮白光的火球。能从门、窗、烟囱等通道侵入室内，极其危险。

二、雷电的危害

大多数雷云放电是发生在雷云之间，并且对地面没有直接影响。而雷云对地放电虽然占的比例不大，但一旦发生，就有可能带来较严重的危害。

（一）直击雷的危害

雷云放电时，引起很大的雷电流，可达几百千安，从而产生极大的破坏作用。雷电流通过被雷击物体时，产生大量的热量，使物体燃烧。被击物体内的水分由于突然受热而急骤膨胀，还可能使被击物劈裂。所以当雷云向地面放电时，常常发生房屋倒塌、损坏或者引起火灾，造成人畜伤亡。

（二）感应雷的危害

雷电感应是雷电的第二次作用，即雷电流产生的电磁效应和静电效应作用。雷云在建筑物和架空线路上空形成很强的电场，在建筑物和架空线路上便会感应出与雷云电荷相反的电荷（称为束缚电荷）。在雷云向其他地方放电后，云与大地之间的电场突然消失，但聚集在建筑物的顶部或架空线路上的电荷不能很快全部泄入大地，残留下来的大量电荷，相互排斥而产生强大的能量使建筑物震裂。同时，残留电荷形成的高电位，往往造成屋内电线、金属管道和大型金属设备放电，击穿电气绝缘层或引起火灾、爆炸。

三、雷电的一般防护

（一）避雷针

避雷针是防止直接雷击的有效装置。它的作用是将雷电吸引到自身并泄放入大地中，从而保护其附近的建筑物和电气设备等免遭雷击。

避雷针是由接闪器、支持构架、引下线和接地体四部分构成。

避雷针的保护原理是：当雷云中的先导放电向地面发展，距离地面一定高度时，避雷针能使先导通道所产生的电场发生畸变。此时，最大电场强度的方向将出现在从雷电先导到避雷针顶端（接闪器）的连线上，致使雷云中的电荷被吸引到避雷针，并安全泄放入地。

避雷针使雷云先导放电电场畸变的范围（即高度）是有限的。当雷电先导刚开始形成时，避雷针不能影响它的发展路径，只有当雷电先导通道发展到离地面一定高度 H（称定向高度）时，地面上的避雷针才可能影响雷电先导的发展方向，使雷电先导通道沿着电场强度最大的方向击向避雷针。这个雷电定向高度 H 与避雷针高度 h 有关，根据模拟实验，$h \leqslant 30m$ 时 $H \approx 20h$；$h > 30m$ 时，$H \approx 600h$ 由于绝大多数的雷云都在离地面 300m 以上，故避雷针的保护范围是根据室内人工雷电冲击电压下的模拟实验研究确定的，并经过多年的运行实践检验。所谓保护范围是指被保护物体在此空间范围内不致遭受直接雷击的概率为 99.9%（即屏蔽失效率或绕击率为 0.1%），也就是说并不是绝对保险的。

（二）避雷线

避雷线是由悬挂在被保护物上空的镀锌钢绞线（接闪器）、接地引下线和接地体组成。避雷线的保护原理与避雷针基本相同，但因其对雷云与大地之间电场畸变的影响比避雷针小，所以避雷线的引雷作用和保护宽度也比避雷针小。

避雷线主要用于输电线路的防雷保护。但近年来也用于保护发电厂和变电站（所），如有的国家采用避雷线构成架空地网保护 500kV 变电站。

（三）避雷器

避雷器是用来限制沿线路侵入的雷电过电压（或因操作引起的内过电压）的一种保护设备。避雷器的保护原理与避雷针（或避雷线、带、网）不同。避雷器实质上是一种放电器，把它与被保护设备并联，并连接在被保护设备的电源侧。一旦沿线路侵入的雷电过电压作用在避雷器上，并超过其放电电压值，则避雷器立刻先行放电，从而限制了雷电过电压的发展，保护了与其并联的电气设备免遭过电压击穿绝缘的危险。

为了使避雷器能够达到预想的保护效果，必须满足如下两点基本要求：①具有良好的伏秒特性，以实现与被保护电气设备绝缘的合理配合；②间隙绝缘强度自恢复能力要好，以便快速切断工频续流，保证电力系统继续正常运行。

当避雷器动作（放电）将强大的雷电流引人大地之后，由于系统还有工频电压的作用，避雷器中将流过工频短路电流，此电流称为工频续流，通常以电弧放电的形式存在。若工频电弧不能很快熄灭，继电保护装置就会动作，使供电中断。所以，避雷器应在过电压作用过后，能迅速切断工频续流，使电力系统恢复正常运行，避免供电中断。

目前使用的避雷器主要有四种类型：保护间隙避雷器、排气式避雷器、阀型避雷器和氧化锌避雷器。保护间隙避雷器和排气式避雷器主要用于发电厂、变电站的进线保护段、线路的绝缘弱点、交叉档或大跨越档杆塔的保护。阀型避雷器和氧化锌避雷器用于配电系统、发电厂、变电站的防雷保护。

（四）避雷带和避雷网

根据长期经验证明，雷击建筑物有一定规律，最可能遭到雷击的地方是屋脊、屋檐及房屋两侧的山墙；若为平顶屋面，则为屋顶四边缘及四角处，所以在建筑物的这些容易受雷击的部位安装避雷带（即接闪器），并通过接地引下线与埋入地中的接地体相连，就能起到防雷保护的效果。采用避雷带保护时，屋面上任何一点距避雷带的距离不应大于 10m。若屋顶面宽度超过 20m 时，应增加避雷带或用避雷带纵横连接构成避雷网，则保护效果会更好。

避雷带多采用截面不小于 12mm ×4mm 的镀锌扁钢或直径不小于 8mm 的镀锌圆钢。而由避雷带构成的避雷网，其网络尺寸有≤ 5m×5m（或 6m ×4m）、≤ 10m×10m（或 12m ×8m）及 12m×20m（或 24m×16m）几种。对于钢筋混凝土建筑物也可利用建筑物自身各部分混凝土内的钢筋，按防雷保护规范要求相互连接构成其防雷装置。

避雷带、避雷网与避雷针及避雷线一样可用于直击雷防护。

（五）接地装置

接地就是把设备与电位参照点的地球作电气上的连接，使其对地保持一个低的电位差。其办法是在大地表面中埋设金属电极，这种埋入地中并直接与大地接触的金属导体，叫作接地体，也称为接地装置。

针对防雷保护装置的需要而设置的接地称为防雷接地。其作用是使雷电流顺利入地，减小雷电流通过时的电位升高。

第二节 接地的原理与措施

一、接地的意义

（一）功能性接地

1. 工作接地

为保证电力系统的正常运行，在电力系统的适当地点进行的接地，称为工作接地。在交流系统中，适当的接地点一般为电气设备，例如变压器的中性点；在直流系统中还包括相线接地。

2. 逻辑接地

电子设备为了获得稳定的参考电位，将电子设备中的适当金属部件，如金属底座等作为参考零电位，把需要获得零电位的电子器件接于该金属部件上，如金属底座等，这种接地称为逻辑接地。该方式基准电位不一定与大地相连接，所以它不一定是大地的零电位。

3. 信号接地

为保证信号具有稳定的基准电位而设置的接地，称为信号接地。

4. 屏蔽接地

将设备的金属外壳或金属网接地，以保护金属壳内或金属网内的电子设备不受外部的电磁干扰；或者使金属壳内或金属网内的电子设备不对外部电子设备引起干扰，这种接地称为屏蔽接地。法拉第笼就是最好的屏蔽设备。

（二）保护性接地

1. 保护接地

为防止电气设备绝缘损坏而使人身遭受触电危险，将于电气设备绝缘的金属外壳或构架与接地极做良好的连接，称为保护接地。接低压保护线（PE 线）或保护中性线（PEN 线），也称为保护接地。停电检修时所采取的临时接地，也属于保护接地。

2. 防雷接地

将雷电流导入大地，防止雷电伤人和财产受到损失而采用的接地，称为防雷接地。

3. 防静电接地

将静电荷引入大地，防止由于静电积累对人体和设备受到损伤的接地，称为防静电接地。油罐汽车后面拖地的铁链子也属于防静电接地。

4. 防电腐蚀接地

在地下埋设金属体作为牺牲阳极以保护与之连接的金属体，如输油金属管道等，称为防电腐蚀接地。牺牲阳极保护阴极的称为阴极保护。

二、接地的一般要求

设置接地装置的目的，一是保证人身安全，二是保证电气设备安全。为保证人身和电气设备的安全，接地网的电位、接触电位差、跨步电位差三者都必须控制在允许值的范围之内。

（一）接地网设计的基本要求

1. 为保证交流电网正常运行和故障时的人身及设备安全，电气设备及设施宜接地或接中性线，并做到因地制宜、安全可靠、经济合理。

2. 不同用途和不同电压的电气设备，除另有规定外，应使用一个总的接地系统，接地电阻应符合其中最小值的要求。

3. 接地装置应充分利用直接埋入水下和土壤中的各种自然接地体接地，并校验其热稳定。

4. 当电站接地电阻难以满足运行要求时，可根据技术经济比较，因地制宜采用水下接地、引外接地、深埋接地等接地方式，并加以分流、均压和隔离等措施。对小面积接地网和集中接地装置可采用人工降阻的方式降低接地电阻口

5. 接地设计应考虑土壤干燥或冻结等季节变化的影响，接地电阻在四季中均应符合设计值的要求。防雷装置的接地电阻，可只考虑雷季中土壤干燥状态的影响。

6. 初期发电时，应根据电网实际的短路电流和所形成的接地系统，校核初期发电时的接触电位差、跨步电位差和转移电位。当上述参数不满足安全要求时，应采取及时措施，保证初期发电时期电站的安全运行。

7. 工作接地及要求：

有效接地系统中，自耦变压器和需要接地的电力变压器中性点、线路并联电抗器中性点、电压互感器、接地开关等设备应按照系统需要进行接地。

不接地系统中，消弧线圈接地端、接地变压器接地端和绝缘监视电压互感器一次侧中性点需要直接接地。

中性点有效接地的系统，应装设能迅速自动切除接地短路故障的保护装置。中性点不接地的系统，应装设能迅速反应接地故障的信号装置，也可装设自动切除的装置。

8. 保护接地及要求。

电力设备下列金属部件，除非另有规定，均应接地或接中性线（保护线）：

（1）电机、变压器、电抗器、携带式及移动式用电器具等底座和外壳。

（2）SF_6 全封闭组合电器（G1S）与大电流封闭母线外壳以及电气设备箱、柜的金属外壳。

（3）电力设备传动装置。

（4）互感器的二次绕组。

（5）配电、控制保护屏（柜、箱）及操作台等的金属框架。

（6）屋内配电装置的金属构架和钢筋混凝土构架，靠近带电部分的金属围栏和金属门、窗。

（7）交、直流电力电缆桥架、接线盒、终端盒的外壳、电缆的屏蔽铠装外皮、穿线的钢管等。

（8）装有避雷线的电力线路杆塔。

（9）在非沥青地面的居民区内，无避雷线非直接接地系统架空电力线路的金属杆塔和钢筋混凝土的杆塔。

（10）铠装控制电缆的外皮、非铠装或非金属护套电缆的 1 ~ 2 根屏蔽芯线。

电力设备的下列金属部分，除非另有规定，可不接地或不接中性线（保护线）：

①在木质、沥青等不良导电地面的干燥房间内，交流额定电压 380V 及以下的电力设备外壳。但当维护人员可能同时触及设备外壳和接地物体时除外。

②在干燥场所，交流额定电压 127V 及以下，直流额定电压 110V 及以下的电力设备外壳，但爆炸危险场所除外。

③安装在配电屏、控制屏和配电装置上的电气测量仪表、继电器和其他低压电气等的外壳，以及当发生绝缘损坏时，在支持物上不会引起危险电压的绝缘子金属底座等。

④安装在已接地的金属构架上的设备（应保证电气接触良好），如套管等。

⑤标称电压 220V 及以下的蓄电池室内的支架。

⑥已与接地的底座之间有可靠电气接触的电动机和其他电器的金属外壳。

在中性点直接接地的低压电力系统中，电力设备的外壳和底座宜采用接地或中性线（或保护线）保护：

①对于用电设备较少、分散，且又无接地线的地方，宜采用接中性线保护。接中性线保护有困难，而土壤电阻率较低时，可采用直接埋设接地体进行接地保护。

②当低压电力设备的机座或金属外壳与接地网可靠连接后，允许不按接中性线保护的要求作短路验算。

③由同一台发电机、变压器或同一段母线供电的低压线路，不宜采用接中性线、接地两种保护方式。

④在低压电力系统中，全部采用接地保护时，应装设能自动切除接地故障的继电保护装置。

9. 防雷接地及要求。

所有设有避雷针、避雷线的构架、微波塔均应设置集中接地装置。

避雷器宜设置集中接地，其接地线应以最短的距离与接地网相连。

独立避雷针（线）应设独立的集中接地装置，接地电阻不宜超过 10Ω。在高土壤电阻率地区，当要求做到的 10Ω 确有困难时，允许采用较高的数值，并应将该装置与主接地网连接，但从避雷针与主接地网的地下连接点到 35kV 以下电气设备与主接地网的地下连接点，沿接地体的长度不得小于 15m。避雷针（线）到被保护设施的空气中距离和地中距离还应符合防止避雷针（线）对被保护设备反击的要求。

独立避雷针（线）不应设在人经常通行的地方。避雷针（线）及其接地装置与道路或入口等的距离不宜小于 3m，否则应采取均压措施，铺设砾石或沥青地面。

设计接地网时接触电位差、跨步电位差和接地电阻是重要的三大电气安全指标。一般来说，所设计的接地网满足这三个电气指标就可以认为地网的设计是合格的。此外，还有个附加指标，就是地网导体应满足发热条件的要求。

（二）接地网工程实用降阻方法

接地网工程实用降阻方法主要有以下几种：

1. 扩大主接地网面积

2. 外延接地网

3. 引外接地

引外接地是指主地网周围有明显的低电阻率地区，在低电阻率区扩建地网并用 2 ~ 3 条线连接成并联接地系统。

外延接地网和引外接地的物理本质都是扩大面积以降低主接地网的地电位、接触和跨步电位差，但也有原则上的区别。基本原理也是扩大主接线网的面积，但不增加征地投资。外延接地网是在主地网周围外边扩大地网面积。

4. 水下接地网

水下接地网的性质仍然属于引外接地的范畴，因为一般情况下水的电阻率总是低于发电厂、变电站主接地网的土壤电阻率。

5. 水平地网增设长垂直接地极

一般说来，水平地网的边缘都应当有 4 ~ 8 根左右的短垂直电极，一般长度为 2 ~ 3m。其作用不是为了降低水平地网的接地电阻，而是为了“稳定”接地网的接地电阻和加强地网边缘处的散流能力，同时降低该处接触电压和跨步电压的作用。

6. 水平地网增设斜垂直接地极

在接地网外延面积受到限制的地区，为了降低接地电阻可采用斜打垂直接地极。其优点是可向纵深散流，扩大了散流面积。此外，还减少了水平地网对垂直接地极的屏蔽作用。

7. 深井接地

深井接地是垂直接地的一种特殊形式，通常采用低电阻率物质（或降阻剂）作填充料，可分为三种类型：常规深井接地、深水井接地和深井爆破接地。

8. 换土法

换土法是一种传统的方法，20 世纪 70 年代以来多用降阻效果更好的降阻剂来代替天然土壤。换土法的基本原理是局部改善电极周围的土壤电阻率，相当于加大接地极的等值直径。

9. 电解离子接地列阵（Ionic Earthing Array，IEA）

电解离子接地列阵技术具有下列特点：

（1）电解离子接地极与主接地体并联，其优点是由于电解离子接地极的分流作用，增大了散流范围和散流能力，对降低接地电阻有利。

（2）降阻剂与电解离子接地极组合使用，其中电解离子接地极起长效降阻作用。

（3）充分利用引外接地体构成电解离子接地列阵降低接地电阻。

电解离子接地列阵降阻技术是一种降阻的综合技术，由于包含了长效离子接地极，其降阻稳定性和长效性能得到充分保证；由于降阻剂与主接地线分开埋设，不会腐蚀主接地体。这种先进的降阻技术具有广泛的发展前景。

第三节 大型风力发电机的防雷保护

一、风力发电机防雷保护的必要性

风电机组工作于自然环境下，不可避免会受到自然灾害的影响。事实上，雷击是自然界中对风电机组安全运行危害最大的一种灾害。一旦发生雷击，雷电释放的巨大能量会造成风电机组叶片损坏、发电机绝缘击穿、控制元器件烧毁等后果。我国沿海地区地形复杂，雷暴日较多，雷击给风电机组和运行人员带来巨大威胁。例如，红海湾风电场建成投产至今发生了多次雷击事件，据统计，叶片被击中率达 4%，其他通信电器元件被击中率甚至高达 20%。统计表明，风力发电机受到的大多属于直接雷击，遭受雷击后叶片和电气系统一般均会受到不同程度的损坏，严重的会导致停运。

然而，风电机组与水电和火电机组在雷击过电压方面有很大不同，水电和火电机组有庞大的钢结构厂房，发电机和控制、信息系统在宽阔的厂房内，设备一般都远离墙壁和接地引下线，墙壁钢筋和钢柱都不靠近设备。风电机组则是高耸塔式结构，一般高 40m ~ 65m，常安装在空旷的地方或山地，更易受到雷击的风电机组的电气绝缘低（发电机电压为 690V，大量使用自动化控制和通信元件）。因此，就防雷来说，其环境远比常规发电机组的环境恶劣。随着相关技术的进步，例如优于传统玻璃纤维材料的碳纤维技术及工艺的应用，大功率电子技术的发展及经济可靠的大功率固体器件的出现，能够制造出效率更高，运行经济可靠，并能广泛适应不同风资源情况的风力发电机。因此，风力发电机分布得更加广泛，单机容量也越来越大，同时为了吸收更多能量，轮毂高度和叶轮直径也随之增高。这些变化，使得风力发电机的防雷面临更高的要求。

由于风力发电机内部结构非常紧凑，无论叶片、机舱、主轴、还是尾翼受到雷击，机舱内的发电机及控制系统等设备都可能受到机舱的高电位反击，在电源和控制回路沿塔柱引下的途中，也可能受到反击。鉴于雷击无法避免的特性，风电机组的防雷重点在于遭受雷击时如何迅速将雷电流引人大地，尽可能地减少由雷电导入设备的电流，最大限度地保障设备和人员的安全，使损失降低到最小的程度

对于风力发电机而言，直接雷击保护主要是针对叶片、机舱、塔架防雷，而间接雷击保护主要是指过电压保护和等电位连接，下面将分别介绍各部分防雷保护，其中叶片、机舱和塔架防雷部分也混合了间接雷击防护，即等电位连接部分。电气系统防雷则主要是间接雷击保护。

二、叶片的防雷保护

作为风电机组中位置最高的部件，叶片是雷电袭击的首要目标，同时叶片又是风电机组中最昂贵的部件，因此叶片的防雷保护至关重要。

研究结果表明，大部分雷击事故只损坏叶片的叶尖部分，少量的会损坏整个叶片。雷击造

成叶片损坏主要有两个方面：一方面是雷电击中叶尖后，释放大量能量，强大的雷电流使叶尖结构内部的温度急骤升高，水分受热汽化膨胀，从而产生很大的机械力，造成叶尖结构爆裂破坏，严重时使整个叶片开裂；另一方面雷击造成的巨大声波，对叶片结构造成冲击破坏。叶片的完全绝缘不能降低被雷击的风险，而只能增加受损伤的程度，而且在很多情况下雷击的位置在叶尖的背面。

（一）叶片防雷系统

研究表明，物体被雷电击中，雷电流总是会选择传导性最好的路径。针对雷电的这一破坏特性，可以在被击设备结构内部构造出一个低阻抗的对地导电通路，这样就可以使设备免遭雷击破坏。这一原理是叶片防雷措施的基础，并且贯穿于整个风力机防雷系统中。根据这一特性，风力机叶片配备了一套完备的防雷系统。

叶片防雷系统连于叶片根部的金属环处，包括雷电接闪器和引下线（雷电传导部分），叶片防雷系统的主要目标是避免雷电直击叶片本体而导致叶片本身发热膨胀、迸裂损害。其工作原理简单来说，就是由叶尖接闪器捕捉雷电，再通过叶片内部引下线将雷电导入大地，约束雷电，从而保护叶片。

雷电接闪器是一个特殊设计的不锈钢螺杆，装置在叶片尖部，即叶片最可能被袭击的部位。事实上，接闪器相当于一个避雷针，起引雷的作用。接闪器应该能够经受多次雷电的袭击，受损后也可以更换。

引下线是一段铜电缆，装于叶片内部，始于接闪器，终于叶片根部－为了避免与接闪器断开，要确保引下线不能移动。同时，由于雷电流非常巨大，要求引下线的传导容量裕量充足，根据不同的机型与环境，对引下线电缆的最小允许直径做出不同的规定。一般而言，规定引下线电缆最小直径在 50 ～ 70mm 范围内。发生雷击时，引下线可将雷电从接闪器导入叶片根部的金属环，从而不会引起叶片本身温度的明显增高。也就免遭强大的雷电流破坏，实现了防雷保护作用。

叶片内可能会附加或特设有保护系统，一般由动叶片制造商来设计安装。假设叶片上或内部装有传感器，则必须与叶片防雷系统进行适当的等电位连接，来对其进行保护。用于等电位连接的导线，要求采用屏蔽电缆或者是安放于金属套管中，还应当尽可能地靠近引下线，与之连接。

（二）叶片到机舱的过渡段

首先说明的是，不同厂家生产的不同机型，设计上会有所区别，这里只取常见的典型设计进行介绍。

始于叶片接闪器的引下线延伸到叶片根部的金属环，该环与叶片轴承和轮毂电气隔离，由穿过该环的弹性连接将雷电流传到轮毂。所谓弹性连接，由两组连接到钢弹簧上的轮组成。这部分可称为叶片到叶片轴承、轮毂间的过渡段。

轮毂与机舱间过渡段上有三个并联的电火花放电间隙，彼此相差 120°。其设计与动叶片和叶片轴承间相同。每个电火花间隙还有一个碳刷，用来补偿静态电位差。

（三）不同类型叶片的防雷系统

目前大型风机使用的叶片，从结构上来讲大致可分成两大类型，一种是定桨距失速风机广泛使用的有叶尖阻尼器结构的叶片；一种是无叶尖阻尼器结构的叶片（变桨距风机及少数失速型风机使用）。两种结构的叶片分别采用不同的保护方式。

1. 无叶尖阻尼器机构的叶片

由于无叶尖阻尼机构，因而该型叶片防护方式实现起来较为简单。即在叶尖部分将铜网布或金属导体预置于叶尖部分玻璃纤维聚酯层表面，形成接闪器通过埋置于叶片中的 50mm^2 铜导线与叶根处金属法兰相连接。

2. 有叶尖阻尼器结构的叶片

设置了叶尖阻尼器的叶片，整个叶片分成了两段，叶尖部分玻璃纤维聚酯层预置铸铝型芯作为接闪器，通过采用了碳纤维材料制成的阻尼器轴，与连接轮毂的叶尖阻尼器起动钢丝相连接，这种用于叶片的防雷保护系统，通过了 AEA 雷电实验室的实验，实验结果表明电流达到 200kA 时叶片无任何损坏。

三、机舱的防雷保护

现代大多数风力发电机的机舱罩是用金属板制成，这相当于一个法拉第罩，对机舱中的部件起到了良好的防雷保护作用。机舱主机架除了与叶片相连，还在机舱罩顶上后部设置一个（数目可多于一个）高于风速、风向仪的接闪杆，相当于一个避雷棒，用以保护风速计和风向仪免受雷击。

机舱罩及机舱内的各部件均通过铜导体与机舱底板连接，旋转部分的轮毂，通过碳刷经铜导体与机舱底板连接。专设的引下线连接机舱和塔架，且跨越偏航环，即机舱和偏航刹车盘通过接地线也连接起来从而雷击时将不受到伤害。这样，可通过引下线将雷电顺利地导入塔架，从而保证即使风力发电机的机舱直接被雷击时，雷电也会被导向塔架而不会引起损坏。

关于机舱内外如何接到地电位，不同的机型会有不同的设计，这里取典型的一种。

以机舱外壳内围绕塔架的 70mm^2 铜电缆环作为电压公共节点，机舱内所有部件都连到该公共节点，专设的引下线再将该公共电压节点连到塔架。

为了将机舱外壳顶部的避雷器接到地电位，基于法拉第笼原理制造一个电缆笼，并将其连于电压公共节点上。

四、塔架的防雷保护

如果放电路径的直径较大，则其电感较小，因此应该选用比较粗的导体将避雷针接至大地。实际中，避雷针的接地线是好几根并行的导线，就像四分裂导线一样，其等效直径很大，因而电感较小。

下面根据不同材质的塔架，分别介绍其防雷措施。

（一）钢制塔架

雷电通常沿系统的金属部分进行传导。然而，钢制塔架包括若干个大约 25m 高的钢制部件，具体情况因其高度而异。在这些钢制部件之间的过渡段采用并行路径方式，设置三个彼此相间 120° 的间隙作为雷电路径。

连接部分包括一个不锈钢多孔板，与法兰面上的孔一起用螺栓固定。不允许雷击沿紧固的螺栓进行传导。

塔基处该部件在三个彼此相间 120° 的位置上接到由 95mm^2 铜电缆组成的公共节点上，后者则接到接地环或接地电极上。

（二）混凝土塔架

至于混凝土塔架情况，雷电通过塔架内的铜电缆仍是在三个彼此相间 120。的位置上（并行路径概念）被散流。在塔基处，它们连接到与接地环和接地电极相连的电压公共节点上，不允许雷击电流沿着为加固塔架而装设的钢拉线进行传导。

（三）混合塔架

混合塔架底部为混凝土，上面部分由钢制成。钢制区从塔架自身接地。在其与混凝土区连接处、钢制连接适配法兰与钢制区法兰在附有不锈钢盘的法兰面上选择三个彼此相间 120° 的位置用螺栓进行固定。

钢制适配器（在混凝土区）依次接于三个彼此相间 120° 的接地电缆（最小截面为 95mm^2 的铜电缆），后者接于塔基的公共节点。

五、风力发电机的接地

风电机组采用 TN 方式供电系统，可以较好地保护风机电气系统及人员的安全。

所谓 TN 系统，其第一个字母 T 说明系统中有一点（一般是电源的中性点）直接接大地，称为系统接地（System Earthing）；其第二个字母 N 说明用电设备的外壳经保护接地，即 PE 线与系统直接接地点连接而间接接地，称为保护接地（Protective Earthing）。与之对应的是 TT 系统。TT 系统的第一个字母也表明系统接地是直接接大地，第二个字母 T 表明用电设备外壳的保护接地是经 PE 线接单独的接地板直接接大地，与电源中的 N 线线路和系统接地点毫无关联。

风力发电机的接地系统是风力发电机防雷保护系统中的一个关键环节，应该保证在土壤电阻率差异较大的不同地区，风力发电机的接地系统均能达到 IEC 规范的要求。一个有效的风力发电机接地系统应保证雷电顺利入地，为人员和动物提供最大限度的安全，保护风力发电机部件不受损坏。

风力发电机接地系统应包括一个围绕风力发电机基础的环状导体，此环状导体埋设在距风力发电机基础 1m 远的地面下 1m 处，采用 50mm^2 铜导体或直径更大些的铜导体；每隔一定距离打入地下镀铜接地棒，作为铜导电环的补充；铜导电环连接到塔架两个相反位置，地面的控制器连接到连接点之一。有的设计在铜环导体与塔基中间加上两个环导体，使跨步电压更加改善。如果风力发电机放置在接地电阻率高的区域，要延伸接地网以保证接地电阻达到规范要求。若测得接地网电阻值大于要求的值，则必须采取降阻措施，直至达到标准要求。

可以将多台风电机组的接地网进行互联，这样通过延伸机组的接地网可进一步降低接地电阻，使雷电流迅速流散入大地而不产生危险的过电压。

六、电气系统的防雷保护

依据是否可能发生直击雷，雷电流的幅值以及相关电磁场情况，可划分若干区域来定义雷电对本区内设备所造成影响的特性，即雷击保护带（LPZ）。

只需要对从一个保护带跨到另一更低保护水平防雷带的电缆进行过电压保护，而无需保护区内的电缆。在不同的保护区的交界处，通过防雷及电涌保护器（SPD）对有源线路（包括电源线、数据线、测控线等）进行等电位连接。

适当的等电位连接可以在雷击时避免出现触摸电压和跨步电压，从而起到保护作用，并减少对电气电子系统的危害。

为避免雷击产生的过电压对电气系统的破坏，一般来说，风力发电机电气系统在主电路上加设过电压保护器件来保护元器件免受过电压损坏。具体来说，在发电机、开关盘、控制器模块电子组件、信号电缆终端等，采用避雷器或压敏块电阻的过电压保护。

对于在塔内的较长的信号线缆，在两端分别加装保护，以阻止感应浪涌对两端设备的冲击，确保重要信号的传输。

七、关于风力发电机防雷保护的思考

第一，风电机组的外部直击雷保护，重点是放在改进叶片的防雷系统上；而内部的防雷过电压保护则由风力发电机厂家设计完成。此外，各个国际风力发电机厂家实际设计所依据标准和参数（包括地网电阻）有很大差别。这样的制造风力发电机在产品上就留下某些薄弱环节。为了改进风力发电机的防雷性能，首先要确定合理统一的防雷设计标准，明确防止外部雷电和内部雷电（过电压）保护的制造工艺规范，这是提高风电机组防雷性能的基础。在我国要发展风电，尽快建立我国风电行业（包括风力发电机防雷）技术规范，是非常急迫和必要的。

第二，地域不同雷电活动也有所差别，我国北方和南方的雷电活动强度也不一样。在我国将来的规范标准中，应该考虑到地域的不同，我国北方和南方的差别等。

第三，风力发电机的一般外部雷击路线是：雷击（叶片上）接闪器→（叶片内腔）导引线→叶片根部→机舱主机架→专设（塔架）引下线 T 接地网引入大地。但是，从丹麦和德国统计受雷击损坏部位中，雷电直击的叶片损坏占 15% ~ 20%，而 80% 以上是与引下线相连的其他设备，受雷电引入大地过程中产生过电压而损坏，因此，雷电形成的过电压必须引起充分重视。

第四，风场微观选址中，地质好的风力发电机基础和低电阻率接地网点是有矛盾的，而风力发电机设备耐雷性能的设计和要求现场接地电阻值的高低也是有矛盾的。所以，必须充分考虑各方面因素，进行技术经济的优化。

第五，我国正在实施风力发电机国产化，而国外风力发电机防雷和过电压设计也不是很完善。所以，在引进吸收过程中，改进风力发电机防雷和过电压设计是必要的。

第六，应当认识到，无论采取多么有效的措施，也不可能完全消除被雷击的危险。因此在风机广泛采用有效的防雷保护技术的同时，为了尽量减少风力发电机遭受雷击的危险，一般认为应当在风力发电机安装前，即进行风电场的规划设计微观选址时，将风力发电机的防雷作为影响因素之一加以考虑（雷电活动剧烈地区），从而确保风力发电机得以安全有效的运行。

第四节 集电线路的防雷与接地

集电线路防雷性能优劣主要用两个技术指标：耐雷水平和雷击跳闸率来衡量。耐雷水平是指线路遭受雷击时，线路绝缘所能耐受的不至于引起绝缘闪络的最大雷电流幅值，单位为 kA。耐雷水平越高，线路的防雷性能越好。雷击跳闸率是指雷暴日数 Td=40 的条件下，每 100km 的集电线路每年因雷击而引起的跳闸次数，它是衡量线路防雷性能的综合指标。

集电线路上出现大气过电压主要有直击雷过电压和感应雷过电压两种。一般直击雷过电压危害更严重。

一、感应过电压的特点

1. 感应过电压的极性与雷电的极性正好相反。

2. 感应过电压同时存在于三相导线，相间不存在电位差，故一般只能引起相对地闪络，而不会产生相间闪络。

3. 感应过电压的幅值不高，一般不会超过 500kV，因此，它对 110kV 及以上电压等级线路的绝缘不会构成威胁，仅在 35kV 及以下的线路中可能会产生一些闪络事故。

二、集电线路的直击雷过电压和耐雷水平

输电线路遭受直击雷可能出现下面三种不同的情况：

1. 雷击杆塔塔顶及塔顶附近避雷线（以下简称雷击杆塔），可能会造成“反击”，使线路绝缘子发生冲击闪络。

2. 雷击档距中央的避雷线，可能会造成导、地线之间的空气间隙发生击穿。

3. 雷绕过避雷线而击于导线，也称绕击，通常会造成线路绝缘子串发生闪络。

（一）雷击杆塔塔顶时的线路耐压水平

1. “反击”的概念

当雷击杆塔时，绝大部分雷电流会通过杆塔接地装置流入大地。巨大的雷电流会在杆塔电感和杆塔接地电阻上产生很高的电位，使原来电位为零的接地杆塔带上了高电位，此时杆塔将通过绝缘子串对导线逆向放电，造成闪络。由于这种闪络是由接地杆塔的电位升高所引起的，故又称为“反击”。

2. 绝缘子串上的各个电压分量

（1）绝缘子串杆塔一侧横担高度处的电位。它是由流过杆塔部分的雷电流分量在杆塔横担至大地之间的塔身电感和杆塔接地电阻上产生的电压降，它与雷击具有相同的极性。

（2）绝缘子串导线一侧的电位。它包括感应过电压、耦合电压和导线工作电压三个电压分量。

①感应过电压分量。根据上一节的讨论可知，雷击杆塔时会在导线上产生与雷电极性相反的感应过电压。

②耦合电压分量。雷电流通过杆塔电感和杆塔接地电阻时会在杆塔顶部产生很高的电压，又称塔顶电位。该塔顶电位将以过电压波的形式向两侧避雷线传去，由此将会通过耦合在导线上产生耦合电压分量。它与塔顶电位具有相同的极性，即与雷电同极性。

③导线工作电压分量。导线上工作电压的极性是不断交替变化的，若从严考虑，应取与雷电相反极性，此时作用于绝缘子串上的电压更大，情况更严重。但在通常情况下，由于导线上的工作电压不大，一般可以忽略，不予考虑。

三、集电线路的防雷保护措施

（一）架设避雷线

避雷线是高压集电线路最基本的防雷措施，其主要目的是防止雷直击于导线 . 此外，避雷线还对雷电流有分流作用，可以减少流入杆塔的雷电流，降低塔顶电位；对导线有耦合作用，降低雷击杆塔时作用于线路绝缘子串上的电压；对导线有屏蔽作用，可以降低导线上的感应过电压。

（二）降低杆塔接地电阻

对一般高度的杆塔，降低杆塔接地电阻是提高线路耐雷水平、防止反击的有效措施。杆塔的工频接地电阻一般为 10 ~ 30Ω。

在土壤电阻率低的地区，应充分利用杆塔的自然接地电阻。在土壤电阻率高的地区，当降低接地电阻比较困难时，可以采用多根放射形水平接地体、连续伸长接地体、长效土壤降阻剂等措施。

（三）加强线路绝缘

加强线路绝缘的方式主要有增加绝缘子串的片数、改用大爬距悬式绝缘子、增大塔头空气间距等。这样做虽然也能提高线路的耐雷水平、降低建弧率，但实施起来往往局限性较大，难度也较大，因此通常作为后备保护措施。

（四）架设耦合地线

架设耦合地线通常是作为一种补救措施。它主要是在某些已经建成投运线路的雷击故障频发线路段上使用，通常是在导线下方再加装一条地线（又称耦合地线）。它可以加强地线的分流作用和增大导地线之间的耦合系数，从而提高线路的耐雷水平。运行经验表明，耦合地线对减少雷击跳闸率效果是显著的，可降低约 50%。

（五）采用消弧线圈

采用消孤线圈的方式适用于35kV及以上的线路，可大大降低冲击闪络转变为稳定工频电弧的概率（即减小建弧率），减少线路的雷击跳闸次数。

（六）装设自动重合闸

由于线路绝缘具有自恢复功能，大多数雷击造成的冲击闪络和工频电弧在线路跳闸后能快速去游离，迅速恢复绝缘功能。因此，在线路形成稳定的工频电弧引起线路断路器跳闸后，采用自动重合闸在绝大多数情况下都能使线路迅速恢复正常供电。35kV以下的线路重合闸成功率为50% ~ 80%。各种电压等级的线路应尽量装设自动重合闸。

（七）采用不平衡绝缘方式

为节省线路走廊用地，高压线路中同杆架设的双回路线路日益增多。为避免在线路落雷时出现双回路同时闪络跳闸，造成完全停电的严重局面，在采用通常的防雷措施仍无法满足要求的情况下，还可采用不平衡绝缘方式来降低双回路雷击同时跳闸率，以保证不中断供电。

不平衡绝缘方式就是使两个回路的绝缘子串片数有差异，这样，雷击时绝缘子串片数较少的回路先发生闪络，闪络后的导线相当于一根地线，从而增加了对另一回路导线的耦合作用，提高了另一回路的耐压水平，使之不会再发生耐压闪络，这样就保证了该回路可以继续供电。

（八）装设避雷器

为了减少输电线路的雷电事故，提高输、送电的可靠性，可在雷电活动强烈或土壤电阻率很高的线段及线路绝缘薄弱处装设排气式避雷器。

第五节 升压变电站的防雷与接地

风电场升压变电站是风电场的枢纽，担负着向外输出电能的重任，一旦遭受雷击，引起变压器等重要电气设备绝缘毁坏，不但修复困难，而且会导致风电场所发出的电能不能外送，可能会造成供电区域内大面积、长时间停电，必然给国民经济带来严重损失。因此，风电场升压变电站的雷电防护必须十分可靠。

对直接雷击变电站一般采用安装避雷针或避雷线保护。运行实践表明，只要符合相关防雷标准要求安装的避雷针或避雷线，其保护可靠性较高，只有在绕击或反击时，才有可能发生事故。对于沿线路侵入变电站的雷电侵入波的防护，则主要靠在变电所内合理地配置避雷器，并在距变电站1 ~ 2km的进线段加装辅助的防护措施，以限制通过避雷器的雷电流幅值和降低雷电压的陡度。这样，每年每100个变电站，因沿线路侵入的雷电压波造成的事故可控制在0.5 ~ 0.6次。

一、升压变电站的直击雷保护

风电场升压变电站因其在风电场及电力系统中的重要地位，应按第一类建筑物标准作防雷保护。

对于110kV及以上的变电站，可以将避雷针架设在配电装置的构架上，这是由于此类电压等级配电装置的绝缘水平较高，雷击避雷针时在配电构架上出现的高电位不会造成反击事故。装设避雷针的配电构架应装设辅助接地装置，此接地装置与变电站接地网的连接点离主变压器接地装置与变电站接地网的连接点之间的距离不应小于15m，目的是使雷击避雷针时在避雷针接地装置上产生高电位，在沿接地网向变压器接地点传播的过程中逐渐衰减，以便到达变压器接地点时不会造成变压器的反击事故。由于变压器的绝缘较弱又是变电站中最重要的设备，故在变压器门型构架上不应装设避雷针。

对于35kV及以下的变电站，因其绝缘水平较低，故不允许将避雷针装设在配电构架上，以免出现反击事故，需要架设独立避雷针，并应满足不发生反击的要求。

关于线路终端杆塔上的避雷线能否与变电所构架相连的问题也可按上述装设避雷针的原则（即是否会发生反击）来处理。110kV及以上的变电站允许相连，35kV及以下的变电所一般不允许相连。行业标准DL/T 620–1997建议，若土壤电阻率不大于500Ω，则可相连。

二、升压变电站的侵入波保护

雷击输电线路的次数远多于雷击变电站，所以沿线路侵入变电站的雷电侵入波较常见。再加上输电线路的绝缘水平（即绝缘子串50%冲击放电电压）比变压器及其他电气设备的冲击绝缘水平高得多，因此，变电站对雷电侵入波的防护显得很重要。

安装避雷器是变电站用来限制雷电过电压的主要手段。然而，要有效和经济地保护变电站内电气设备，不仅要正确选择避雷器的型号、参数，还要合理地确定避雷器的接线，同时还要限制由线路传来的雷电波陡度及流过避雷器雷电流幅值。

三、升压变电站的变压器防雷保护

（一）三绕组变压器侵入波过电压及防护

接入电网的双绕组变压器高、低压侧断路器都是闭合的，两侧都有避雷器保护，所以任一侧沿线路侵入的雷电波都不会对另一侧的绝缘造成威胁。

但三绕组变压器在正常运行中，可能出现高、中压绕组工作而低压绕组开路的情况。此时，当高压或中压有雷电波侵入，由于开路状态的低压侧对地电容很小，低压绕组会因电磁耦合而产生过电压，危及低压绕组对地绝缘。又因为低压三相绕组电位同样升高，所以只需在一相绕组出口处装设一只避雷器即可防护。如果低压绕组外接25m以上的全金属外皮电缆线路，则因对地电容的增大，足以限制感应过电压，故可省去避雷器。

三绕组变压器的中压绕组也可能开路运行，但因其绝缘水平较高，不需要装设避雷器。只有当高、中压变比很大，中压绕组的绝缘水平比高压绕组低得多时，才考虑装设避雷器。

（二）自耦变压器侵入波过电压及防护

自耦变压器一般除了有高、中压自耦绕组外，还有三角形联结的低压非自耦绕组，以减少系统零序阻抗和改善电压波形。与三绕组变压器情况相同，当低压侧开路运行时，不论雷电波从高压端或中压端侵入，都会经过高压或中压与低压绕组之间的静电耦合，使开路的低压绕组出现很高的过电压，危及低压绕组绝缘。由于静电分量使低压三相电位同时升高，所以只要在任意一相低压绕组出线端对地装一台避雷器，就可以限制其过电压，保护三相低压绕组。

此外，因为自耦变压器波过程的自身特点，所以在雷电防护上还有与其他变压器不同的地方。运行中，可能出现高、低压绕组运行，中压绕组开路，或者中、低压绕组运行，而高压绕组开路的情况。

（三）变压器中性点保护

35 ~ 60kV 电网的变压器中性点是不接地或通过电感线圈接地的。在三相同时有雷电波侵入时，中性点电位理论上可达到绕组首端电位的 2 倍，实测也达到 1.5 ~ 1.8 倍。虽然此电压等级的变压器是全绝缘（即中性点的绝缘水平与相线端一样），但过电压仍会对中性点绝缘构成威胁。然而，实际运行经验表明，三相进波的概率只占 10%（据统计约 15 年才一次），所以规定 35 ~ 60kV 变压器的中性点一般不需要保护。

而中性点经消弧线圈接地的 H0 ~ 154kV 电网的变压器也是全绝缘的。由于线路上架有避雷线，并且线路绝缘较强，三相同时有雷电波侵入的机会更少（据统计 25 年才有一次），故中性点一般也不需要保护。

对于 110kV 及以上中性点直接接地系统，由于继电保护或限制单相短路电流的需要，其中一部分变压器的中性点是不接地的。此时，如果变压器中性点的绝缘水平属分级绝缘，例如 110kV 变压器中性点用 35kV 级绝缘；220kV 变压器中性点用 110kV 级绝缘；330kV 变压器中性点用 154kV 级绝缘，则需选用与中性点绝缘等级相同的避雷器进行保护，并注意校正避雷器的灭弧电压必须大于中性点可能出现的最高工频电压 a 如果变压器中性点属于全绝缘，则其中性点一般不需要保护。但是变电站若为单进线单台变压器运行时，中性点则需要装设避雷器，并且要求中性点避雷器的冲击放电电压低于变压器中性点的冲击耐压，灭弧电压应大于电网发生一相接地时引起的中性点电位升高的稳态值（其最大值可达到最高运行线电压的 0.35 倍）。

第六章 风电场的储能技术

第一节 抽水储能

一、概述

近年来，世界政治、经济形势和能源格局发生了巨大变化，以电力为中心的新一轮能源革命的序幕已经拉开。水电作为风能、太阳能等其他可再生能源发展的基础和保障，其发展意义重大。风电、太阳能发电具有随机性、间歇性特点，并网后会给电网带来很大冲击。我国以煤电为主的电力系统调峰有最低负荷限制，负荷调节速度慢；常规水电又多为径流式且受到季节性影响，远离负荷中心。抽水储能是目前在电力系统中应用最为广泛的大规模储能方式。作为当前技术最成熟的大规模储能方式，抽水储能对风电具有比较灵活的调节作用，从启动到满负荷发电不超过2min，调峰调频的作用十分明显。可以利用弃风电量，把储能电站的下水库中的水抽到上水库储能，待到风力小时，上水库放水发电，从而保持供电平稳，平滑电力输出曲线，实现削峰填谷。大规模开发抽水储能能够满足负荷变化所带来的快速调节要求、提高电力系统的响应速度，保障电网安全、稳定、经济运行。可以说由于我国特殊的能源结构，大规模发展抽水储能已经成为当前的必然选择。在高效的储能技术没有突破之前，这种局面还将维持一段时间。

二、抽水储能电站的工作原理及其组成

抽水储能电站在运行时必须配备上、下游两个水库以便于水资源循环利用，上水库建在高于下水库的地理位置上，下水库可以是传统水力发电站的储水库，也可以是自然湖泊、人工水库或者地下水库。抽水储能电站机组不仅能像常规水电站一样发电，也能像水泵站一样抽水，具备常规水电站所没有的削峰填谷性能。需要存储能量时，水轮机将水从下水库抽到上水库，电能转化为水的势能；需要释放能量或者蓄水回流时，水从上水库经过水轮机流回下水库，水的势能转化为电能。

抽水储能电站主要有上下水库、压力管道、尾水渠和调压室等部分组成，有静止、发电、抽水、发电调相和抽水调相五种运行工况。电站机组有静止变频器（static frequency converter，SFC）启动和背靠背（back to back，BTB）启动两种启动方式。

三、抽水储能电站的分类

抽水储能电站可按不同情况分为不同的类型。

（一）按电站有无天然径流分类

1. 纯抽水储能电站。没有或只有少量的天然来水进入上水库（以补充蒸发、渗漏损失），而作为能量载体的水体基本保持一个定量，只是在一个周期内，在上、下水库之间往复利用；厂房内安装的全部是抽水储能机组，其主要功能是调峰填谷、承担系统事故备用等任务，而不承担常规发电和综合利用等任务。

2. 混合式抽水储能电站。其上水库具有天然径流汇入，来水流量已达到能安装常规水轮发电机组来承担系统的负荷。因而其电站厂房内所安装的机组，一部分是常规水轮发电机组，另一部分是抽水储能机组。相应地这类电站的发电量也由两部分构成，一部分为抽水储能发电量，另一部分为天然径流发电量。所以这类水电站的功能，除了调峰填谷和承担系统事故备用等任务，还有常规发电和满足综合利用要求等任务。

（二）按水库调节性能分类

1. 日调节抽水储能电站。其运行周期呈日循环规律。储能机组每天顶一次（晚上）或两次（白天和晚上）尖峰负荷，晚峰过后上水库放空、下水库蓄满；继而利用午夜负荷低谷时系统的多余电能抽水，至次日清晨上水库蓄满、下水库被抽空。纯抽水储能电站大多为日设计储能电站。

2. 周调节抽水储能电站。运行周期呈周循环规律。在一周的 5 个工作日中，储能机组如同日调节储能电站一样工作。但每天的发电用水量大于储水量，在工作日结束时上水库放空，在双休日期间由于系统负荷降低，利用多余电能进行大量蓄水，至周一早上上水库蓄满。我国第一个周调节抽水储能电站为福建仙游抽水储能电站。

3. 季调节抽水储能电站。每年汛期，利用水电站的季节性电能作为抽水能源，将水电站必须溢弃的多余水量，抽到上水库储存起来，在枯水季内放水发电，以增补天然径流的不足。这样将原来是汛期的季节性电能转化成了枯水期的保证电能。这类电站大多数为混合式抽水储能电站。

（三）按站内安装的抽水储能机组类型分类

1. 四机分置式。这种类型的水泵和水轮机分别配有电动机与发电机，形成两套机组。已不采用。

2. 三机串联式。其水泵、水轮机和发电电动机三者通过联轴器连接在同一轴上。三机串联式有横轴和竖轴两种布置方式。

3. 二机可逆式。其机组由可逆水泵水轮机和发电电动机两者组成。这种结构为主流结构。

（四）按布置特点分类

首部式：厂房位于输水道的上游侧；中部式：厂房位于输水道中部；尾部式：厂房位于输水道末端。

四、抽水储能在风力发电中的作用

抽水储能是目前最成熟的储能技术，储能容量可达上万兆瓦时，综合利用效率可达60% ~ 80%，常用于能量管理和提供备用能量，在电力系统中调峰、调频、调相和事故备用中发挥着重要作用。抽水储能电站可以配合风电等可再生能源的大规模发展，提高电力系统对风电等可再生能源的消纳能力，保证风电供电质量和电力系统的安全稳定。

抽水储能电站启停灵活、反应比较快速。风电等新能源并网给电力系统带来很大压力，我国电力系统装机以煤电为主，煤电机组的调峰幅度相对较小、调峰能力相对较差。另外，煤电燃气轮机燃气调峰成本较大，且受通流部分温度变化影响，不可能像抽水储能这样频繁启停调峰，远不能保障电力系统事故情况下的快速调节要求。抽水储能具有在电力系统中担任紧急事故备用和黑启动等任务的良好动态性能，可有效地提高电力系统安全稳定运行水平。

抽水储能电站具有跟踪负荷快速变化的特性。我国新能源资源与能源需求在地理分布上存在巨大差异，风电、光伏发电等新能源电源远离负荷中心，必须远距离大容量输送。风电受当地风力变化影响，发电极不稳定，对系统冲击非常大。电力系统建设适当规模的抽水储能电站，可以充分发挥抽水储能与风电运行的互补性。抽水储能从抽水工况到满负荷运行一般只有2 ~ 3min，可以快速大范围调节出力，平衡风电、太阳能发电出力，减小其随机性、波动性，减少风电对电网的冲击。抽水储能是电力系统中灵活可靠的调节频率和电压的电源，可有效地保证电网运行频率和电压的稳定，更好地满足广大用电客户对供电质量可靠性的要求。

抽水储能电站利用其调峰填谷性能可以降低含风电的电力系统的峰谷差，提高电网运行的平稳性和经济性。抽水储能电站可以将弃风电能转化为水的势能存储在上水库，在电力系统负荷高峰期时再加以利用，不仅将弃风电能转变为电网高峰时期的高价值电能，而且还可以有效地减少电网拉闸限电次数，减少对企业和居民等广大用电客户生产和生活的影响。

抽水储能电站储能容量大和存储时间长，投资较低，单位千瓦造价3000 ~ 5000元；使用寿命长，机组使用寿命25年，水工建筑物使用寿命达百年以上；能量转换效率稳定，不存在衰减问题。虽然抽水储能具有众多优势，但是其自身的劣势也暴露无遗。抽水储能对自然环境要求很高，其选址需要有水平距离小、上下水库高度差大的地形条件，岩石强度高、防渗性能好的地质条件，以及充足的水源保

证发电用水的需求。另外还有上、下水库的库区淹没问题、水质的变化以及库区土壤盐碱化等一系列环保问题需要考虑，并且其前期建设投资相当巨大。

五、我国抽水储能发展面临的问题

抽水储能机组是电力系统中运行可靠性高、可调节容量大、使用寿命长、运行费用低、技术成熟的储能方式，为电网的安全稳定及经济运行发挥了重要作用。目前，我国抽水储能还存在很多问题。

地理选址给抽水储能带来了很多难题，限制了其发展。抽水储能对地理条件要求苛刻，最

好是在面积较小的范围内有着较大的水位高度落差，并且对水源、道路交通都有特定的要求，如果不能利用已有的自然条件加以改造，完全通过人工兴建将得不偿失。一个典型的抽水储能电站占地上千亩，需要修建上下两个水库以及包括引水管、导流管、引水渠、盘山公路等在内的配套设施，还会面临泥石流、山体滑坡、坝体开裂、管道破损等潜在的安全风险。即使在正常的使用过程中，也会面临着水源的蒸发与流失，如果没有合适的天然水源作为补充，将为此支付不菲的水资源成本。再加上水的黏度大，泵水所需耗费的功率高，因此抽水储能电站的能量转换效率一般也就在 70% 左右。我国抽水储能在发展过程中也面临着这些问题的挑战。

抽水储能电站电价机制不够科学，部分已建抽水储能电站利用率低，形成资源双重浪费。目前百万千瓦级的抽水储能电站大多采用租赁费“包干”模式，该模式最大的问题是没有明确抽水储能电站运行损耗的分摊原则。抽水储能电站能量转换过程中存在 25% 左右的能量损耗，租赁费“包干”模式没有明确这一损耗如何分摊。事实上，在实际运行过程中产生的这一损耗由电网企业承担了，等于增加了电网运行网损。电网企业往往从经济角度考虑，对该类抽水储能电站尽量少调用，甚至不调用。

抽水储能电站投资运营主体单一，不利于其快速发展。目前抽水储能电站的投资运营主体主要为电网企业，占到总容量的 90% 以上。国家有关部门要求，原则上由电网经营企业全资建设抽水储能电站，杜绝电网企业与发电企业（或潜在的发电企业）合资建设抽水储能电站项目，限制了其他投资主体。

抽水储能电站运行要求不明确，没有制定运行调度规程，由于缺乏相关运行调度规程，运行方式要求不明确，实际调用过程中调度员自由裁量权较大。

部分抽水储能电站运行能力受电网及设计约束，不能完全发挥作用。

第二节 压缩空气储能

一、概述

储能技术被认为是解决新能源并网瓶颈的关键技术，对于风电发展意义重大。由于化学储能存在成本高且对环境有污染，单机规模一般在兆瓦级别或更小，目前尚不适宜开展大规模的工业化应用，而电磁储能开展研究的时间还不长，技术还不够成熟。目前来看，物理储能作为一种相对成熟也是实际应用较早的储能方式，在工业应用领域依旧占据主导地位。抽水储能是一种比较可靠的物理储能方式，技术相对成熟，寿命达到 40 ~ 50 年，功率和储能容量规模可以做得很大，达到上千兆瓦，对于控制电网的稳定性和安全性、调峰、调频以及接纳可再生风电都可以发挥巨大作用。但是抽水储能有一个局限性，就是对地理条件要求苛刻。为了输出西北丰富的风能资源，我国一直迫切需要配备大规模的储能装置，不过那里很多地区都不具备建设抽水储能电站的自然条件，这就需要其他的储能手段。除了抽水储能，能够实现大规模工业应用的储能方式就是压缩空气储能。

压缩空气储能是指在电网负荷低谷期将富余电能用于驱动空气压缩机压缩空气，将空气高压密封在山洞、报废矿井、过期油气井、沉降的海底储气罐或地面储气罐中，在电网负荷高峰期释放压缩空气推动燃气轮机发电的储能方式。压缩空气储能也是一种比较成熟的物理储能方式，储能容量仅次于抽水储能，单机规模在百兆瓦级别，尤其适用于大规模风电场。可以利用风能产生的机械能直接驱动压缩机旋转，减少了中间转换成电的环节，从而提高了效率，而且存储的能量经过再次发电可以达到稳定的输出，从而为风能的大规模并网发电找到另一条途径。压缩空气储能与抽水储能相比有很多明显优势。

（一）建电站地理条件要求

1. 抽水电站。建站地理条件要求苛刻，上水库建在面积较大的山顶上，高度、面积、地质结构要求严格，下水库占地面积也大，并且水源、道路交通都有特定要求。

2. 压气电站。无特定地理要求，山洞、山脚、荒滩、废矿井，甚至海滩、海底都可以，储气库深埋地下，几乎不占用土地。

（二）投资额与建设周期

抽水电站，装机容量 180 万 kW，投资额 65 亿 ~ 90 亿元，建设周期 6 ~ 8 年。压气电站，装机容量 180 万 kW，投资额 55 亿 ~ 60 亿元，建设周期 3 ~ 5 年。

（三）站占地面积与工程量

抽水电站，建站占地 4000 ~ 5000 亩，工程量包括上下两个水库、引水管、导流管、盘山公路、引水渠等。压气电站，占地少，厂房及设施只需占地 10 亩。储气库深埋地下，地面可以种农作物。

（四）运行效率与成本

抽水电站，能量转换效率 70% ~ 73%，水资源成本需支付费用，并需连续补充失耗的水量。压气电站，能量转换效率达到 77% ~ 90%，空气不需要付费，使用中没有“相变”能量损失。

（五）安全性

抽水电站，地震、滑坡、暴风雨、泥石流、岩石风化、坝体开裂、热胀冷缩破裂等都存在风险。压气电站，储气库深埋于地下，比较稳定，温差变化小，储气库设置多道安全措施后，安全系数高。

（六）能量载体特性

抽水电站，水分容易蒸发、流失，尤其是高温季节，输送成本高、黏度高，流速不快，水轮机响应速度慢。压气电站，能量载体—空气到处存在不怕流失，流速快，因而响应速度快，能够适应冷启动、黑启动，尤其适合调控负荷平衡，其他任何能量载体无法达到。

二、压缩空气储能电站工作原理及其结构组成

（一）工作原理

压缩空气储能电站实际上是一种调峰用燃气轮机发电机，其原理是将燃气轮机的压缩机和透平分开。有压缩循环和膨胀循环两种工作模式。压缩循环时，电机作为电动机工作，利用低谷

时段的廉价风电驱动压缩装置压缩空气，并将其储存在高压密闭存储室内。压缩器链采用中间冷却器和末级冷却器来降低压缩空气的温度，加强压缩效率。膨胀循环时，空气从存储室中抽出，燃料在增压的空气中燃烧，燃烧产物膨胀驱动膨胀装置发电。

压缩空气储能热力过程中能量的转化分为理想转化过程和实际转化过程。理想转化过程是压气机压缩空气储能过程当作绝热过程，空气当作理想气体，则此过程可逆，压缩过程中工质的熵值为常数不变，因此理想绝热压缩过程为等熵压缩过程。因为在实际应用中，压比高达70倍以上，最大温度高达1000K以上，这对于存储空间来说是不可接受的，因此必须把进入存储空间之前的高压、高温气体降温，所释放热量可以被热能存储设备保存起来，在利用压缩空气发电时用来加热压缩空气。

压缩空气储能发电系统的热力过程分为理想热力过程和实际热力过程。理想热力过程在发电子系统中包括三个热力过程。

1. 等压加热及燃烧过程。燃烧过程是在燃烧室中完成的，从储气室出来的高压气体吸收喷入燃烧室的燃料释放的热量，燃烧过程的结果是使工质吸收了外界加入的热量，而没有与外界发生机械功的交换。

2. 绝热膨胀过程。此过程在透平中完成，过程中工质状态参数也将按绝热过程的规律进行变化。

3. 等压放热过程。透平出口空气通过向大气环境放热来完成。

实际热力影响因素主要有燃烧室的燃烧效率、燃气透平的等熵膨胀效率，还有反映流动过程压力损失的性能参数（如燃烧室压力损失系数）等。

（二）结构组成

压缩空气储能电站主要由空气压缩机、空气膨胀机、冷却器、交换器、空气

存储室等组成。目前，压缩空气储能电站的发展趋势为改进燃气轮机循环，应用回热技术；应用联合循环技术；压缩机组和电站的大型化、自动化；用于分布式能量系统及热、电、冷联供，应用微型、小型燃气轮机组成的微型或小型压缩空气储能电站，可在投入较少的情况下，调节峰谷差，保证供电质量。

压缩空气储能系统的关键技术包括高效压缩机技术、膨胀机技术、燃烧室技术、储热技术、储气技术和系统集成与控制技术等。空气压缩机和膨胀机是压缩空气储能系统核心部件，其性能对整个系统的性能具有决定性影响。尽管压缩空气储能系统与燃气轮机类似，但压缩空气储能系统的空气压力比燃气轮机高得多。因此，大型压缩空气储能电站的压缩机常采用轴流与离心压缩机组成多级压缩、级间和级后冷却的结构形式；膨胀机常采用多级膨胀加中间再热的结构形式。相对于常规燃气轮机，压缩空气储能系统的高压燃烧室的压力较大。因此，燃烧过程中如果温度较高，可能产生较多的污染物，因而高压燃烧室的温度一般控制在500℃以下。

（三）空气存储室

压缩空气储能系统要求的压缩空气容量大，通常储气于地下盐矿、硬石岩洞或者多孔岩洞，对于微小型压缩空气储能系统，可采用地上高压储气容器以摆脱对储气洞穴的依赖等。小 / 微型压缩空气储能电站由管道、大型罐子等压力容器组成。

大型压缩空气储能电站有三种存储地点：地下盐岩矿内的岩洞、现存矿洞或挖掘成的岩石洞、地下含水的岩石层。

三、压缩空气储能方式的特点

目前世界上存在的储能技术包括抽水储能、压缩空气储能、超导电磁储能、飞轮储能、高效电池储能、燃料电池储能等方式，与其他储能技术相比，压缩空气储能具有技术成熟、成本较低、运行维护费用低、动态响应较快、运行方式灵活、经济性能高的特点。之所以说其技术成熟，主要是因为压缩空气储能是一种基于燃气轮机的储能技术。只不过，压缩空气储能的原理是将燃气轮机的压缩机和透平分开，在储能时，用电能将空气压缩并存于储气室中；在释能时，高压空气从储气室释放，进入燃烧室膨胀做功发电。由于技术成熟、规模较大，压缩空气储能的成本较低，为 3000 ~ 5000 元 /kW，是成本最低的一种储能方式，而且寿命长，通过维护可以达到 40 ~ 50 年，接近抽水储能的 50 年，维护费用低。压缩空气储能的响应时间和抽水储能也接近，启动时间为 5 ~ 10min，比电池、电容、飞轮储能响应时间慢，但容量更大，单机容量在 100 ~ 300MW，小型的也可做到 10MW，完全可以满足含风电的电力系统调峰要求。

压缩空气储能不是像电池储能那样的简单储能系统，它是一种调峰用燃气轮机发电厂，对于同样的电力输出，它所消耗的燃气要比常规燃气轮机少 40%。这是因为，常规燃气轮机在发电时大约需要消耗输入燃料的 2/3 进行空气的压缩，而压缩空气储能则可利用电网负荷低谷时的廉价风电预先压缩空气，然后根据需要释放储存的能量加上一些燃气进行发电。除了自身的能源转化效率较高、建设成本低，压缩空气储能电站的经济效益也十分明显。一方面，通过压缩空气储能电站的峰谷调节功能来满足用电高峰时的需求，可避免兴建火力发电站带来的投资与浪费（这种火电站仅在用电高峰时开机而平时都处在停机状态）；另一方面，以我国各地现有的“峰谷电价”来看，平均起来峰期电价是谷期电价的 2 ~ 3 倍。因此，如果在用电谷期将富余的电能通过压缩空气储能的方式收集起来，在用电峰期的时候再释放出去，即使其效率仅按 75% 来计算，相对于谷期电价来说仍有 50% ~ 100% 的收益率。另外，压缩空气储能占地面积小、环境污染小。

总而言之，压缩空气储能是除了抽水储能的另一种能够实现大容量和长时间能量储存的储能设备。相比于抽水储能，其建设位置和存储方式更加灵活，高压空气可以存储在地表的管道和储气罐里，有时也可以利用矿物盐溶洞、矿井等作为存储室，成本很低。对于相同的电力输出，压缩空气储能燃料消耗不及常规燃气轮机燃料消耗的一半。与其他储能装置相比，压缩空气储能具有安全系数高、使用寿命长、储存容量大的优点，主要用于频率调节、峰谷电能回收调节、提供系统备用容量等领域。然而，压缩空气储能需要有合适的地质构造，多孔的岩石构造是最好的选择并具有潜在的最低成本，这也使其使用范围受到了限制。

四、我国压缩空气储能面临的问题

压缩空气储能系统具有储能容量较大、储能周期长、效率高和投资相对较小等优点。我国在这方面的研究相对比较少，起步也很晚。

压缩空气储能在国外已是非常成熟的技术，在我国却颇为陌生，不仅几乎没有产业基础，甚至连理论研究都不多。究其原因，是我国在燃气轮机技术等方面一直难以取得实质性的突破，压缩空气储能自身的技术特性使得其在我国很难推广。传统压缩空气储能系统不是一项独立的技术，它必须同燃气轮机电站配套使用，不适合其他类型电站，特别不适合我国以燃煤发电为主、不提倡燃气燃油发电的能源战略。另外，传统压缩空气储能系统仍然依赖燃烧化石燃料提供热源，面临化石燃料价格上涨和污染物控制的限制。

此外，同抽水储能电站类似，压缩空气储能也需要有合适的地质构造，多孔的岩石构造是最好的选择并具有潜在的最低成本，在我国符合这种地质构造条件的地方并不多，意味着有时需要建造高压储气设备。此外，大型储气室，如岩石洞穴、盐洞、废弃矿井等的建造周期也比较长，大约需要 1 年半到两年的时间。

第三节 飞轮储能

一、概述

由于风能随机性和间歇性的特点，造成风电机组的出力频繁波动，从而风电场的出力可靠性也差，风电比重过大，会使电网的调频、调峰压力加大，所以风电场大规模的并网接入对电力系统的运行带来一些新问题。光伏发电、风力发电等绿色新能源自身所固有的随机性、间歇性、不可控性的特点，使得可再生能源电厂不可能像其他传统电源一样制定和实施准确的发电计划，这给电网的运行调度带来巨大压力。同时，可再生能源的大规模接入所带来的局部电网无功电压和频率问题、电能质量问题等也不容忽视，会对电网调峰和系统安全运行带来显著影响。研究表明，如果风电装机占装机总量的比例在 10% 以内，依靠传统电网技术以及增加水电、燃气机组等手段基本可以保证电网安全；但如果所占比例达到 20% 甚至更高，电网的调峰能力和安全运行将面临巨大挑战。

储能技术在很大程度上解决了新能源发电的随机性、波动性问题，可以实现新能源发电的平滑输出，能有效地调节新能源发电引起的电网电压、频率及相位的变化，使大规模风电及太阳能发电方便可靠地并入传统电网。化学电池储能是目前最为完善的储能技术，在电力领域中应用最为广泛。然而化学电池储能伴随而来的环境污染和腐蚀问题就难以避免，而且受到储能方式本身特性的限制，存在着如充放电次数的限制、对环境的污染严重以及对工作温度要求高等问题，虽然它价格低廉，但是由于现在对环保和电池性能特点要求的不断提高，在许多领域中，人们已经不能接受化学电池的弊端，而逐渐将目光放在更加先进的储能方式上了。

飞轮储能技术是一种新兴的电能存储技术，它与超导储能技术、燃料电池技术等一样，都是近年来出现的有很大发展前景的储能技术。飞轮储能作为一种新兴的先进物理储能方式，其拥有传统化学电池无可比拟的优势已经被人们所认同，不仅具有化学电池储能的密度大、效率高、响应快、不受地理环境限制等许多优点，而且还有化学电池没有的寿命长、环境污染小等优点，是目前最有发展前途的储能技术之一。中国国家电网公司规定了风电场 1min 和 10min 的功率变化率，该变化率与风电场的装机容量有关，如小于 30MW 的风电场 10min 最大变化量为 20MW，1min 最大变化量为 6MW。由于飞轮储能系统响应速度为毫秒级，可以以巨大的峰值电流和极高的速度进行充放电，将其应用于风力发电中，可以克服风力发电所固有的随机性、间歇性、不可控性的特点对电网所带来的影响，有效地解决风电并网难题，提高电网的稳定性和可调度性，在特定应用场合下甚至可以替代化学电池储能。

储能飞轮包括三大关键技术：高速电机技术、高强度复合材料转子设计技术和高精度磁悬浮技术。它的理论论证已经比较成熟，而且它的技术特点非常符合未来能源储存技术的发展方向。随着材料学和磁悬浮轴承技术的不断发展，飞轮储能装置的储能密度越来越大，效率和寿命也在不断提高。在放电的时候，是机械能和电能的相互转化，所以飞轮的寿命和放电的深度没有关系，这样飞轮可以应用的放电深度范围非常宽，特别适用于放电深度不规则的场合。在飞轮储能装置中，决定输入输出能量的是外接的电力电子装置，而与外部的负载没有关系，还可以很方便地通过控制飞轮的旋转速度来控制飞轮的充电，这种特点在化学电池中实现起来要困难得多。再加上飞轮储能系统的充电速度可以非常快，所有这些特点使得飞轮储能技术的应用范围越来越广泛。

二、飞轮储能装置的工作原理及其组成

飞轮储能装置的结构主要由五部分组成：飞轮转子、支撑轴承、电力电子转换装置、电动/发电机、真空室。在电网低谷负荷时，飞轮装置处于充电状态，永磁电机作为电动机通过变流器驱动飞轮高速旋转，将风电转化成飞轮动能储存起来；飞轮电机转速达到额定转速时进入维持状态，电机以恒定速度转动，飞轮电机存储的能量几乎保持不变；当遇到高峰负荷时，飞轮装置处于发电状态，高速旋转的飞轮作为原动机通过变流器控制永磁电机发电，将储存的动能转化为电能释放出来送入电网。大多数现代飞轮储能系统都是由一个圆柱形旋转质量块和通过磁悬浮轴承组成的支撑机构组成的。采用磁悬浮轴承的目的是消除摩擦损耗，提高系统的寿命。为了保证足够高的储能效率，飞轮系统应该运行于真空度较高的环境中，以减少风阻损耗。

飞轮与电动机或者发电机相连，通过某种形式的电力电子装置，可进行飞轮转速的调节，实现储能装置与电网之间的功率交换。飞轮储能的研究主要着力于研发提高能量密度的复合材料技术和超导磁悬浮技术。其中超导磁悬浮是降低损耗的主要方法，而复合材料能够提高储能密度，降低系统体积和重量。

（一）飞轮转子

飞轮储能系统中最重要的环节为飞轮转子，整个系统得以实现能量的转化就是依靠飞轮的旋转。飞轮旋转时的动能 E 表示为

$$E=\frac{1}{2}J\omega^2$$

式中，J、ω 分别为飞轮的转动惯量和转动角速度。为提高飞轮的储能量可以通过增加飞轮转子转动惯量和提高飞轮转速来实现。这需解决四个问题：转子材料选择；转子结构设计；转子制作工艺；转子的装配工艺。

飞轮转子材料选择：通过提高转速来增加动能，如果转速超过一定值，飞轮将会因离心力而发生破坏，原因是受到制造飞轮所用材料强度限制。储能计算公式为

$$e=\frac{2.72K_s\sigma}{\rho}$$

式中，e 为飞轮的储能密度；K_s 为飞轮的形状系数，可以用来衡量飞轮转子材料得到有效利用的程度；σ 为材料的比例；ρ 为材料的许用应力。

在设计飞轮 0.6 时，实现飞轮储能装置可采用固体钢结构飞轮，也可采用复合材料飞轮，具体采用何种飞轮需要进行经济技术比较，在系统成本、重量、尺寸以及材料性能等指标之间进行折中。采用高密度钢材料，其边缘线速度可达 200 ~ 375m/s，而采用一些低密度、高强度复合材料，如超强碳纤维或玻璃纤维。环氧树脂复合材料作为飞轮转子的材料，其边缘线速度可达 600 ~ 1000m/s。飞轮实际可输出的能量取决于其速度变化范围，它不可能在很低的转速下输出额定功率。材料的选择直接影响着飞轮储能系统稳定性。飞轮转子最适合采用复合材料制造，由于复合材料具有可设计性，但缠绕加工工艺较复杂，不易制作形状复杂的飞轮，所以复合材料飞轮大多采用圆环形状，精心设计飞轮的结构形状，可以提高飞轮的形状系数。多层转子结构可使飞轮线速度和储能密度得到提高。从现在的发展来看，许多国家还把飞轮形状做成了纺锤状、伞状、实心圆盘、带式变惯量与轮幅状等，并且应用到了实际系统中，实现了预想效果。

（二）支撑轴承

支承高速飞轮的轴承技术是制约飞轮储能效率、寿命的关键因素之一，飞轮储能的支承方式主要有三种：机械轴承、被动磁轴承、主动磁轴承。

机械轴承主要有滚动轴承、滑动轴承、陶瓷轴承和挤压油膜阻尼轴承等，其中滚动轴承和滑动轴承常用作飞轮系统的保护轴承，陶瓷轴承和挤压油膜阻尼轴承在特定飞轮系统中获得应用。

被动磁轴承有两种，即永磁轴承和超导磁轴承。永磁轴承：随着永磁材料的快速发展，永磁轴承的承载力迅速增加，且具有能耗低、无须电源、结构简单等优点。但是只用永磁轴承是不可能实现稳定悬浮的，需要至少在一个方向上引入外力（如电磁力、机械力等）。超导磁轴承：

当外部磁场（磁体）接近超导体时，在超导体内部感应电流，感应电流产生的磁场与外部磁场方向相反、大小相同，这相当于在超导体背后出现了外部磁场的镜像磁场，由此，产生超导体和磁体之间的电磁斥力，使超导体或永久磁体稳定在悬浮状态。

主动磁轴承又称为电磁轴承，它通过控制电磁线圈中的电流大小产生电磁力，对轴承的位置进行主动控制，具有阻尼和刚度可调的优点。电磁铁须同时提供静态偏置磁通及控制磁通，在稳态悬浮时，要靠功率放大电路提供静态偏置电流，因而功放损耗较大，散热器体积较大。

除了以上介绍的机械轴承、被动磁轴承和主动磁轴承，目前飞轮储能系统经常选择几种类型的轴承组合起来使用。

（三）电力电子转换装置

因为飞轮储能系统的核心是电能与机械能之间的转换，所以能量转换环节是必不可少的，它决定着系统的转换效率，支配着飞轮系统的运行情况。电力电子转换器对输入或输出的能量进行调整，使其频率和相位协调起来。总结起来，在能量转换装置的配合下，飞轮储能系统完成了从电能转化为机械能、机械能转化为电能的能量转换环节。在储存能量时，要求系统要有快的反应速度及尽可能快的储能速度；在维持能量时，保持系统的稳定运行及最小损耗；在释放能量时能满足负载的频率和电压的要求。上述几环节协调一致、连续运行，就可以完成电能的高效存储。

（四）电动/发电机

飞轮储能中的电动/发电机是一个集成部件，主要充当能量转换角色，充电时充当电动机使用，而放电时充当发电机使用，因此，可以大大减少系统的大小和重量。通常选择电机时要考虑几方面因素：

1. 经济方面考虑：选择能满足要求的最低价格的电机即可。

2. 使用寿命长：由于所设计的飞轮储能系统要求长时间的储能运行，要求电机的空载损耗极低，所以电机必须满足这一要求。

3. 能量转换效率高，调速范围大。

飞轮储能过程中要求系统有尽可能快的储能速度，要求电机作为电动机使用时有较大的转矩和输出功率。现代飞轮储能装置中只有一个电机，它既是电动机也充当发电机。由于电机转速高，运转速度范围大，且工作在真空之中，散热条件差，所以电机的工作性能要求非常高。现在常用的电机有永磁无刷电机、三相无刷直流电机、磁阻电机和感应电机等，其中以永磁电机应用居多。

（五）真空系统

真空系统是飞轮储能系统工作的辅助系统，保护系统不受外界干扰，也不会影响外界环境。真空系统包括真空泵、真空室，即外壳和密封件，其主要作用一是提供真空环境，降低风损，提高效率；二是屏蔽事故。真空的获得与维持一般靠小型真空泵配合高密封技术，真空的获得相对容易，而保持相当困难。

三、我国飞轮储能面临的问题

飞轮储能具有功率密度高、无污染、能量转换效率高、响应速度快以及使用寿命长等优点，其非常适合于为风能等间歇式能源提供瞬时功率支持，能满足电力系统调峰和频率控制的要求，具有巨大的应用发展潜力。然而，飞轮储能的试验和运行成本较高，处于维持状态时自放电率也有待进一步降低。

第四节 化学电池储能

一、概述

当前我国能源的可持续发展对储能技术需求较为迫切。一方面，我国风、光资源富集区远离负荷中心，当地电网无法全部消纳，需大规模、远距离输送至负荷地，其输送功率大范围波动将会严重影响区域电网的安全稳定运行。另一方面，用电结构已经并将继续发生根本性的变化，电网峰谷差日益增大，我国峰谷比远高于国外水平。而我国以煤电为主的电力结构，长时间很难改变，其调峰能力无法与水电、气电相比。而新能源的发展更加剧了这一趋势，特别是多数风电富集地区煤电比例高，部分地区很大比例为调峰能力较差的供热机组，地方电网已不堪重负，已出现了低谷时段限制风电出力的情况，我国电网面临的调峰压力日趋严峻。我国新能源发展和电力结构的特征带来的对电网安全稳定运行的严峻挑战，凸显我国电力产业发展更迫切需要储能技术的应用。

在众多储能技术中，技术进步最快的是电化学储能技术，在安全性、能量转换效率和经济性等方面均取得重大突破，产业化应用的条件日趋成熟，或开始形成产业化能力和进入商业化尝试。随着风能、太阳能等新能源的强势崛起，全球范围内光伏、风电等间歇性电源比例大增，以化学电池为代表的化学储能装置将是未来电力系统中不可或缺的重要组成部分。选择高效的化学储能装置及其配套设备，可以有效地抑制风电出力的不稳定性以及反调峰的缺陷，提高风电的并网消纳能力，实现风电的充分利用。

二、化学电池储能的原理

化学能是各种能源中最易存储和运输的能源形态。化学物质通过化学反应可

以把化学能释放出来。反之，也可通过化学反应将能量存储到物质中，实现化学能与热能、机械能、电能等能量之间的相互转换。利用这些高效的能量存储与转换方法，可以形成很多化学储能技术。化学电池储能是目前化学储能技术的主要表现形式，化学储能电池主要有铅酸电池、氧化还原电池、液流电池、钠硫电池、锂离子电池等多种电池。

（一）锂离子电池

锂离子电池以含锂的化合物作为正负极，通过锂离子在正负极之间的往返脱出与嵌入实现充放电。电池在充电时，锂离子从正极中脱出，通过电解液和隔膜，嵌入到负极中。电池放电时，

锂离子由负极中脱嵌，通过电解液和隔膜，重新嵌入到正极中。

与其他化学电池相比，锂离子电池具有以下特点：

1. 工作电压高。锂离子电池的电压一般在 3 ~ 6V，是镍镉、镍氢电池工作电压的 3 倍。

2. 能量密度高。锂离子电池的能量密度应达到 180W · h/kg，是同等质量下镍镉电池的 3 倍，镍氢电池的 1 ~ 5 倍。

3. 循环寿命长。寿命是锂氢电池的 2 倍。

4. 自放电率小。锂离子电池在首次充电的过程中会在碳负极上形成一层固体电解质钝化膜（solid electrolyte interface，SEI），它只允许离子通过而不允许电子通过，因此可以较好地防止自放电，使得储存寿命增长，容量衰减减小。

5. 允许温度范围宽。具有优良的高低温放电性能，可在 -20℃ +60℃ I 作。

6. 无环境污染。锂离子电池中不含有铅、镉等有毒、有害物质，是真正的绿色环保电池。

7. 无记忆效应。记忆效应指电池用电未完时再充电时充电量会下降，而锂离子电池不存在镍镉、镍氢电池的记忆效应，可随时充放电，而不影响其容量和循环寿命。

根据正极材料不同，锂离子电池可以分为锰酸锂、磷酸铁锂、三元材料锂电池、钴酸锂等多种电池体系。考虑到大规模储能应用时的高安全性、长寿命、低成本的需求，目前锂离子电池比较适合于大规模储能的主要有锰酸锂、磷酸铁锂、三元材料和钴酸锂电池。

（二）钠硫电池

总的说来，从国际形势看，日本 NGK 在钠硫电池研发、生产、商业运营和工程应用上取得了巨大的成功。从国内形势看，我国已在大容量钠硫电池关键技术和小批量制备上取得了突破，但在生产工艺、重大装备、成本控制和满足市场需求等方面仍存在明显不足，离真正的产业化还有一段较长的路要走。

钠硫电池是一种以金属钠为负极、硫为正极、陶瓷管为电解质隔膜的二次熔盐电池，由美国福特公司于 1967 年发明。钠硫电池具有原材料丰富、容量大、体积小、能量密度和转换效率高、寿命长、不受地域限制等优点，是一种能够同时适用于功率型储能和能量型储能的储能电池。电池的最关键技术是电解质，在人们找到可以在高温下（300℃）高效传递钠离子的材料— $\beta-Al_2O_3$ 之后，钠硫电池逐步得到发展。

由于钠硫电池在第一次组装完成时，正负极分别为硫单质和钠单质，电池已经处于充电状态，所以电池首先必须要经过一次放电过程。钠硫电池放电时，负极的钠单质在 $\beta-Al_2O_3$ 界面氧化成钠离子，放出电子到外电路，钠离子则通过 $\beta-Al_2O_3$ 迁移到正极，正极的硫单质被还原，并与迁移过来的钠离子发生反应生产多硫化钠。充电时，正极的多硫化钠失去电子，被氧化，分解生成硫单质和钠离子，钠离子则通过；$\beta-Al_2O_3$ 迁移到负极，并且在负极被还原为钠单质。由于多硫化钠的熔点在 300℃左右，且 $\beta-Al_2O_3$ 只有在 300℃左右时才具有高离子电导率，所以钠硫电池工作温度一般要超过 300℃。钠硫电池开路电压达 2.08V。

正极活性物质是熔融态的硫单质，负极材料是熔融态金属钠。β－Al_2O_3离子导电陶瓷管起到电解质隔膜的双重作用，这是钠硫电池的核心部件。金属钠放置在不锈钢管中，通过下端小孔与陶瓷管少量接触，以提高安全性。单质硫分散在多孔石墨毡中，陶瓷管上端通过热压工艺和一个不锈钢环紧密结合，不锈钢环再和不锈钢外壳焊接在一起。由于钠和硫是化学性质活泼的物质，所以电池的正负极要做到完全密封、隔绝空气才能安全运行，因此密封件是钠硫电池的又一核心部件。

将一定数量的钠硫单体电池连接集成成为电池模块，实现功率和容量的放大。模块内部安装加热装置，外壳兼具保温功能。多个模块的叠加组合构建客户需求规模的电池系统。

钠硫电池与其他电池相比，特点如下：

1. 能量密度高。理论质量比能量高达760W·h/kg。实际应用中，由于电池其他辅件，尤其是加热保温装置等存在，实际电池能量密度已达到300W·h/kg左右。

2. 功率特性好。可以大电流、高功率放电，其放电电流密度一般可达200～300mA/cm^2，功率密度约为60W/kg。能量转换效率达85%。

3. 价格便宜。原材料钠和硫在自然界储量非常丰富，价格便宜。

4. 循环寿命同受放电深度影响大。在正常使用条件下，理论可以连续充放电近20000次，实际放电深度100%时充放电约为2500次。

5. 存在剧烈燃烧、爆炸等潜在风险，在安全运行方面面临挑战。高温液态下的钠和硫如果发生接触，将产生剧烈的化学反应，并释放大量的热。

6. 启动和停止需要较长时间。钠硫电池从冷态到可充放电状态需要1～2周时间。

7. 在使用过程中不能随意发生断电，这样将导致电池报废。因此，钠硫电池一般都需要采用柴油发电机做UPS。

钠硫电池的不足如下所示：

（1）安全问题。钠硫电池的运行要求是Na和S都处于液态，且达到300℃左右的高温。一旦陶瓷电介质破损，高温的液态Na和S就会直接接触并发生剧烈的放热反应。此外，钠硫电池还不能过度充电，否则会发生危险。

（2）材料腐蚀及隔膜问题。高温下，金属零部件在S及硫化物介质中长时间工作会被腐蚀。

（3）运行保温与制造耗能问题。由于钠硫电池在300℃才能启动，工作时还需要加热保温，所以需要附加供热设备来维持温度。此外，煅烧生产陶瓷管的过程耗能较大。

钠硫电池具有容量大、体积小、使用寿命长、效率高、原材料广、制备成本低、不受场地限制、维护方便等许多远胜于锂离子电池等其他二次电池的优点，完全可以取代锂电池等在民用、军用等领域发挥更大的作用，其具有广阔的应用前景。

发展钠硫电池还应解决以下问题。

①降低钠硫电池的启动、运行温度，找出能使钠硫电池在常温或较低温度下启动并发生反

应的新材料或添加元素，使得钠硫电池的启动、运行安全性更高。

②解决材料和隔膜腐蚀问题。探索新的隔膜材料或添加新材料，提高钠硫电池部件和介质的耐腐蚀性，延长钠硫电池的使用寿命，提升其使用安全。

③研究高效的废旧电池回收利用方法。探求能够真正百分之百回收利用废弃损坏的电池内 Na 和硫化物的方法，不仅可以进一步降低成本，而且可以减少对环境的污染。

④开发高效的大规模钠硫电池的充、放电智能监控系统。高效、智能的充、放电监控系统主要可解决电池个体充放电程度不一致问题，防止因过充、过放现象影响整体电池组的使用效率，从而延长电池的使用寿命。

（三）钠镍电池

20 世纪 70 年代末，在钠硫电池的基础上，南非科学家 Coetzer 在南非科学与工业研究院的一项研究计划——沸石电池研究非洲项目（Zeolite Battery Research Africa Project）中，提出以金属氯化物为正极的高温二次电池，称为钠 / 金属氯化物电池。因此，后来人们也将钠 / 金属氯化物电池简称为 Zebra 电池。其主要特点与钠硫电池相同，不同的是其正极活性物质采用金属氯化物代替多硫化钠，金属氯化物可以是镍、铁、铬、铜等过渡金属氯化物。目前，研究和应用最广泛的钠 / 金属氯化物电池是钠 / 氯化保电池，简称钠镍电池。钠镍电池以金属钠为负极活性物质，正极活性物质为氯化镍。充电时，镍单质与氯化钠在正极发生反应，镍单质被氧化，并与氯离子结合为氯化镍，剩下的钠离子则通过 $\beta-Al_2O_3$ 迁往负极，并在负极被还原为液态钠单质，电子通过外电路由正极迁往负极形成电流。电池充电完毕后，正极为氯化镍，负极为液态钠。放电时，液态钠在负极被氧化为钠

离子，氯化镍在正极被还原为镍单质，钠离子由负极迁往正极，与氯离子结合为氯化钠，电子通过外电路由负极迁往正极。在电池充放电过程中，液态钠在正负极间往复迁移。钠镍电池标准电动势为 2.46V，300℃ T 开路电压为 2.58V。理论质量比能量达 790W h/kg。电池工作温度为 270 ~ 350℃。

氯化镍正极材料为固体多孔结构，为提高钠离子传导性，通常添加 $NaAlCl_4$ 熔盐（熔点为 157℃）充当第二液体电解质，在 $\beta-Al_2O_3$ 管表面与固态多孔氯化镍之间起传导钠离子作用，由于负极的钠与 $NaAlCl_4$ 盐反应后生成氯化钠和金属铝，即使电解质破裂，氯化钠和金属铝也会阻止正负极活性物质的直接接触，所以钠镍电池比钠硫电池安全性好，这是钠镍电池的显著优势。另外，钠镍电池可以在待充状态下组装电池，装配时只需往正极内装入金属镍和氯化钠，然后对电池进行充电，便在负极生产液体钠，正极生成氯化镍，这样减少了装配时操作金属钠的危险。钠镍电池目前仍处于研究和开发阶段，尽管钠镍电池比钠硫电池安全性有所提高，但其高温运行和潜在的破损风险仍限制了其大规模应用。

（四）液流电池

液流电池是通过活性物质发生电化学氧化还原反应来实现电能和化学能的相互转化。与传

统二次电池直接采用活性物质做电极不同，液流电池的电极均为惰性电极，其只为电极反应提供反应场所，活性物质通常以离子状态存储于电解液中，通过循环泵实现电解液在管路系统中的循环。根据发生反应的电对不同，液流电池可以分为：全机液流电池（vanadium flow battery，VFB）、锌溴液流电池（zinc bromine flow battery，ZBB）、多硫化钠/溴液流电池（sodium polysulfide/bromine flow battery，SPB）、铁铬液流电池、钒/多卤化物液流电池等。

三、电池管理系统

由于化学电池内部反应的复杂性，人们不断提高电池本身性能的同时，也在不断地研究与发展电池的使用和管理技术，以充分发挥电池的性能，提高电池效率及使用寿命，保障电池系统运行安全。随着电池电子技术的不断发展与应用，电池的应用、监控和管理已经成为电池应用不可缺少的关键技术。尤其对大规模储能技术来说，电池管理系统对于保证电池系统、模块、单体电池的性能稳定及安全至关重要，成为大规模储能技术开发的重点之一。

电池的充放电过程是一个复杂的电化学变化过程，其复杂性表现如下。

第一，多变量。影响电池充放电的因素很多，单体电池内阻、电解质溶液浓度、充放电环境温度等都对电池充放电具有直接的影响。

第二，非线性。一般而言，充放电过程不能只用简单的恒流或恒压控制充放电全程，充放电电流经常在末期发生非线性变化。

第三，单体电池间的不一致性。即使是同一类型、同一容量的电池，随着各自使用时充放电历史不同，剩余电量也不一样，充放电能力有很大差异。因为功率容量的需求，所以电池在使用过程中各单体电池之间存在不一致性，连续的充放电循环导致的差异将使某些单体电池容量加速衰减，串联电池组的容量是由单体电池的最小容量决定的，同时也导致电池系统的寿命缩短。

上述复杂性都对电池管理系统提出来更高要求，因此电池管理系统处于电池系统监控运行和保护关键技术中的核心地位，它不仅能够有效地延长电池的使用寿命，还可以保护电池不受损害，避免事故的发生。

（一）电池管理系统功能及实现

电池管理系统是由微计算机技术、监测技术等构成的装置，它对电池组和电池单元运行状态进行动态监控，精确测量电池的剩余电量，同时对电池进行充放电保护，使电池系统工作在最佳状态，提高电池系统可靠性，达到延长其使用寿命，降低运行成本的目的。一般而言，电池管理系统要实现以下几个功能。

1. 准确估测电池系统的荷电状态。电池系统荷电状态表示了电池系统的剩余电量状态。该参数对各种类型电池系统及储能系统能量管理来说，是一个关键参数。通过控制 SOC 在合理的范围内，可防止电池系统过充电或过放电对电池系统的损伤，还可以根据 SOC 值准确预报电池系统还剩余多少能量，还可以充多少能量，从而为储能系统的能量管理及调度提供依据。因此，要求电池管理系统具有较高的 SOC 测量精度。

2. 动态监测电池组、电池单元的工作状态。在电池系统充放电过程中，电池管理系统要实时采集电池组中电池单体或电堆的端电压、温度、充放电电流及电池组总电压，防止电池发生过充电或过放电现象。同时对电池状况做出判断，挑选出有问题的电池，保持电池组、电池单元运行的可靠性和高效性。另外，电池管理系统要建立电池系统数据历史档案，为分析存在的问题、进一步优化和开发更加完善合理的电池系统提供离线数据。

3. 均衡功能。电池管理系统的均衡功能主要是针对锂电池、钠硫电池及其他类型固态电池。固态电池单体电池不一致性问题及在规模储能状况下电量单体的串并联，使得其在充放电过程中部分单体电池可能出现过充和过放，如果不采取均衡充电管理技术，这种不平衡趋势会更加恶化，极易导致电池出现短路、燃烧和爆炸的危险。

对全机液流电池来说，由于其活性物质在运行过程中始终处于循环流动状态，保证了每节单电池内部流过的活性物质都处于同一 SOC 状态下，避免了单电池单体电压出现不一致的现象。所以全钒液流电池系统的电池管理系统不需要单体电池间的均衡功能。这是全钒液流电池技术区别于其他类型固态电池技术的特点之一，简化了电池管理系统功能，降低了电池管理系统复杂程度，电池管理系统设备成本也大幅度降低，提高了电池系统运行可靠性和安全性。

单体电池实现均衡充放电，使电池组中各个电池达到均衡一致的状态，是目前全世界正在致力于研究与开发的一项电池能量管理关键技术。

4. 实现与就地监控及能量管理系统协调运行。大规模储能系统应用于电力系统，根据电力系统不同需求，接受能量管理系统调度。不同于电动车用动力电池的电池管理系统，储能电池系统所配置的电池管理系统除了要监控电池系统状态，保证电池系统安全运行，另一重要的功能是要实现与就地监控或能量管理系统的通信联系，上传电池系统实时状态，尤其是 SOC，为能量管理系统进行能量管理提供数据支撑和快速响应。

从功能实现的设计角度出发，目前各类电池系统的电池管理系统常采用模块化设计。按照所要实现的不同功能，设计不同的功能模块。目前常用的功能模块有：电源模块，用于给电池管理系统中各种用电元器件提供稳定电源；微控制单元（microcontrollerunit，MCU）模块，用于采集、分析数据、收发控制信号；继电器控制模块，控制继电器的吸合、断开来控制电池是否向外供电；电流、电压检测模块，采集充放电过程中的充放电电流和电压；SOC 检测模块，测量电池系统充放电电量状态；温度检测模块，检测电池组充放电过程中电池系统、环境温度等；均衡控制模块，对电池均衡充电进行控制；绝缘检测模块，监测电池系统对地绝缘性能是否符合要求；通信收发模块，进行与能量管理系统、各功能模块间的数据通信及程序的标定与诊断；电池管理系统自诊断模块，用于电池管理系统状态监控、程序标定及参数的修正；显示模块，显示电池管理系统状态，参数的显示、设定及下发控制命令；存储模块，用于存储电池系统运行状态信息，可以根据需要设置容量，存储规定时间内电池系统运行信息，以便进行电池系统的分析与管理。当电池系统出现报警或故障时，可调取存储信息，还原故障前电池系统运行状态，分析电池系统产生报警及故障的原因。

（二）大规模储能电池系统电池管理系统特点

相比于电动汽车用动力电池组电池管理系统，电力系统配套用储能电池系统有其自己的鲜明特点。

一般情况下，储能电池系统在功率和容量配置上规模都比较大，为了达到功率和容量需求，电池组需要数量更大的单体电池进行串并联组合，对固态电池来说，如锂电池、铅酸电池或钠硫电池等，电池充放电均衡管理功能需要放在更加重要的

位置。为了实现单体电池在运行过程中的均衡一致，电池管理系统需要解决的关键问题及难点是需要采集和记录每块单体电池的电压、温度和充放电电流。

另外，为了充分实现大规模储能系统在电力系统中所起的功能，需要精确地掌握电池系统的剩余容量情况，即需要在电池管理系统中建立确定每个电池组模块 SOC 的较精确的数学模型。然而由于固态类型电池技术的固有特点，电池组单元模块实时 SOC 的估算精确度依然不高，误差一般情况下不低于 10%，为电池系统的安全、可靠运行带来隐患。SOC 精确估计一直以来是国内外专家和学者重点关注与研究的问题。

而对全机液流电池系统来说，其电池管理系统有自己的特点。

首先，如前面所述，全钒液流电池技术在工作原理上已经解决了单体电池一致性问题，在电池管理系统中不需要进行单体电池均衡管理功能，这就使得全机液流电池的电池管理系统大为简化，无须对电池系统的每个单体电池的电流、电压和温度等进行实时监测，测量变量数目大幅降低，不仅提高了系统运行可靠性，而且节约了大量测量传感器的使用，降低了系统成本。

其次，全钒液流电池电解质溶液在运行过程循环流动，充放电过程中电堆内部因各种极化而产生的热量经流动的电解质溶液带出电堆，通过在电解液管路上配置换热器，可以进行有效的热管理，而且能够对电解液温度进行精确测量。避免了固态类型电池技术存在的单体温度测量不准确的问题，提高了电池系统运行的安全可靠性。

最后，通过将循环流动的电解质溶液引入带有正负极的单体电池中，可以有效地测量全钒液流电池正负极的开路电压，从而能够对 SOC 进行精确计算。通过精确测量的开路电压，能够换算出精确的 SOC 值。通过实验证实，全钒液流电池系统 SOC 测量计算误差小于 5‰ 高精确度 SOC 的实时测量，为储能系统管理调度和电池系统安全、延长运行时间奠定了基础。

通过对比可以看出，相比于锂电池、铅酸电池、钠流电池等常用固态类型电池技术，全钒液流电池的电池管理系统所需测量的变量大幅度降低，SOC 测量精确度高，这在规模储能技术应用中将会有更大的优势。

（三）大规模储能技术电池管理系统发展的趋势

无论是固态类型电池技术，还是液流电池技术，目前的电池管理系统还不能够很好地满足大规模储能技术应用的需求。为了更好地适应大规模储能电池系统的运行及管理需求，电池管理

系统功能需要进一步优化和完善。

1. 建立电池管理系统与能量管理系统间更加高效的互动功能。有效地支持能量管理系统对储能电池系统进行调度，在保证电池寿命不受影响的前提下，最大限度地发挥电池系统的充放电特性，充分利用电池系统的功率容量和能量容量。

2. 建立更加高效合理、准确可靠的 SOC 测量及计算方法。

3. 建立基于电池实际容量和 SOC 的高效均衡策略。

4. 根据电池特性，开发出电池输出功率预测技术，为能量管理系统的功率管理提供依据。

5. 开发电池组或单元电池寿命预测技术，为整套储能系统维护运营提供支撑。

总之，随着大规模储能项目的示范及应用进一步推广，关于电池管理系统的经验及功能需求将进一步得到丰富和充实，构建实时性强、测量准确、抗干扰能力强、结构简单、应用方便、价格低廉的电池管理系统是下一步开发的重要方向。

四、化学电池储能面临的问题

化学电池储能易于实现较大容量储能，可用于电能质量调节和大电网的调峰等，在改善风电性能中得到了广泛应用。现在国内经过多年的创新研究，电解质溶液、电极双极板等电池核心材料都已经达到了规模化生产；原创性地开发出液流电池用高选择性、高稳定性、低成本的非氟离子传导膜；突破了大功率电堆设计制造技术、电池成组技术、电池管理控制技术及多系统耦合与综合能量管理控制技术。但是目前看来，化学电池储能占装机总量的比例依然很低，究其原因，化学电池储能依然存在很多亟待解决的难题，如充放电次数有限、使用寿命较短，环境污染等问题依然很严重。

化学电池储能面临的这些难题的根源在于缺乏储能电池关键性材料的研发技术，从而导致储能电池的成本居高不下。以国内主流储能电池如锂电池和全钒液流电池来说，核心材料都依赖大量进口，价格高昂。锂电池隔膜进口依赖度达到 80% 以上，电解质的核心材料六氟磷酸锂的进口依赖程度更是高达 80% ~ 90%；全钒液流电池的核心部件全氟离子交换膜则全部靠进口，此膜材料一度占钒电池成本比例的 50%。

显然，实现储能材料加工利用的技术突破、降低储能电池的成本，是储能实现产业化的关键。对此，相关研究机构和企业必须重视储能材料关键性技术的研发，加强储能技术基础性研究，掌握核心技术；除此之外，国家要加大储能技术知识产权的保护力度，出台相应的优惠政策，更重要的是制定明确的中长期产业发展规划。

第五节 超导储能

一、概述

超导储能（superconducting magnetic energy storage，SMES）技术利用超导线圈产生的电磁

场将电磁能直接储存起来，需要时再将电磁能返回电网或其他负载，可用于充放电时间很短的脉冲能量储存。由于超导线圈的电阻为零，电能储存在线圈中几乎无损耗，其储能效率高达95%。

尽管早在1911年人们就发现了超导现象，但直到20世纪70年代，才有人首次提出将超导储能作为一种储能技术应用于电力系统。超导储能由于具有快速电磁响应特性和很高的储能效率（充/放电效率超过95%），很快吸引了电力工业的注意。超导储能在电力系统中的应用包括负荷均衡、动态稳定、暂态稳定、电压稳定、频率调整、输电能力提高以及电能质量改善等方面。现代电力系统在安全稳定运行方面存在明显缺陷，原因在于系统中缺乏能够大量快速存取电能的器件，其致稳保护措施主要依赖于机组的惯性储能、继电保护和其他自动控制装置，基本属于被动致稳。超导储能装置作为一个可灵活调控的有功功率源，可以主动参与系统的动态行为，既能调节系统阻尼力矩又能调节同步力矩，因而对解决系统滑行失步和振荡失步均有作用，并能在扰动消除后缩短暂态过渡过程，使系统迅速恢复稳定状态。由于超导储能装置发出或吸收一定的功率，可用来减小负荷波动或发电机出力变化对电网的冲击，故可作为敏感负载和重要设备的不间断电源，同时解决配电网中发生异常或因主网受干扰而引起的配电网向用户供电中产生异常的问题，改善供电品质。超导储能响应速度快，能够最大限度地减少不稳定电力对电网的冲击。超导储能适合用于解决风电、光伏发电系统的并网问题。另外，超导储能还可以为电力系统提供备用容量，对于保障电网的安全度及事故后快速恢复供电具有重要作用。当前中国部分地区供电形势紧张，电网运行处于备用不足的状态，超导储能高效储能特性可用来储存应急备用电力，特别是对于个别重要负荷，超导储能装置作为备用容量可以提高电网的安全稳定运行水平。

超导储能单元由一个置于低温环境的超导线圈组成，低温是由包含液氮或者液气容器的深冷设备提供的。功率变换/调节系统将超导储能单元与交流电力系统相连接，并且可以根据电力系统的需要对储能线圈进行充放电。通常使用两种功率变换系统将储能线圈与交流电力系统相连：一种是电流源型变流器；另一种是电压源型变流器。和其他的储能技术相比，目前超导储能仍很昂贵，除了超导体本身的费用，维持低温所需要的费用也相当高昂。然而，如果将超导储能线圈与现有的柔性交流输电装置（flexible AC transmission systems，FACTS）相结合可以降低变流单元的费用，这部分费用一般在整个超导储能成本中占最大份额。已有的研究结果表明，对输配电应用而言，微型（< 0.1MW·h）和中型（0.1 ~ 100MW·h）超导储能系统可能更为经济。使用高温超导体可以降低储能系统对于低温和制冷条件要求，从而使超导储能的成本进一步降低。目前，在世界范围内有许多超导储能工程正在进行或者处于研制阶段。超导储能装置是一种科技含量较高的先进的储能方式，它把能量储存于超导线圈的磁场中，通过电磁相互转换实现储能装置的充电和放电。由于在超导状态下线圈没有电阻，所以超导储能的能量损耗非常小，它的主要存储性能也很不错，对环境几乎不会造成污染，但是，超导的实现是通过把线圈的温度降低到它要求的温度以下来完成的，这个温度非常低，因此，持续维持线圈处于超导状态所需要的低温而花费的维护费用就十分昂贵，维持低温的费用过高就成为人们在选择长期能量储备方式时不得不

考虑的因素，这样便限制了超导储能应用的普及。但是，超导储能仍然是许多科研工作者的研究方向。

二、超导储能技术的原理及其组成

超导储能技术处于当今高新技术的前沿，具有广阔的商业应用前景。超导线圈在极低温度下达到超导状态后电阻为零，可以用来存储能量。开关 2 处于断开状态，接通开关 1 给超导线圈充电之后，将开关 2 闭合，使开关 1 断开，超导线圈便进入短路状态，由于超导线圈电阻为零，电流会无衰减持续流通，电能便存储在线圈中。通过控制开关和变流器就可以控制能量流动，根据含风电的电力系统的需要进行充放电。

超导储能装置一般由超导磁体、低温系统、磁体保护系统、功率调节系统和监控系统等几个主要部分组成。该结构是由美国洛斯阿拉莫斯实验室首先提出来的，以后超导储能装置的研究设计一般都是一次结构作为参考原型。图中的变压器只是为了选择适当的电压水平以方便地连接超导储能装置与电力系统，不属于超导储能的必要部件。

超导磁体。储能用超导磁体可分为螺管形和环形两种。螺管线圈结构简单，但周围杂散磁场较大；环形线圈周围杂散磁场小，但结构较为复杂。由于超导体的通流能力与所承受的磁场有关，在超导磁体设计中第一个必须考虑的问题是应该满足超导材料对磁场的要求，包括磁场在空间的分布和随时间的变化。除此之外，在磁体设计中还需要从超导线性能、运行可靠性、磁体的保护、足够的机械强度、低温技术与冷却方式等几个方面考虑。

低温系统。低温系统维持超导磁体处于超导态所必需的低温环境。超导磁体的冷却方式一般为浸泡式，即将超导磁体直接置于低温液体中。对于低温超导磁体，低温多采用液氦（4.2K）。对于大型超导磁体，为提高冷却能力和效率，可采用超流氦冷却，低温系统也需要采用闭合循环，设置制冷剂回收所蒸发的低温液体。基于 Bi 系的高温超导磁体冷却至 20 ~ 30K 以下可以实现 3 ~ 5T 的磁场强度，基于 Y 系的高温超导磁体即使在 77K 也能实现一定的磁场强度。随着技术的进步，采用大功率制冷机直接冷却超导磁体可成为一种现实的方案，但目前的技术水平，还难以实现大型超导磁体的冷却。

功率调节系统。功率调节系统控制超导磁体和电网之间的能量转换，是储能元件与系统之间进行功率交换的桥梁。目前，功率调节系统一般采用基于全控型开关器件的 PWM 变流器，它能够在四象限快速、独立地控制有功和无功功率，具有谐波含量低、动态响应速度快等特点。

监控系统。监控系统由信号采集、控制器两部分构成，其主要任务是从系统提取信息，根据系统需要控制 SMES 的功率输出。信号采集部分检测电力系及 SMES 的各种技术参量，并提供基本电气数据给控制器进行电力系统状态分析。控制器根据电力系统的状态计算功率需求，然后通过变流器调节磁体两端的电压，对磁体进行充、放电。控制器的性能必须和系统的动态过程匹配才能有效地达到控制目的。SMES 的控制分为内环控制和外环控制。外环控制器作为主控制器用于提供内环控制器所需要的有功和无功功率参考值，是由 SMES 本身特性和系统要求决定的；内环控制器则是根据外环控制器提供的参考值产生变流器开关的触发信号。

超导储能的优点主要有储能装置结构简单，没有旋转机械部件和动密封问题，因此设备寿命较长；储能密度高，可达到 108J/m³，可做成较大功率的系统；响应速度快（1 ~ 100ms），调节电压和频率快速且容易；无噪声污染，且维护简单等。

目前的超导储能的主要缺点也比较明显，也正是这些不足之处限制了它的产业化和应用。中国科学院电工研究所专家表示，超导电力技术的应用和产业化面临三个方面的问题：超导材料的临界温度还有待提高；超导材料的价格还比较高，有的比常规材料高几十倍、上百倍；超导技术所应用的低温制冷系统的制备还比较复杂，且制冷机的免维护寿命较短。与此同时，超导装备的低温高电压绝缘技术、实时检测技术、集成技术、与常规系统的匹配协调运行等，也还需要进一步研究。

超导储能具有毫秒级响应速度，储能密度高，效率高达 95%，可用于调节电网电压、频率、有功和无功功率，实现与电力系统的实时大容量能量交换和功率补偿，在改善风电场稳定性方面具有优良的性能。超导磁储能虽可实现兆焦级的储能容量，但是需要维持低温状态，成本太高，而且其产生的强磁场也会对环境造成影响。另外，供电力系统调峰用的大规模超导储能装置，在大型线圈产生的电磁力的约束、制冷技术等方面还未成熟，也限制了其在电力系统中大范围应用。

第六节 超级电容储能

一、概述

超级电容利用双电层和氧化还原原理存储电能，可以提供强大的脉冲功率。与常规电容相比，超级电容具有更高的介电常数、耐压能力和更大的储存容量。超级电容储能功率密度大、响应速度快、使用寿命长，多用于短时间、大功率的负荷平滑和高峰值功率、低容量的场合，能很好地改善风电的电能质量和稳定性。目前，超级电容大多用于高峰值功率、低容量的场合。由于能在充满电的浮充状态下正常工作十年以上，所以超级电容器可以在电压跌落和瞬态干扰期间提高供电水平。超级电容器安装简单，体积小，并可在各种环境下运行（热、冷和潮湿），现在已经可为低功率水平的应用提供商业服务。

对于超级电容器，今后要研究的方向和重点是利用超级电容器的高比功率特性和快速放电特性，进一步优化超级电容器在电力系统中的应用技术。此外，在我国大力发展新能源这一政策指导下，在光伏发电领域、风力发电领域，超级电容器以其快充快放等特点为改进和发展关键设备提供了有利条件。

二、超级电容储能的工作原理及其组成

超级电容器，也称电化学电容器，是基于多孔碳电极 / 电解液界面的双电层电容，或者基

于金属氧化物或导电聚合物的表面快速、可逆的法拉第反应产生的准电容（pseudo-capacitors）来实现能量的储存。其结构和电池的结构类似，主要包括双电极、电解质、集流体、隔离物4个部件，具有功率密度高、循环寿命长、低温性能好、安全、可靠、环境友好等优点。超级电容通过极化电解质来储能。它是一种电化学元件，但在其储能的过程并不发生化学反应，这种储能过程是可逆的，也正因为此超级电容器可以反复充放电数十万次。超级电容器可以被视为悬浮在电解质中的两个无反应活性的多孔电极板，在极板上加电，正极板吸引电解质中的负离子，负极板吸引正离子，实际上形成两个容性存储层，被分离开的正离子在负极板附近，负离子在正极板附近。超级电容器是利用双电层原理的电容器。当外加电压加到超级电容器的两个极板上时，与普通电容器一样，极板的正极板存储正电荷，负极板存储负电荷，在超级电容器的两极板上电荷产生的电场作用下，在电解液与电极间的界面上形成相反的电荷，以平衡电解液的内电场，这种正电荷与负电荷在两个不同相之间的接触面上，以正负电荷之间极短间隙排列在相反的位置上，这个电荷分布层称为双电层，因此电容非常大。当两极板间电势低于电解液的氧化还原电极电位时，电解液界面上电荷不会脱离电解液，超级电容器为正常工作状态（通常为3V以下），如电容器两端电压超过电解液的氧化还原电极电位时，电解液将分解，为非正常状态。由于随着超级电容器放电，正、负极板上的电荷被外电路泄放，电解液的界面上的电荷相应减少。由此可以看出：超级电容器的充放电过程始终是物理过程，没有化学反应。因此性能是稳定的，与利用化学反应的蓄电池是不同的。

超级电容器属于双电层电容器，是世界上容量最大的双电层电容器之一。其工作原理与其他种类的双电层电容器一样，都是利用活性炭多孔电极和电解质组成的双电层结构来获得超大的容量。传统物理电容的储电原理是电荷在两块极板上被介质隔离，两块极板之间为真空（相对介电常数为1）或被一层介电物质（相对介电常数为ε false所隔离。

超级电容器在分离出的电荷中存储能量，用于存储电荷的面积越大、分离出的电荷越密集，其电容量越大。

传统电容器的面积是导体的平板面积，为了获得较大的容量，导体材料卷制得很长，有时用特殊的组织结构来增加它的表面积。传统电容器是用绝缘材料分离它的两极板，一般为塑料薄膜、纸等，这些材料通常要求尽可能薄。

超级电容器的面积是基于多孔碳材料，该材料的多孔结构允许其每克质量的表面积达到2000m²，通过一些措施可实现更大的表面积。超级电容器电荷分离开的距离是由被吸引到带电电极的电解质离子尺寸决定的。该距离和传统电容器薄膜材料所能实现的距离更小。这种庞大的表面积再加上非常小的电荷分离距离使得超级电容器较传统电容器而言有惊人的静电容量，这也是其“超级”所在。

超级电容器具有的技术特性：充电速度快，充电10s ~ 10min可达到其额定容量的95%以上；循环使用寿命长，深度充放电循环使用次数可达1万 ~ 5万次；能量转换效率高，过程损失小，大电流能量循环效率 90%；功率密度高，可达 300 ~ 5000W/kg，相当于电池的 5 ~ 10 倍；产品原材料构成、生产、使用、储存以及拆解过程均没有污染，是理想的绿色环保电源；安全系数高，长期使用免维护；超低温特性好，可工作于 −30℃的环境中；检测方便，剩余电量可直接读出。

三、超级电容的特点和优势

超级电容的特点如下所示。

1. 体积小，容量大，电容量比同体积电解电容容量大 30 ~ 40 倍，容量范围：0.1 ~ 1000F。

2. 充、放电线路简单，无须蓄电池那样的充电电路，真正免维护。

3. 充、放电能力强，且充电速度快，10s 内达到额定容量的 95%。

4. 失效开路，过电压不击穿，安全可靠。

5. 超长寿命，可长达 40 万 h 以上。

6. 单体电压类型：2.5V、2.7V。

超级电容与传统电容的不同之处如下所示。

（1）电容是以将电荷分隔开来的方式储存能量的，储存电荷的面积越大，电荷被隔离的距离越小，电容越大。

（2）传统电容是从平板状导电材料得到其储存电荷面积的，只有将一很长材料缠绕起来才能获得大的面积，从而获得大的电容。另外传统电容是用塑料薄膜、纸张或陶瓷等将电荷板隔开。这类绝缘材料的厚度不可能做得非常薄。

（3）超级电容是从多孔碳基电极材料得到其储存电荷面积的，这种材料的多孔结构使它每克质量的表面积可达 $2000m^2$。超级电容中电荷分隔的距离是由电解质中的离子大小决定的，其值 $< 10nm$；巨大的表面积加上电荷之间非常小的距离，使得超级电容有很大的电容值。一个超级电容单元的电容值，可以从 1F 至几千法拉。

超级电容与电池的不同之处如下所示。

①超低串联等效电阻（LOWESR），等效内阻极低，功率密度（power density）是锂离子电池的数十倍以上，适合大电流放电（一枚 4.7F 电容能释放瞬间电流 18A 以上）。

②超长寿命，充放电大于 50 万次，是锂离子电池的 500 倍，是镍锰和镍镉电池的 1000 倍。如果对超级电容每天充、放电 20 次，连续使用可达 68 年。

③可以大电流充电，充、放电时间短，要求充电电路简单，无记忆效应，密封免维护。温度适应范围为 −40 ~ +70℃（一般电池是 −20 ~ 60℃）。

与传统的电容器及二次电池相比，超级电容器储电能力比普通电容器高，并具有充放电速度快、效率高、对环境无污染、循环寿命长、使用温度范围宽和安全可靠等特点。

四、超级电容器的分类

1. 超级电容器按原理分为双电层型超级电容器和赝电容型超级电容器。

双电层型超级电容器按材料分类如下所示。

（1）活性炭电极材料，采用了高比表面积的活性炭材料经过成型制备电极。

（2）碳纤维电极材料，采用活性炭纤维成形材料，如布、毡等经过增强，喷涂或熔融金属增强其导电性制备电极。

（3）碳气凝胶电极材料，采用前驱材料制备凝胶，经过炭化活化得到电极材料。

（4）碳纳米管电极材料，碳纳米管具有极好的中孔性能和导电性，采用高比表面积的碳纳米管材料，可以制得非常优良的超级电容器电极。

以上电极材料可以制成平板型超级电容器和绕卷型溶剂电容器。平板型超级电容器在扣式体系中多采用平板状和圆片状的电极，另外也有 Econd 公司产品为典型代表的多层叠片串联组合而成的高压超级电容器，可以达到 300V 以上的工作电压。绕卷型溶剂电容器采用电极材料涂覆在集流体上，经过绕制得到，这类电容器通常具有更大的电容量和更高的功率密度。

赝电容型超级电容器的种类包括金属氧化物电极材料与聚合物电极材料，金属氧化物包括 NiO_x、MnO_2、V_2O_5 等作为正极材料，活性炭作为负极材料制备的超级电容器，导电聚合物材料包括聚吡咯、聚噻吩、聚苯胺、聚芳砜、聚 3-（4- 氟苯）噻吩等经 P 型或 N 型或 P/N 型掺杂制取电极，以此制备超级电容器。这一类型超级电容器具有非常高的能量密度，目前除了 NiO_x 型，其他类型多处于研究阶段，还没有实现产业化生产。

2. 按电解质类型可以分为水性电解质和有机电解质类型。

水性电解质有三种。

（1）酸性电解质，多采用 36% 的 H_2SO_4 水溶液作为电解质。

（2）碱性电解质，通常采用 KOH、NaOH 等强碱作为电解质，水作为溶剂。

（3）中性电解质，通常采用 KCl、NaCl 等盐作为电解质，水作为溶剂，多用于氧化锰电极材料的电解液。

有机电解质通常采用 LiC104 为典型代表的锂盐、$TEABF_4$ 作为典型代表的季胺盐等作为电解质，有机溶剂如碳酸丙烯酯、丙烯腊、4- 丁内酯、四氢呋喃等作为溶剂，电解质在溶剂中接近饱和溶解度。

3. 其他分类。

（1）液体电解质超级电容器，多数超级电容器电解质均为液态。

（2）固体电解质超级电容器，随着锂离子电池固态电解液的发展，应用于超级电容器的电解质也对凝胶电解质和聚氧化乙烯（polyethyleneoxide，PEO）等固体电解质进行研究。

五、超级电容储能的应用领域及其面临的问题

超级电容器作为产品已趋于成熟，其应用范围也不断拓展，在家用电器、仪器设备、信息通信、交通运输、工业生产、军事装备等领域都具有较好的应用前景。从小容量的特殊储能到大规模的电力储能，从单独储能到与蓄电池或燃料电池组成的混合储能，超级电容器都展示出独特的优越

性。美、欧、日、韩等发达国家和地区对超级电容器的应用进行了卓有成效的研究。目前，超级电容器的一些储能应用已经实现了商业化，另一些应用正处于研究或试用阶段。概括起来，超级电容器的应用可以分为以下几个方面。

小功耗电子设备的电源或备用电源。在一些小功耗的电子设备和各种消费类电子产品中，超级电容器可以取代蓄电池，成为主电源或备用电源，如各种电动玩具、自动防故障装置、存储器、微处理器、系统主板、时钟等。超级电容器与蓄电池混合使用，可以用于各类功率具有脉动性的移动电子设备或仪器，如移动电话、对讲机、笔记本电脑、照相机的闪光灯等。

电动汽车及混合动力汽车。超级电容器可以作为电动汽车的唯一动力源，或者与可充电蓄电池、燃料电池、飞轮等储能装置或发电设备混合使用，驱动电动汽车或混合动力汽车。由于功率密度大，超级电容器能够在汽车启动、加速、爬坡等过程中提供所需的峰值功率，满足电机的峰值功率需求，并在刹车时将制动能量回馈储存起来。这样，可以大幅度减小对蓄电池等储能装置的功率需求，节约空间、减轻重量，还可以增加汽车一次充电运行距离，提高新型动力汽车的实用性。

变频驱动系统的能量缓冲器。超级电容器与功率变换器构成能量缓冲器，可以用于电梯、港口轮胎吊起重机等变频驱动系统。当电梯加速上升时，能量缓冲器向驱动系统中的直流母线供电，提供电机所需的峰值功率；当电梯减速下降时，吸收电机通过变频器向直流母线回馈的能量。一些特殊配电网如地铁、无轨电车用配电网，由于电压等级较低，更容易受到电压跌落的影响。由超级电容器构成的能量缓冲器，可以在配电网负荷加重时，应用超级电容器向电机提供启动所需及其能量管理技术所需的冲击电流，以减小对配电网的功率需求，避免过大的电压跌落，影响其他设备的正常工作。

电网或配电网的电力调峰和电能质量改善。以超级电容器作为电力储能装置，可以用于电网或配电网的电力调峰。在夜间负荷较小时将电能储存在超级电容器中，并在白天用电高峰期释放出来，以减小电网的峰谷差，提高容量利用率。超级电容器还可以用于电网或配电网的动态电压补偿（dynamic voltage regulator，DVR）系统，以改善电能质量。当电网或配电网出现电压跌落、闪变和间断等电能质量问题时，超级电容器通过逆变器释放能量，及时输出补偿功率并维持一定的时间，以保证电网或配电网的电压稳定，使敏感设备正常、不间断地运行。此外，超级电容器通过功率变换器，还可以对配电网进行无功功率补偿、谐波电流消减。容量较大的甚至还可以作为重要负载的不间断电源。可再生能源发电系统或分布式电力系统。在可再生能源发电或分布式电力系统中，发电设备的输出功率具有不稳定性和不可预测性。采用超级电容器储能，充分发挥其功率密度大、循环寿命长、储能效率高、无须维护等优点，既可以单独储能，也可以与其他储能装置混合储能。超级电容器与太阳能电池相结合，可以应用于路灯、交通警示牌、交通标志灯等设备。超级电容器作为储能装置，应用于独立光伏、风力发电、燃料电池等分布式发电系统，可以对系统起到瞬时功率补偿的作用，并可以在发电中断时作为备用电源，提高供电的稳定性和可靠性。

军事装备领域。军事装备，尤其是野战装备，大多不能直接由公共电网供电，必须配置发电设备及储能装置。军用装备对储能单元的要求是可靠、轻便、隐蔽性强，超级电容器的许多优点决定了其在军事装备领域具有广阔的发展前景。采用超级电容器与蓄电池混合储能，可以大幅度地减轻电台等背负设备的重量；可以为军用运输车、坦克、装甲车等解决车辆低温启动困难的问题；可以提升车辆的动力性和隐蔽性；可以解决常规潜艇中蓄电池失效快、寿命短的问题；可以为雷达、通信及电子对抗系统等提供峰值功率，减小主供电电源的功率等级。

超级电容器的电容量很大，可以达到数千法拉，但是其额定电压很低，一般只有 1 ~ 3V，过压工作将会引起超级电容器内部的电解质分解，从而使电容器损坏。因此，必须通过超级电容器串并联组合构成超级电容器阵列才能满足实际应用系统对电压和能量等级的需要。在应用过程中，超级电容器阵列两端的电压随着充电和放电过程变化，其端电压随着充电而上升，随着放电而下降，所以超级电容器阵列通常需要配置一个 DC/DC 变换器，以保持输出电压的稳定。

同一型号规格的超级电容器在电压、内阻、容量等参数上存在着不一致性，这主要是由制造过程中工艺的误差和材料的不均匀造成的，而在超级电容器使用过程中，工作环境不同以及电压不均衡的积累又加剧了超级电容器的参数不一致性。因此，在实际应用中串联超级电容器必须采取电压均衡措施。

超级电容器按正、负电极的储能机制主要划分为三类：正、负电极都以双电层为主要储能机制的双电层电容器，正、负电极都以准电容为主要机制的电化学准电容器，以及两电极分别以双电层和准电容为主要机制的混合型电化学电容器。基于多孔碳材料的双电层电容器是当前商品化超级电容器的主流，双电层电容器的工作电压可达 2.5V 以上，兼有高的能量密度与功率密度（Maxwell 生产的 3000F/2.7V 双电层电容器的能量密度与功率密度分别达到 5W · h/kg 和 10kW/kg），循环寿命长（$> 10^5$ 次），已广泛应用于混合电动汽车、不间断电源、通信、航空航天等领域。目前，超级电容器的主要关键技术包括高性能电极材料技术、超级电容封装和模块化技术，以及超级电容与新能源的耦合技术等。

第七章 风电场建设质量控制

第一节 质量控制的统计分析

一、质量控制统计分析的基本知识

数据是质量控制的基础，应用数理统计的方法，通过数据收集整理并加以分析，及时发现问题并采取对策与措施，是进行质量控制的有效手段。本节包括数理统计的基本概念、质量数据分析等内容。

（一）数理统计的基本概念

1. 总体与样本

总体是所研究对象的全体，由若干个个体组成。个体是组成总体的基本元素。总体中含有个体的数目通常用 N 表示。

样本是从总体中随机抽取出来，并根据对其研究结果推断总体质量特征的那部分个体。被抽中的个体称为样品，样品的数目称为样品容量，用 n 表示。

2. 数据特征值

（1）总体算数平均数 μ 的计算公式为

$$\mu = \frac{1}{N}\left(X_1 + X_2 + \cdots + X_n\right) = \frac{1}{N}\sum_{i=1}^{N} X_i$$

式中 N—总体中的个体数；

X_i—总体中第 i 个个体的质量特性值。

（2）样本算术平均数 $\overline{x}$ 的计算公式为

$$\overline{x} = \frac{1}{n}\left(x_1 + x_2 + x_1 + \cdots + x_n\right) = \frac{1}{n}\sum_{i=1}^{N} x_i$$

式中 n—样本容量；

x_i—样本中第 i 个样品的质量特性值。

3. 样本中位数

样本中位数是将样本数据按数值大小有序排列后位置居中的数值。

当样本数 n 为奇数时，数列居中的一位数即为中位数；当样本数 n 为偶数时，取居中两个数的平均值作为中位数。

4. 极差 R

极差是数据中最大值与最小值之差，是用数据变动的幅度来反映分散状况的特征值。极差仅适用于小样本，其计算公式为

$$R = x_{\max} - x_{\min}$$

5. 标准偏差

标准偏差简称标准差或均方差，是个体数据与均值离差平方和的算术平均数的算术根。总体的标准差用 σ 表示，样本的标准差用 S 表示。

总体的标准偏差的计算公式为

$$\sigma = \sqrt{\frac{\sum_{i=1}^{n}(x-\mu)^2}{N}}$$

样本的标准偏差的计算公式为

$$S = \sqrt{\frac{\sum_{i=1}^{n}\left(x_i-\overline{x}\right)^2}{n-1}}$$

当样本量（n ≥ 50）足够大时。样本标准差 S 接近于总体标准差 σ，式中的分母（n–1）可简化为 n。

6. 变异系数

变异系数又称离散系数或离差系数，是用标准差除以算术平均数得到的相对数。它表示数据的相对离散波动程度。变异系数适用于均值有较大差异的总体之间离散程度的比较，应用更为广泛，其计算公式为

$$C_{\mathrm{y}} = \frac{\mathrm{S}}{x}$$

（二）质量数据分析

1. 质量数据的分类

按质量数据的特征分类，可分为计量值数据和计数值数据两种：①计量值数据是指可以连续取值的数据，属于连续型变量，如长度、时间、质量、强度等；②计数值数据是指只能计数、不能连续取值的数据 . 如废品的个数、合格的分项工程数、出勤的人数等。

按质量数据收集目的的分类，可以分为控制性数据和验收性数据两种：①控制性数据是指以

工序质量作为研究对象、定期随机抽样检验所获得的质量数据，主要用来分析、预测施工（生产）过程是否处于稳定状态；②验收性数据是以工程产品（或原材料）的最终质量为研究对象，分析、判断其质量是否达到技术标准或用户的要求，而采用随机抽样检验而获取的质量数据。

2. 质量数据变异的原因

在生产实践中，即使设备、原材料、工艺及操作人员相同，生产出的同一种产品的质量也不尽相同，反映在质量数据上，即具有波动性，亦称为变异性。究其波动的原因，可归纳为五个方面，即人、材料、机械、方法及环境。

根据造成质量波动的原因，以及对工程质量的影响程度和消除的可能性，将质量数据的波动分为两大类，即正常波动和异常波动。质量特性值的变化在质量标准允许范围内的波动称为正常波动，正常波动是偶然性因素引起的；若是超越了质量标准允许范围的波动，则称为异常波动，异常波动是由系统性因素引起的。

3. 质量数据的分布规律

在实际质量检测中，即使在生产过程稳定、正常的情况下，同一总体（样本）的个体产品质量特性值也互不相同。这种个体间表现形式上的差异，反映在质量数据上即为个体数值的波动性、随机性；当运用统计方法对这些大量丰富的个体质量数据值进行加工、整理和分析后，又会发现这些产品的质量特性值（以计量数据为例）大多分布在数值变动范围的中部，即向分布中心的两侧分布，随着逐渐远离中心，数值的个数越少，表现为数值的离散趋势。质量数据的集中趋势和离散趋势反映了总体（样本）质量变化的内在规律性。

二、常用的质量分析工具

利用质量分析方法控制工序或工程产品质量，主要是通过数据整理和分析，研究其质量误差的现状和内在的发展规律，据以推断质量现状和将要发生的问题，为质量控制提供依据和信息。所以，质量分析方法本身仅是一种工具，只能反映质量问题，提供决策依据。要真正控制质量，还需依靠针对问题所采取的措施。

用于质量分析的工具很多，常用的有直方图法、控制图法、排列图法、数据分层法、因果分析图法和相关图法。

（一）直方图法

直方图法又称质量分布图法或柱状图法，是表示资料变化情况的一种主要工具，由一系列高度不等的纵向条纹或线段表示数据分布的情况，一般用横轴表示数据类型，纵轴表示分布情况，通过对直方图的观察与分析，可了解生产过程是否正常，估计工序不合格品率的高低，判断工序能力是否满足，评价施工管理水平等。

（二）控制图法

控制图又称管理图，是指以某种质量特性和时间为轴，在直角坐标系中所描述的点依照时间为序所连成的折线，加上判定线以后所得到的图形。控制图法是研究产品质量随着时间变化，如何对其进行动态控制的方法，它的使用可使质量控制从事后检查转变为事前控制。借助于管理图提供的质量动态数据，人们可随时了解工序质量状态，发现问题，分析原因，采取对策，使工程产品的质量处于稳定的控制状态。

（三）排列图法

排列图法又称巴雷特图法，也叫主次因素分析图法，是分析影响工程（产品）质量主要因素的一种有效方法，由一个横坐标、两个纵坐标、若干个矩形和一条曲线组成。

（四）数据分层法

数据分层法就是将性质相同的，在同一条件下收集的数据归纳在一起，以便进行比较分析。因为在实际生产中，影响质量变动的因素很多，如果不把这些因素区别开来，难以得出变化的规律。数据分层可根据实际情况按多种方式进行。例如，按不同时间、不同班次进行分层，按使用设备的种类进行分层，按原材料的进料时间、原材料成分进行分层等。

（五）因果分析图法

因果分析图法是利用因果分析图来系统整理分析某个质量问题（结果）与其产生原因之间关系的有效工具。因果分析图也称特性要因图，又因其形状常被称为树枝图或鱼刺图。因果分析图由质量特性（即指某个质量问题）、要因（产生质量问题的主要原因）、枝干（指一系列箭线表示不同层次的原因）、主干（指较粗的直接指向质量问题的水平箭线）等组成。

（六）相关图法

相关图又称散布图。在质量控制中，相关图是用来显示两种质量数据之间关系的一种图形。质量数据之间的关系多属相关关系。一般有三种类型：①质量特性和影响因素之间的关系；②质量特性和质量特性之间的关系；③影响因素和影响因素之间的关系。分析研究两个变量之间是否存在相关关系，以及这种关系的密切程度如何，进而对于相关程度密切的两个变量，通过对其中一个变量的观察控制，去估计控制另一个变量的数值，以达到保证产品质量的目的。

第二节 质量管理体系

一、质量管理体系概述

近年来，质量管理体系认证已成为世界各国对企业和产品进行质量评价、监督的通行做法和国际惯例。中外企业认证的事实表明，贯彻 ISO 9000 系列标准已成为发展经济、贸易，参与国际市场竞争的重要措施，通过认证的企业在与国外合作，开拓、占领国际市场等方面均取得了显著成效。

目前，虽然很多企业已经建立和运行质量管理、环境管理、职业健康安全管理体系多年，但体系运行水平不高，领导和员工对这些体系的作用也产生了动摇和怀疑，体系运行形式化，其中一个重要的原因是对几个重要的管理原理理解不深刻，对体系管理的推进工作不深入。

（一）质量管理体系的基本概念

1. 八项管理原则

八项管理原则是新标准的理论基础，也是组织领导者进行质量管理的基本原则。正因为八项质量管理原则是新版 ISO 9000 标准的灵魂，所以对其含义的理解和掌握至关重要。

原则一：组织依存于顾客

组织依存于顾客。因此，组织应理解顾客当前的未来的需求，满足顾客要求并争取超越顾客期望。该指导思想不仅领导要明确，还要在全体职工中贯彻。

原则二：领导作用

领导者必须将本组织的宗旨、方向和内部环境统一起来，并创造使员工能够充分参与实现组织目标的环境。领导的作用，即最高管理者有决策和领导一个组织的关键作用。

原则三：全员参与

各级人员是组织之本，只有他们充分参与，充分发挥智慧和才干，才能为组织带来最大的收益。全体员工是每个组织的基础。所以，要对职工进行质量意识、职业道德、以顾客为中心的意识和敬业精神的教育，还要激发他们的积极性和责任感。

原则四：过程方法

将相关大的资源和活动作为过程进行管理，可以更高效地得到期望的结果。过程方法的原则不仅适用于某些简单的过程，也适用于由许多过程构成的过程网络。

原则五：管理的系统方法

管理的系统方法将相关互联的过程作为系统加以识别、理解和管理，有助于组织提前实现目标。此方法的实施可在三个方面受益：①提供对过程能力及产品可靠性的信任；②为持续改进打好基础；③使顾客满意，最终使组织获得成功。

原则六：持续改进

持续改进是组织的一个永恒的目标。在质量管理体系中，改进是指产品的质量、过程及体系有效性和效率的提高。持续改进包括了解现状，建立目标，寻找、评价和实施解决办法，测量、验证和分析结果，把更改纳入文件等活动。

原则七：基于事实的决策方法

有效的决策是建立在数据和信息分析的基础上的；对数据和信息的逻辑分析或直觉判断是有效决策的基础。

原则八：互利的供方关系

组织与供方是相互依存的，互利关系可增强人文创造价值的能力。

2. 质量管理体系模式

质量管理体系模式如图 7–1 所示。

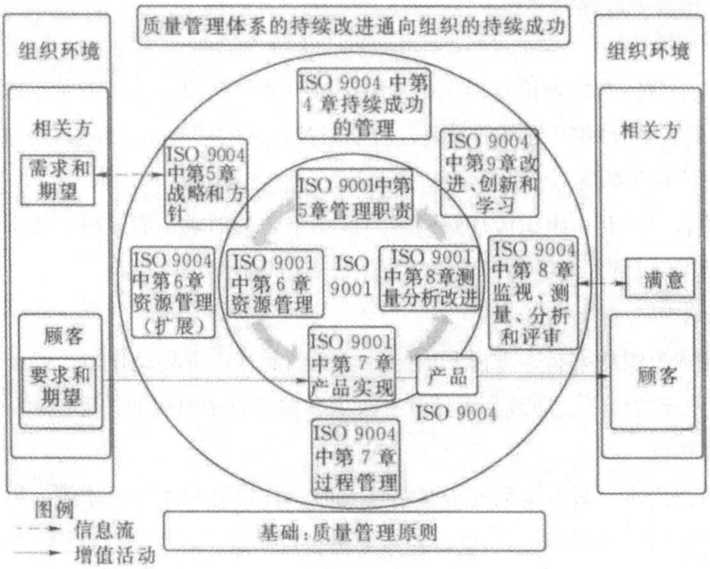

图 7–1 质量管理体系模式

3. 广义质量

20 世纪末，世界著名的管理学家朱兰博士说过：“将要过去的 20 世纪是生产率的世纪，将要到来的 21 世纪是质量的世纪，组织关心的不仅仅是效率、产量、产值，而应更加关心的是质量。”这里所说的“质量”是指大质量的概念。通常可以从范畴、过程和结果、组织、系统、特性五个方面来理解与诠释大质量的概念。

4. 过程方法

过程方法是将活动和相关资源作为过程进行管理，可以更高效地得到期望的结果。过

程方法力求实现持续改进的动态循环，使组织获得可观的收益，典型表现在产品、业绩、有效性、效率和成本方面。

过程方法还通过识别组织内的关键过程，过程的后续发展和持续改进来促使组织以顾客为关注焦点，提高顾客满意度。

（二）企业实施 ISO 9000 标准的作用

随着全球经济一体化的加快，ISO 9000 质量体系认证的重要性被越来越多的组织所认识，贯彻 ISO 9000 标准并获得第三方质量体系认证已经成为当今的社会潮流。企业实施 ISO 9000 标准的作用体现在以下五个方面：

1. 有助于克服短期行为，增强质量意识

ISO 9000 标准指出，最高管理者通过其领导作用及各种措施可以创造一个员工充分参与的环境，把组织领导的职能和作用具体化、文件化，这将有助于组织克服短期行为，增强质量意识。

2. 有助于提高组织的信誉和经济效益

ISO 9000 标准指出，作为供方的每个组织都有五种基本受益者，即其顾客、员工、所有者、分供方和社会。按照 ISO 9000 标准建立完善的质量体系，有助于组织树立满足顾客利益需要的宗旨，提高组织的质量信誉，增强组织的市场竞争力。

3. 有助于提高组织整体管理水平

ISO 9000 标准是建立在“所有工作都是通过过程来完成的”这样一种认识基础上，它要求组织对每一个过程都要按策划过程、实施过程、验证过程、改进过程（Plan-S-Check-Action，PDCA）循环做好四个方面的工作。这样不但减少了不合格产品的产生，也最大限度地降低了无效劳动给组织带来的损失，从而提高了组织的管理水平和经济效益。

4. 有利于组织参加市场的竞争

ISO 9000 标准主要是为了促进市场贸易而发布的，是买卖双方对质量的一种认可，是贸易活动中双方建立相互信任的关系基石。符合 ISO 9000 标准已经成为在市场贸易上需方对卖方的一种最低限度的要求，而执行 ISO 9000 标准正是实现这一要求的捷径。

5. 有利于营造组织适宜的文化氛围和法制管理氛围

组织的质量文化氛围是组织全体员工适应激烈的市场竞争和提高组织内部质量管理水平所具有的与质量有关的价值观和信念，是组织的灵魂。贯彻 ISO 9000 标准恰好为营造组织适宜的文化氛围提供了良好的内部环境，可促进转变观念，形成有效的运作机制。

（三）ISO 9001 质量管理体系标准

目前，最新版质量管理体系标准为《质量管理体系——基础和术语》（ISO 9000：2005）、《质量管理体系——要求》（ISO 9001：2008）、《质量管理体系——组织的持续成功管理》（ISO 9004：2009）、《质量和（或）环境管理体系审核指南》（ISO 9011：2002）共四个国际标准。

1.ISO 9000；2005 介绍了质量管理体系基础知识并规定了质量管理体系术语。

2.ISO 9001：2008 规定了质量管理体系要求，用于证实组织具有提供满足顾客要求和实用法规要求产品的能力，目的在于提升顾客的满意度。

3.ISO 9004：2009 提供考虑质量管理体系的有效性和效率两方面的指南，目的是组织业绩改进和提升其他相关的满意度。

4.ISO 9011：2002 对质量和（或）环境管理体系审核提出要求，指导认证机构、两方审核和组织实施内部审核工作。

二、质量管理体系的建立与实施

（一）体系的策划准备阶段

1. 领导决策

企业经营管理者是组织质量管理的第一责任人，只有企业的经营管理者意识到吸取先进质量文化的成果，建立质量管理体系，实现安全健康的管理制度创新，才能更好地适应国际质量标准协调一体化，增强组织在国内外市场的竞争力和内部凝聚力。

2. 组织安排、制订计划

（1）成立领导小组

由于体系的建立是一个系统工程，涉及组织的各个方面。组织决定建立质量管理体系后，有必要成立一个领导小组，可由总经理 / 厂长任组长，主管质量、行政、生产、设备。公司 / 厂级领导及质量、生产、行政保卫、工会、企管等部门的领导为组员，其职责主要是审批工作计划，确定方针、目标，调整管理职能，审定体系文件，协调体系运行所需的资源等。领导小组在体系建立并正常运行后即可终结。

（2）建立工作机构

原有的管理机构中，质量管理工作可能分布在不同部门，在大质量概念下，可能在企业策划部门或企业管理部门。在体系的建立过程中，因涉及公司管理的综合协调和调整，故最好有一个具体的部门来组织落实领导小组的决议，牵头组织体系的建立。可以根据实际情况指定一个部门，或者将职责落实到某一部门，充实调整必要的人员，以便开展工作。

工作机构的主要职能是：制订工作计划，组织安排相关的培训，组织开展初始状况评审，组织协调体系文件的编写，组织开展体系的试运行。

体系建立并正常运行后，工作机构可转化为某一常设的管理部门，成为体系运行的综合管理协调部门，或者将其有关工作并入正常的管理职能，临时工作机构解散。

（3）任命管理者代表

按照标准的要求，由最高管理者任命组织内主管企业管理或生产的副总经理为管理者代表，其职责按标准要求规定执行。

（4）制定工作计划

在明确了监理体系的基本步骤后，工作机构在管理者代表的领导下制订具体工作计划，明确目标，落实责任，突出重点，控制进度。计划制订好后报领导小组审查，最高管理者批准后印发至组织的各部门。

3. 人员培训

人员培训包括质量意识的培训、标准培训、文件编写培训、内审员培训、体系文件培训、岗位能力要求的培训。在文件化的体系建立前主要做好前四个方面的培训，在实施体系文件和体系运行后主要做好后两项培训。组织可根据实际情况适时地安排各种培训时机。

4. 过程的识别与评价

过程的识别与评价是建立体系的基础，其主要目的是了解组织的质量及管理现状，为组织建立质量管理体系搜集信息并提供依据。

过程识别与评价的主要内容有明确适用法律、法规及其他要求，并评价组织的质量行为与各类法律法规的符合性；识别和评价组织活动、产品或服务过程中的风险大小和符合内部要求的程度；审查所有现行质量活动与制度，评价其适用性；对以往事故、不符合进行调查以及对纠正、预防进行调查与评价；提出对质量方针的建议。

过程的识别与评价步骤为：①过程识别准备；②现状调查；③形成过程流程图；④过程评价；⑤结果分析与评价。

5. 制定质量方针、目标、管理方案

（1）方针的策划

制定质量方针时应收集或关注的资料和信息包括过程识别与评价的结果；组织的宗旨，总体的经营战略及长远规划；现有关于产品质量和服务的声明和承诺；和质量有关的法律、法规、质量标准，包括质量管理体系审核规范和其他要求；组织过去和现在的质量绩效；内外相关方有关质量的观点和要求；现有的其他方针；其他同行业组织的质量方针实例。

质量方针制定的内容及要求。符合标准要求的质量方针至少应包括产品质量的稳定性、承诺持续改进、增强顾客满意。质量方针内容应为建立评价质量目标提出一个总体的框架，这些总体框架是对质量方针基本承诺的具体化。质量方针的内容不能过于、空洞，切忌没有行业和组织的特点，普遍适用于任何组织。还应包括鼓励员工参与质量活动的要求。

（2）目标的制定

根据过程识别与评价的结果，法律、法规符合性评价信息，建立相应的质量目标。目标的制定一般按以下步骤进行：

第一，分析过程表现和重要过程，确定优先项。列出哪些是急需改进和提高的，哪些是可以在管理系统的发展过程中逐步处理的。

第二，制定目标，质量目标的制定和实现是质量评价是否使用和有效的体现。

在制定目标时应遵循以下要求：①尽可能量化，并设定科学的测量参数；②设定具体的时间限制；③避免空洞或含糊不清；④避免过于保守甚至不及现有水平；⑤避免目标过高失去可行性；⑥避免避重就轻违背方针承诺；⑦目标要分解到不同职能和层次。

6. 确定组织机构、明确管理职能

依据组织现有的管理机构设置质量管理机构，其管理职能需覆盖认证和初评的管理机构和人员。最高管理者应作为质量管理第一人，又是最高管理者任命一名管理者代表，使其主持质量管理体系的建立、实施与保持工作。

组织管理机构的确定是分配职能和确定管理程序的基础，在分配职能和编写程序文件之前，必须先进行职能分配和必要的机构调整，确定机构时，要坚持精简效能的原则，尽量避免和减少部门职能交叉。

7. 文件的策划

要编制一套配套齐全、适用、有效的体系文件，必须首先做好体系文件的策划。工作机构的人员在熟悉审核标准的基础上，完成初始评审并在获取现有的有关质量管理体系法律法规的前提下，着手开始体系文件和策划工作。

体系文件的策划主要包括确定文件结构、确定文件编写格式、确定各层次文件的名称及编号。

（1）文件的结构确定

文件的详略程度取决于组织的规模、活动类型、产品特点及复杂程度、人员的能力及管理水平。通常情况下，体系文件结构分为三个层次，即：①质量管理手册（A）；②程序文件（B）；③其他文件（C）（作业指导书、操作规程、管理制度、工艺卡、记录等）。

（2）文件格式的确定

在编写文件前应确定文件的格式，可以与其他体系文件的格式一致。如果是新建立管理体系的组织，可在文件编写前制定《体系文件编写导则》，统一规定文件的格式的编写要求。

文件编排格式可参照《标准化导则》（GB/T 1.1—2000）的要求确定。

文件内容要求可参照《质量管理体系文件指南》（ISO/TR 10013）的要求确定。

（3）文件名称及编号的确定

组织应按审核标准化（规范）的要素要求，结合组织的实际确定文件的名称和编号，编制程序文件及作业文件的清单，以使文件编写时引用和处理接口。文件名称应明确开展的活动及特点，力求简练，便于识别，可采用“XX 控制程序”的形式命名。文件的编号应体现质量管理体系标准中体系要素的编号以及管理活动的层次，以便识别。

（二）体系文件编写阶段

1. 体系文件的作用和特点

体系文件应能够描述组织的质量管理体系以及各职能单位和活动的接口。向员工传达事故预防、保护员工安全健康和持续改进的承诺，有助于员工了解其在组织内的职责，以便增强其对工作目的及重要性的意识。体系文件是员工和管理者之间建立起相互的理解和信任关系，并提供清晰、高效运作的框架。文件是提供新员工培训及在职员工定期培训的基础。文件为实现具体要求作出规定，提供具体要求已被满足的客观证据，通过文件化的要求使操作具有一致性。文件能向相关方证明组织的能力，并通过文件化的要求使相关方的活动满足组织的质量要求，为质量管理体系审核提供依据，为评价质量管理体系的有效性及持续性、适宜性提供基础，同时为持续改进提供基础。

2. 文件编写原则

（1）要结合组织活动、产品或服务的特点。质量管理体系是适用于各种地理、文化和社会条件的，也适用于不同类型和规模组织的管理体系，它为体系的建立提供了规范，只对组织实施体系提出了基本要求，并未提出技术要求。

（2）要努力做到管理体系文件的一体化。组织建立的质量管理体系是组织全面管理体系的一个组成部分，他利用体系文件来规范企业的安全生产行为，改善企业的安全生产绩效。

（3）文件的描述与确定的流程相对应。管理文件的编制是管理经验的积累和提炼的过程，与确定的管理流程中的过程相对应，思路清晰，描述适当、准确。

（4）管理手册、程序文件、作业指导书的层次。这三者是从属关系，同时又相互关联、支撑。在策划时的重点在于合理明确层次。尤其是程序文件与作业指导书的关系。

3. 管理手册的编写

（1）管理手册的内容和条件。

手册通常包括以下内容：

①方针、目标。

②质量管理、运行、审核或评审工作的岗位职责、权限和相互关系。

③关于程序文件的说明和查询途径。

④关于手册的评审、修改和控制规定。

手册可以多使用表格和流程的方式，做到简单明了、易于理解。

（2）管理手册应满足的条件。

①文字通俗易懂、便于使用者理解，将过程的要求表达清楚即可。

②管理手册在深度和广度上可以有所不同，这主要根据用人单位的规模、性质、技术要求、人员素质来确定。

4. 程序文件的编写

（1）程序文件的作用和功能。

①针对手册中所确定的各流程，对相对独立的系统和所涉及的过程进行要求描述规定各过程的具体实施内容、职责、方法和步骤。

②程序文件是对手册的支持，是为各级部门、岗位和操作人员对各过程管理和运行要求的明确，提供有效的指导。

（2）编写程序文件必要的参考原则。

①手册中所明确的各个系统要求。

②以往过程执行的效果。

③员工的理解能力和对过程的认识。

④过程目标和结果的实现程度。

5. 作业指导书编写

作业指导书的内容和个数可依据程序文件中明确的具体的过程进行确定，侧重于单一的过程的管理要求和执行要求。一般包括：

（1）作业文件。如工艺规程、岗位操作法、操作规程、分析规程等。

（2）记录。记录是特殊类型的文件，也是质量管理体系文件中最基础的部分，包括设计、检验、试验、调研、审核、复审的记录和图表。所有这些都是证明各个阶段质量是否达到要求和检查质量体系有效性的证据，记录应具有可追溯性。

各个层次文件的划分在各个单位可以是不一样的，各单位可以根据自身的规模和实际情况来划分体系文件的层次等级，不一定按建议的三个层次编写。但对单个单位来说，质量体系文件是唯一的，不允许一个单位针对一个事项同时使用相互矛盾的不同文件。

6. 制订文件编写计划及安排人员编写

组织应制订文件编写计划，将文件编写任务分配给具体编写人员，并将确定的格式要求、编写要求等一并印发至编写人员。文件编制计划下达后，各编写人员按计划要求组织编写。安排编写人员时应考虑以下方面：

（1）由主控部门作为文件的编制部门，分管该项工作的主管人员为编写人员。

（2）编写人员经过标准培训和文件编写培训，编写人员应具有一定的协作能力。

（3）应根据确定的流程中对应的过程要求进行描述。

（4）编写人员应熟悉该项业务。

7. 文件的审查、审批和发布

文件编写完成后，可先由编制部门组织本部门及相关管理系统的管理和作业人员进行讨论，就流程的合理性和优化、文件对标准的符合性、可操作性、适用性等进行讨论。主编人员根据讨论意见进行修改后，交工作机构汇总、初审，在所有文件编制完成后，由管理者代表主持，各相关部门及文件编写人员参加，对管理手册和程序文件进行逐项审查，重点解决好管理文件与程序文件、程序文件与程序文件之间以及程序文件与作业文件的接口问题，确保文件的协调一致性。

各编写人员根据审查意见，对文件进行再修改，管理手册经部门管理者代表审核后，报总经理批准、发布；程序文件经部门经理审核或其公司 / 厂级主管领导审核后报管理者代表批准发布，具体审批职责可在文件控制程序中做出规定。

（三）体系的试运行阶段

在试运行阶段，组织应严格执行体系文件的要求，重点围绕以下方面的活动推进体系的运行工作。

1. 培训和宣贯

（1）培训的策划和培训计划的确定。

由培训主管部门根据相关体系文件的要求，组织建立总体计划安排，由各相关部门的培训需求等情况确定总体培训需求，指定详细的培训总体计划。明确培训的组织部门、内容、时间、方法和考核要求。

其中培训需求应有各相关部门根据所确定的培训内容，结合所在区域内各岗位人员的实际能力、经历、意识和职责，有针对性地确定，从效果出发。

（2）培训内容的确定。

培训的内容主要考虑以下几个方面。

①质量意识的全员培训。

②质量方针的全员培训。

③质量管理体系知识的培训。

④质量法律法规及相关要求的知识培训。

⑤体系文件、专业知识及技能培训。

⑥所在岗位的质量职责、过程要求、涉及的目标、信息传递方式等。

⑦体系运行相关责任人员的培训。如管理者代表，内审员的培训等。

培训的内容还应明确参加人员（培训的对象）、培训教师、培训教材等内容，要求具体明确，易于相关部门执行。

（3）培训时间

在确定培训时间时应考虑各相关各单位的所在区域、生产活动任务、培训内容的相关性、组织体系运行所处的阶段、劳务人员情况、员工上岗前的培训等因素，合理安排培训时间，对相近的内容可以集中培训，专业性较强的内容可以分班进行，培训应精简、高效、及时。

培训的时间，应具体明确。初次贯标的组织一般进行三种类型的培训：

①前期的宣贯培训。

②中期的管理体系文件和关键岗位的相关专业知识培训。

③内审前的内审员培训。

（4）培训方法

培训的方法的确定应以灵活、实用为原则，注重实效。常见的方法有以下几种：

①专业讨论会、讲座。

②电视、录像教学（如典型事故、不符合教育）。

③专业技术知识培训，由专业人员和管理者进行在职培训、现场教学。

④内部业务或信息刊物。

⑤招贴画或小册子。

⑥体系运行质量信息的交流。

⑦新员工上岗前培训和考核。

⑧去相关组织学习考察。

（5）培训的实施

有培训计划的责任部门、相关部门和人员根据所定的培训计划实施。如有局部变化，应按体系文件的相关要求进行修订。实施的过程应严格认真，力求达到预期的培训效果。培训实施过程中也应注意按相关体系文件的要求保存培训记录。

（6）培训效果的确定

根据培训需求、培训内容、培训方式等因素确定考核的方式。方式应具体明确，有利于实施并能反映培训效果，常见的考核方式如下：

①笔试。

②现场操作考核。

③面试、口答。

④生产过程绩效监视测量。

2. 文件发放

应按相关体系文件的要求，将体系文件及适用文件（尤其是运行中用到的表格）及时发放至使用人员。

供相关人员学习使用，并进行以下工作：

（1）在体系运行初期时应对原有文件进行整理识别。

（2）对在内容上有冲突的文件，应及时作废妥善处理。

（3）对所有现行有效的文件应进行整理编号，适当标识，方便查询索引。

（4）印发使用的体系文件，尤其是表格。及时发放至适用部门、人员，使组织内的人员得到并使用最新的文件表格。

（5）对适用的规范、规程等行业要求及时购买补充完善。

3. 体系运行

在体系运行初期各相关人员往往对相关要求理解不够深入，组织的管理部门可结合培训工作到所在区域或现场采取专项指导，到设立的样板区域进行学习参观，召开现场办公会、系统集中会等方式推进运行工作。

4. 过程检查和指导

实施监测的主要作用为证实组织的相关质量活动符合国家规定、标准等要求，真实地反映体系运行的安全健康绩效等方面的情况，向组织的领导层提供对体系下阶段运行决策的依据。

（1）监测、监控的对象。

①体系文件的适用性。

②各运行控制要求的执行情况。

③目标的完成情况。

④职责的实施落实情况。

⑤管理过程要求的执行情况。

⑥产品形成过程要求的执行情况。

⑦法律、法规及其他要求的执行情况。

（2）监测、监控的方法。主要可采用以下方法：

①所在区域组织的自我监控、测量。

②管理部门制订监控计划，对计划内区域的重点监控。

③由外部相关部门实施监控、测量。

④结合原有系统管理的例行检查。

⑤内审、管理评审监督机制的运用 –

（3）监控后的改进。若出现不符合体系文件、法律法规及相关要求的情况，组织内相关部门应根据出现的不符合的性质采取相应的纠正措施。

5. 改进和提高

在组织运行初期可能会出现大量不符合文件或相关要求的情况，这是正常现象，组织应正确面对，而不应通过资料造假、涂改等方式去掩盖出现的问题。

有一些组织认为在体系运行时发生了严重的质量事故或影响才是不符合，所以在很多情况下认为没有不符合的情况。但深入审核后却发现并不是如此，出现这样的问题是由于对不符合的理解存在偏差。GB/T 19000–2000 中不符合的定义为“未满足要求”（明示的，通常隐含的或必须履行的需求或期望），对此可以理解为只要出现未满足文件（体系文件）的规定、法律法规及其他要求、相关方的要求或期望等情况，不论其严重程度均属于不符合。明确这个问题后有助于组织正确理解不符合。

组织可通过以下方法收集不符合的信息：

（1）通过组织的自我监督发现不符合，如质检员发现的不符合。

（2）相关外部组织提出和发现的不符合，如行业检查中提出的问题、监理提出的问题等。

组织可通过体系的自我完善功能及时有效地予以纠正或认真分析原因，制定措施去消除这些已出现的不符合。对文件规定接口存在的问题，可在系统间进行协调 . 更改相应的要求。对具体操作过程中存在的普遍问题可考虑用补充制定详细作业文件的方式等来解决，确保体系长期有效运行和持续改进。

（四）内部审核

1. 内审的目的、作用

内部审核是组织对其自身的质量管理体系所进行的审核，是对体系是否正常运行以及是否到达了规定的目标等所作的系统、独立的检查和评价，是质量管理体系的一种自我保证和监督机制。

2. 内审工作应注意的问题

（1）要考虑在一个阶段或年度内覆盖体系涉及的所有部门和人员。在一个年度或一个运行期内可以尝试多次内容，每次内审可根据情况对局部或全部（部门或区域）审核，但在一个年度或一个运行期内应确保体系覆盖的所有部门或区域都被审核。

（2）审核的频率和范围要与拟审核的部门和区域的状况和重要性相适应。对有重大危害因素的以及对体系运行及其效果、方针目标完成情况、质量绩效有重要影响的部门或区域应加强审核的频率和力度，确保体系运行效果。

（3）要结合以往审核的结果。对体系运行效果较差或不符合项较多的部门或区域应加强审核，以促进其提高。

（4）要明确策划出审核的方式、方法和频率，形成审核计划，并发放至相关部门。

（五）管理评审

管理评审是由组织的最高管理者对质量体系进行的系统评价，以确定质量体系是否适合于法规和内外部条件的变化等。它是一种对质量管理体系的全面审查，是二重监督机制中很重要的一种监督机制。召开的时机以内部体系的变化和外部要求改变的情况为决定因素。

1. 管理评审步骤

管理评审的步骤一般如下：

（1）管理评审的策划，制订评审计划。

（2）管理评审的信息收集。

（3）管理评审的实施，召开管理评审会议。

（4）管理评审的信息输出。

（5）报告留存。

（6）评审后要求。

2. 管理评审应注意的问题

组织在进行管理评审时应注意以下问题：

（1）信息输入的充分性和有效性。

（2）管理评审过程应充分严谨。

（3）管理评审的结论应清楚明了，表述准确。

（4）对管理评审所引发的措施应认真进行整改。

（六）外部审核认证阶段

外部审核认证是由第三方认证机构来审核，用以判定受审核方是否可以通过认证。由审核方对其进行客观评价，以确定满足审核标准的程度所进行的系统的、独立的并形成文件的过程。组织申请质量管理体系认证应填写正式申请书，并由申请组织授权的代表签字。

1. 申请书及其附件的内容

（1）申请认证的范围。

（2）申请组织同意遵守认证要求，提供审核所需的必要信息。

2. 现场审核前申请方应该提供的信息

（1）申请组织情况绍，如组织的性质、名称、地质、法律地位以及有关人员和技术资源。

（2）组织安全情况简介，包括近两年中的事故发生情况。

（3）对拟认证体系所适用的标准或其他引用文件的说明。

（4）质量管理体系手册、程序文件及所需相关资料。

3. 申请受理的条件

认证机构收到申请材料后，对申请材料进行审查，判断企业是否符合申请认证的条件。对未通过审查的企业，认证机构通知企业进行补充、纠正或重新申请。申请受理的一般要求：

（1）申请方具有法人资格，持有关等级注册证明，具备二级或委托方法人资格也可。

（2）申请方应按质量管理体系审核规范建立文件化的质量管理体系。

（3）申请方的质量管理体系已按文件要求有效运行，并已做过一次完整的内审及管理评审。

（4）申请方的质量管理体系充分有效运行，并至少达 3 个月。

4. 监督审核的实施

监督审核是审核过程中的一个阶段，是受审核方通过认证审核后，认证机构根据审核指南的要求对审核方进行的定期审核过程。

5. 监督后的处置

通过对证书持有者质量体系的监督审核，如果证实其体系符合规定要求时，则保持其认证资格。如果证实其体系不符合规定要求，则视其不符合的严重程度，由体系认证机构决定是否暂停使用认证证书和标志或撤销认证资格，收回其体系认证证书。

6. 换发证书

在证书有效期内，如果遇到质量体系标准变更，或者体系认证的范围变更，或者证书的持有者变更时，证书持有者可以申请换发证书，认证机构做必要的补充审核。

7. 注销证书

在证书有效期内，由于体系认证规则或体系标准变更或其他原因，证书的持有者不愿保持其认证资格的，体系认证机构应收回其认证证书，并注销其认证资格。

第三节 施工质量控制

一、概述

风电场工程施工单位的质量控制任务主要在施工阶段。施工单位为施工阶段质量的自控主体。施工单位应建立并实施工程项目质量管理制度，对工程项目施工质量管理策划、施工设计、施工准备、施工质量和服务予以控制。

（一）施工质量控制的目标

施工质量控制的总体目标是贯彻执行建设工程质量法规和强制性标准，正确配置施工生产要素和采用科学管理的方法，实现工程项目预期的使用功能和质量标准。这正是建设工程参与各方的共同责任。

（二）施工质量控制的系统过程

施工阶段的质量控制，是一个经由对投入资源和条件的质量控制（事前控制），进而对生产过程及各环节质量进行控制（事中控制），直到对所完成的工程产出品的质量检验与控制（事后控制）为止的全过程系统控制。这个过程可以依据在施工阶段工程实体质量形成的时间阶段不同来划分，也可以根据施工阶段工程实体形成过程中物质形态的转化来划分。

（三）影响施工阶段质量的因素

工程施工是一种物质生产活动，工程影响因素多，概括起来可归纳为五个方面，分别是劳动主体—人、劳动对象材料、劳动手段机械、劳动方法—方法及施工环境。质量控制的系统过程中，施工单位无论是对投入物质资源的控制，还是对施工及安装生产过程的控制，都应当对影响工程实体质量的五个重要因素进行全面的控制。

（四）实体形成过程各阶段的质量控制内容

1. 事前控制。事前质量控制内容是指正式开工前所进行的质量控制工作。作为施工单位在事前控制时要求预先进行周密的质量计划。事前控制其内涵包括两层意思：一是强调质量目标的计划预控；二是按质量计划进行质量活动前准备工作状态的控制。

2. 事中控制。事中控制首先是对质量活动的行为约束，即对质量产生过程各项技术作业活动操作在相关制度管理下自我行为约束的同时，充分发挥其技术能力，去完成预定质量目标的作业任务；其次是对质量活动过程和结果、来自他人的监督控制，包括来自企业内部管理者的检查检验和来自企业外部的工程监理和政府质量监督部门等的监控。在施工单位组织的质量活动中，通过监督机制和激励机制相结合的管理方法，来发挥操作者更好的自我控制能力，以达到质量控制的效果，是非常必要的。

3. 事后控制。事后控制包括对质量活动结果的评价认定和对质量偏差的纠正。当质量实际值与目标值之间超出允许偏差时，必须分析原因，采取措施纠正偏差，保持质量受控状态。

事前控制、事中控制及事后控制，不是孤立和截然分开的，它们之间构成有机的系统过程，实质上也就是 PDCA 循环具体化，并在每一次滚动循环中不断提高，达到质量管理或质量控制的持续改进。

二、质量控制的依据、方法和程序

（一）质量控制的依据

施工阶段风电场工程施工单位进行施工质量控制的依据主要有以下八个方面：

1. 国家颁布的有关质量方面的法律、法规

为了保证风电场工程质量，监督规范风电场工程建设，国家及电力工程管理部门颁布的法律法规主要有《中华人民共和国建筑法》《建设工程质量管理条例》《电力建设工程质量监督规定（暂行）》等。风电工程施工单位必须确保施工过程中的质量行为、质量控制手段等符合相应的法律、法规。

2.《工程建设标准强制性条文》

《工程建设标准强制性条文》（以下简称《强制性条文》）是《建设工程质量管理条例》（国务院令第 279 号）的一个配套文件，是工程建设强制性标准实施监督的依据。《强制性条文》是根据建设部〔2000〕31 号文的要求，由建设部会同各有关主管部门组织各方面的专家共同编制，

经各有关部门分别审查，由建设部审定发布。《强制性条文》发布后，被摘录的现行工程建设标准继续有效，两者配套使用。所摘录的条、款、项等序号，均与原标准相同。目前风电工程方面的强制性条文主要有2006年版《工程建设强制性条文》（电力工程部分），这是风电工程建设现行国家标准中直接涉及人民生命财产安全、人身健康、环境保护和公众利益的条文，同时考虑了提高经济和社会效益等方面的要求。在执行《强制性条文》的过程中，应系统掌握现行风电场工程建设标准，全面理解强制性条文的准确内涵，以保证《强制性条文》的贯彻执行。

列入上述《强制性条文》的所有条文，风电场工程施工单位都必须严格执行，无论合同中是否约定引用，即使摘录源标准为推荐标准，一旦列入《强制性条文》，风电工程施工单位必须严格遵守。

3. 工程承包合同中引用的施工相关规程规范

国家和行业（或部颁）的现行施工技术规范和操作规程，是建立、维护正常生产秩序和工作秩序的准则，也是为有关人员制定的统一行动准则，它们是工程施工经验的总结，与质量形成密切相关，必须严格遵守。在实践中，存在风电规范与电力规范不一致的情况。当出现该类情况时，风电场工程施工单位应首选合同中引用的规范；如合同中两类规范同时引用或均没有引用，则施工单位应及时与项目建设单位、监理及设计单位沟通，书面提出该问题，以得到确定的答复。

4. 工程承包合同中引用的质量依据

有关原材料、半成品、构配件方面的质量依据包括：

（1）有关产品技术标准。例如水泥、水泥制品、钢材、石材、石灰、砂、防水材料、建筑五金及其他材料的产品标准。

（2）有关检验、取样方法的技术标准。

（3）有关材料验收、包装、标志的技术标准。

5. 制造厂提供的设备安装说明书和有关技术标准

制造厂提供的设备安装说明书和有关技术标准，是风电场工程施工安装企业进行设备安装必须遵循的重要的技术文件。

6. 已批准的设计文件、施工图纸及相应的设计变更与修改文件

按图施工是风电场工程施工阶段质量控制的一项重要原则，风电场工程施工单位应严格按已批准的设计文件进行质量控制。风电场工程施工单位在施工前还应参加建设单位组织的设计交底工作，以达到了解设计意图和质量要求，发现图纸差错和减少质量隐患的目的。

7. 工程承包合同中有关质量的合同条款

施工承包合同写有建设单位和风电场工程施工单位有关质量控制权利和义务的条款，各方都必须履行合同中的承诺，施工单位必须严格履行质量控制条款，否则可能造成违约而遭到建设单位索赔。因此，施工单位要熟悉这些条款，按合同文件质量要求施工，避免发生纠纷。

8. 已批准的施工组织设计、施工技术措施及施工方案

风电场工程施工单位应组织编制切实可行、能够满足质量要求，同时又尽可能经济的施工组织设计、施工技术措施及施工方案，施工组织设计、施工技术措施及施工方案应由项目部内部进行严格审查后报监理、建设单位审批。经过批准的施工组织设计是施工单位进行工程施工的现场布置、人员组织配备和施工机具配置，每项工程的技术要求，施工工序和工艺、施工方法及技术保证措施，质量检查方法和技术标准等。一旦获得批准，项目部必须将其作为质量控制的依据。

（二）施工单位质量控制和验收方法

风电场工程施工单位应建立并实施施工质量检查制度。施工单位应规定各管理层对施工质量检查与验收活动进行监督管理的职责权限。检查和验收活动应由具备相应资格的人员施工。施工单位应按规定做好对分包工程的质量检查和验收工作。施工单位应配备和管理施工质量检查所需的各类检测设备。施工阶段现场所用材料、半成品、工序过程或过程产品质量检查的主要方法有以下几种：

1. 目测法

目测法就是凭借感官进行检查，也可称为观感检验。例如混凝土的振捣方法是否符合要求，振捣过程中混凝土浆是否还在冒气泡，是否存在漏振现象；混凝土浇筑后，混凝土是否存在蜂窝麻面、孔洞、漏筋及夹渣等缺陷。

2. 实测法

实测法就是利用量测工具或计量仪表，通过实际测量结果与规划的质量标准或规范的要求，从而判断质量是否符合要求。例如混凝土拌和过程中的骨料含水量定时检测、出机口混凝土坍落度测定等。

3. 试验法

试验法是指通过进行现场试验或试验室试验等理化试验手段取得数据，分析判断质量情况。包括：①理化试验，如混凝土抗压强度试验，钢筋各种力学指标的测定，各种物理性能方面的测定；②无损检测或试验，如超声波探伤、γ 射线探伤等。

4. 施工记录、技术文件

现场施工员应认真、完整记录每日施工现场的人员、设备、材料、天气及施工环境等情况。施工项目部质量检测员经常检查现场记录、技术文件，如混凝土拌和配料单检查。

（三）施工阶段质量控制程序

施工单位应加强质量控制程序管理，对单位工程、分部工程、工序或单元工程均应制定质量控制程序。

1. 单位工程质量控制

风电场工程施工单位项目部在单位工程开工前，应组织技术人员认真阅读图纸，编制施工组织设计、技术措施等，同时，完成人员、设备、材料等进场工作，在各项准备工作完成后向监

理递交开工申请，经监理签发开工通知后开工，单位工程质量控制程序。工程质量控制内容包括但不限于：①施工组织设计；②技术措施；③机械设备、人员；④材料到场情况；⑤分包商资质；⑥各项材料试验报告。

2. 分部工程质量控制

每一分部工程应向监理递交一份开工申请，开工申请附施工措施计划，监理检查该分部工程的开工条件，确认并签发分部工程开工通知后，项目部方可组织施工。

3. 工序或单元工程质量控制

第一个单元工程在分部工程开工申请或批准后项目部自行组织开工，后续单元工程凭监理机构签发的上一单元工程施工质量合格证明方可开工。

三、施工准备阶段质量控制

风电场工程施工单位应依据工程项目质量管理策划的结果实施施工准备。施工单位应按规定向监理或建设单位进行报审、报验。施工单位应确认项目施工已具备开工条件，按规定提出开工申请，经批准后方可开工。

（一）施工单位组织机构和人员

1. 项目管理组织机构

风电场工程施工单位最高管理者应该确定适合施工单位自身工程特点的质量管理体系组织结构一项目部，合理划分管理层次和职能部门，确保各项活动高效、有序地运行。施工单位项目部的设置均应与质量管理制度相一致。施工单位应根据质量管理的需要，明确管理层次，设置相应的部门和岗位。

施工单位应规定各级专职质量管理部门和岗位的职责和权限，形成文件并传递到各管理层次。施工单位应以文件的形式公布组织机构的变化和职责的调整，并对相关的文件进行更改。

2. 项目部人员的管理

风电场工程施工单位应建立并实施人力资源管理制度。施工单位的人力资源管理应满足质量管理需要。施工单位应根据质量管理长远目标制定人力资源发展规划。施工单位应该按照岗位任务条件配置相应的人员。项目经理、施工质量检查人员、特种作业人员等应按照国家法律、法规的要求持证上岗。施工单位必须保证施工现场具有技术合格和数量足够的下述人员。

（1）具有合格证明的各类专业技工和普工。

（2）具有相应的理论、技术知识和施工经验的各类专业技术人员及有能力进行现场施工管理和指导施工作业的工长。

（3）具有相应岗位资格的管理人员。技术岗位和特殊工种的工人均必须持有通过国家或有关部门统一考试或考核的资格证明，经监理机构审查合格者才准上岗。

（二）施工单位进场施工准备

为了保证施工的顺利进行，施工单位在开工前应将施工设备准备完好，具体要求如下：

（1）施工单位进场施工设备的数量和规格、性能以及进场时间应能满足施工的需要。

（2）施工单位应按照施工组织设计保证施工设备按计划及时进场。应避免不符合要求的设备投入使用。在施工过程中，施工单位应对施工设备及时进行补充、维修、维护，满足施工需要。

（3）旧施工设备进入工地前，施工单位应对该设备的使用和检修记录进行检查，并由具有设备鉴定资格的机构进行检修并出具检修合格证。

（三）对基准点、基准线和水准点的复合和工程放线

施工单位应及时申请监理组织勘察设计单位提供的测量基准点、基准线和水准点及其平面资料，并由勘察、设计、监理、建设、施工等单位会签工程测量交桩签证单。施工单位应依此基准点、基准线以及国家测绘标准和工程项目精度要求，测设自己的施工控制网，并将资料报送监理审批。

施工单位应负责管理好施工控制网，若有丢失或损坏，应及时修复，其所需管理和修复费用由施工单位承担。

（四）对原材料、构配件的检查

施工单位进场原材料、构配件的质量、规格、性能应符合有关技术标准和技术条款的要求，原材料的存储量应满足工程开工及随后施工的需要。

（五）施工辅助设施的准备

施工辅助设施包括砂石料系统、混凝土拌和系统以及场内道路、供水、供电等。

砂石料生产系统的配置，是根据工程设计图纸的混凝土用量及各种混凝土的级配比例，计算出各种规格混凝土骨料的需用量，主要考虑日最大强度及月最大强度’确定系统设备的配置。

混凝土拌和系统选址，尽量选在地质条件较好的部位，拌和系统布置注意进出料高程，尽量做到运输距离短，生产效率高。

对于场内交通运输、对外交通方案确保施工工地与国家或地方公路之间的交通联系，具备完成施工期间外来物质运输任务的能力。场内交通方案确保施工工地内部各工区、当地材料场地、堆渣场、各生产区、各生活区之间的交通联系，主要是道路与对外交通衔接。

工地施工用水、生活用水和消防用水的水压、水质应满足相应的规定。施工供水量应满足不同时期日高峰生产用水和生活用水需要，并按消防用水量进行校核。

（六）施工单位分包人的管理

风电场工程施工单位应建立并实施分包管理制度，明确各管理层次和部门在分包管理活动中的职责和权限，对分包方实施分类管理，并分类制定管理制度。施工单位应对分包工程承担相关责任。

1. 分包方的选择和分包合同。施工单位应按照管理制度中规定的标准和评价办法，根据所需要分包内容的要求，经评价依法通过适当方法（如招标、组织相关职能部门实施评审、分包方提供的资料评价、分包方施工能力现场考察）选择合适的分包方，并保存评价和选择分包方记录。

2. 分包项目实施过程的控制。施工单位应在分包项目实施前对从事分包的有关人员进行分包工程施工或服务要求的交底，审查批准分包方编制的施工或服务方案，并据此对分包方的施工或服务条件进行确认和验证。

施工单位对项目分包管理活动的监督和指导应符合分包管理制度的规定和分包合同内容的约定。施工单位应对分包方的施工和服务过程进行控制，包括对分包方的施工和服务活动进行监督检查，发现问题及时提出整改要求并跟踪复查；依据规定的步骤和标准对分包项目进行验收。

施工单位应对分包方的履约情况进行评价并保存记录，作为重新评价、选择分包方和改进分包管理工作的依据。施工单位应采取切实可行的措施防止分包方将分包工程再分包。

四、施工图纸会审及施工组织设计阶段质量控制

（一）施工图纸会审与设计交底

施工图是对风电场工程建筑物、金属结构、机电设备等工程对象的尺寸、布置、选用材料、构造、相互关系、施工及安装质量要求的详细图纸和说明，是指导施工的直接依据。

施工图会审是指承担施工阶段监理的监理单位组织施工单位以及建设单位，材料、设备供应等相关单位，在收到审查合格的施工设计文件后，在设计交底前进行的全面细致熟悉和审查施工图纸的活动。

施工图会审的目的有两个方面：①使施工单位和各参建单位熟悉设计图纸，了解工程特点和设计意图，找出需要解决的技术难题，并制定解决方案；②解决图纸中存在的问题，减少图纸的差错，将图纸中的质量隐患消灭在萌芽状态。

1. 施工图会审内容

在图纸会审时，施工方对施工图纸进行审核时，除了重视施工图纸本身是否满足设计要求之外，还应注意从施工角度、施工方案选择等方面进行审核，应使施工能保证工程质量，以减少设计变更。施工方会审的主要内容包括：

（1）施工图纸与设备、原材料的技术要求是否一致。

（2）施工的主要技术方案与设计是否相适应。

（3）图纸表达深度能否满足施工需要。

（4）构件划分和加工要求是否符合施工能力。

（5）各专业之间设计是否协调。如设备外形尺寸与基础设计尺寸、土建和机务对建（构）筑物预留孔洞及埋件的设计是否吻合，设备与系统连接部位、管线之间，电气、机务之间相关设计是否吻合。

（6）设计采用的“四新”（新材料、新设备、新工艺、新技术）在施工技术、机具和物资供应上有无困难。

（7）施工图之间和总分图之间、总分尺寸之间有无矛盾。

（8）能否满足生产进行对安全、经济的要求和检修作业的合理需要。

（9）设备布置及构件尺寸能否满足其运输及吊装要求。

（10）设计能否满足设备和系统的启动调试要求。

（11）材料表中绘出的数量和材质以及尺寸与图面表示是否相符。

此外，图纸会审时，施工单位可以根据自身擅长的施工方案、施工工艺及“四新”技术掌握的情况，在不降低使用功能，不影响原设计意图的情况，提出建议性设计变更方案。图纸会审对工程施工质量的控制属于事前控制的重要内容之一，施工单位应重视图纸会审，以达到事前控制的目的。施工单位通过充分的图纸会审，将会使施工成本、质量、工期更加优化。

2. 设计技术交底

设计交底是指在施工图完成并经审查合格后，设计单位在设计文件交付施工时，按法律规定的义务就施工图设计文件向施工单位和监理单位作出详细的说明。其目的是对施工单位和监理单位正确贯彻设计意图，使其加深对设计文件特点、难点、疑点的理解，掌握关键部位的质量要求，确保工程质量。

为更好地理解设计意图，从而编制出符合设计要求的施工方案，监理机构对重大或复杂项目的设计文件组织设计技术交底会议，由设计、施工、监理、建设单位等相关人员参加。设计交底的内容主要有：

（1）设计文件依据。包括上级文件、规划准备条件、建设单位的具体要求及合同。

（2）建设项目所规划的位置、地形、地貌、气象、水文地质、工程地质、地震烈度。

（3）施工图设计依据。包括初步设计文件、规划部门要求、主要设计规范、业主方或市场上供应的设备材料等。

（4）设计意图。包括设计思路、设计方案比选情况和建筑安装方面的设计意图和特点。

（5）施工时应注意的事项。包括建筑安装材料方面的特殊要求，基础施工要求，本工程采用的新材料、新设备、新工艺、新技术对施工提出的要求等。

（6）建设单位、施工单位审图中提出设计需要说明的问题。

（7）对设计技术交底会议应形成记录。

施工单位项目部应按照规定接收设计文件，参加图纸会审和设计交底并对结果进行确认。施工单位项目部应高度重视设计交底，对设计意图存在疑问的要及时向设计单位释疑，施工难度较大或存在优化设计的方案，可以向设计单位提出，争取进行设计变更。

（二）施工图纸的签收

在监理审核图纸，并确认图纸正确无误后，由监理签字，下发给施工单位，施工单位项目部专人签收，施工图即正式生效，施工单位就可按图纸进行施工。施工单位在收到监理发布的施工图后，在用于正式施工之前应注意以下问题：

1. 检查该图纸监理是否已经签字。

2. 对施工图做仔细的检查和研究。

（三）施工组织设计文件编制

施工组织设计是风电工程设计文件的重要组成部分，是编制工程投资估算、设计概算和进行招投标的主要依据，是工程建设和施工管理的指导性文件，施工组织设计是对施工活动实行科学管理的重要手段，它具有战略部署和战术安排的双重作用。它体现了实现基本建设计划和设计的要求，提供了各阶段的施工准备工作内容，协调施工过程中各施工单位、各施工工种、各项资源之间的相互关系。施工组织设计是用来指导施工项目全过程各项活动的技术、经济和组织的综合性文件，是施工技术与施工项目管理有机结合的产物，它是工程开工后施工活动有序、高效、科学合理进行的保证。

在施工投标阶段，施工单位应根据招标文件中规定的施工任务、技术要求、施工工期及施工现场的自然条件，结合本企业的人员、机械设备、技术水平和经验，在投标书中编制施工组织设计，对拟承包工程作出总体部署，如工程准备采用的施工方法、施工工艺、机械设计、技术力量的配置、内部质量保证系统和技术保证措施。它是施工单位进行投标报价的主要依据之一。中标后，施工单位在开工前，更为完备、具体的施工组织设计。

施工单位编制施工组织设计时应注意以下问题：

1. 拟采用的施工方法、施工方案在技术上是否可行，对质量有无保证，在经济上是否合理。

2. 所选用的施工设备是否属本企业所有，能否调往该工程项目，或确保能租赁使用，施工设备的型号、类型、性能、数量等是否满足施工进度和施工质量的要求。

3. 各施工工序之间是否平衡，会不会因工序的不平衡而出现窝工。

4. 质量控制点是否正确设置，其检验方法、检验频率、检验标准是否符合合同技术规范的要求。

5. 计量方法是否符合合同的规定。

6. 技术保证措施是否切实可行。

7. 施工安全技术措施是否切实可行等。

施工单位施工组织设计完成后，应组织内部审核、签认。施工单位在内部审核签认后报监理审批。在施工组织设计和技术措施获得批准后，施工单位就应严格遵照批准的施工组织设计和技术措施实施。对于由于其他原因需要采取替代方案的，应保证不降工程质量、不影响工程进度、不改变原来的报价。施工过程中，如由于水文、地质等情况，施工方案需进行较大调整的，应重新编制该部分的施工方案，并先内部审核、签认后报监理审批。

五、施工过程影响因素的质量控制

影响工程质量的因素有劳动主体、劳动对象、施工工艺、施工设备和施工环境。事前控制以上五个方面因素的质量，是确保工程施工阶段质量的关键。

（一）劳动主体控制

劳动主体的质量包括参与工程各类人员的生产技能、文化素养、生理体能、心理行为等方面的个体素质及其经过合理组织充分发挥其潜在能力的群体素质。施工单位应通过择优录用、加强思想教育及技能方面的教育培训；合理组织、严格考核并辅以必要的激励机制，使企业员工的潜在能力得到最好的组合和充分发挥，从而保证劳动主体在质量控制系统中发挥主体自控作用。

（二）劳动对象控制

原材料、半成品、设备是构成实体的基础，其质量是工程项目实体质量的组成部分。因此，加强原材料、半成品、设备的质量控制，不仅是提高工程质量的必要条件，也是实现工程项目投资目标和进度目标的前提。施工单位应根据施工需要建立并实施原材料、半成品、设备管理制度。

1. 原材料质量控制

（1）原材料、半成品、设备质量控制的主要内容。原材料、半成品、设备的质量控制的主要内容为控制材料设备性能、标准与设计文件的相符性；控制材料设备各项技术性能指标、检验测试指标与标准要求的相符性；控制材料设备进场验收程序及质量文件资料的齐全程度等。

施工单位应在施工过程中贯彻执行企业质量程序文件中明确材料设备在封样、采购、进场检验、抽样检验及质保资料提交等一系列明确规定的控制标准。

（2）原材料、半成品、设备质量控制的特点。工程建设所需用的建筑材料、构件、配件等数量大，品种规格多，且分别来自众多的生产加工部门，故施工过程中，材料、构件、配件的质量控制工作量大。施工单位项目部应建立材料台账，分批次做好材料质量控制工作。

工程施工受外界条件的影响较大，有的材料甚至是露天堆放，影响材料质量的因素多，且各种因素在不同环境条件下影响工程质量的程度不尽相同，因此，材料必须严格按规范要求堆存。

（3）原材料、半成品、设备质量控制程序。施工单位应根据施工需要确定和配备项目所需的建筑材料、构配件和设备，并应按照管理制度的规定审批各类采购计划。计划未经批准不得用于采购。采购应明确所采购产品的类型、规格、型号、数量、交付期、质量要求以及采购验证的具体安排。

（4）原材料、半成品、设备供应的质量控制。施工单位应建立材料运输、调度、储存的科学管理体系，加快材料的周转，减少材料的积压和存储，做到既能按质、按量、按期地供应施工所需的材料，又能降低费用，提高效益。

（5）原材料、半成品、设备在正式用于施工之前，施工单位应组织现场试验，并编写试验报告。现场试验合格，试验报告及资料经监理工程师审查确认后，材料才能正式用于施工。同时，还应充分了解材料的性能、质量标准、适用范围和对施工的要求。使用前应详细核对，以防用错或使用不适当的材料。对于重要部位和重要结构所使用的材料，使用前应仔细核对和认证材料的规格、品种、型号、性能是否符合工程特点和以上要求。

（6）材料的质量检验、验收。施工单位应对建筑材料、构配件和设备进行验收。必要时，应到供应方的现场进行验收。验收过程、记录和标识应符合有关规定。未经验收的建筑材料、构配件和设备不得用于工程施工。

2. 工程设备的质量控制

（1）工程设备检查及验收的质量控制。工程设备运至现场后，施工单位项目部应负责办理现场工程设备的接收工作，然后申请监理人进行检查验收，工程设备的检查验收内容有计数检查，质量保证文件检查，品种、规格、型号的检查，质量确认检验等。

（2）工程设备的试车运转质量控制。工程设备安装完毕后，要参与和组织单体、联体无负荷和有负荷的试车运转。试运转的质量控制可以分为质量检查阶段、单体试运转阶段、无负荷或非生产性介质投料的联合试运转阶段和有负荷试运转阶段等四个阶段。

（3）材料和工程设备的检验。材料和工程设备的检验应符合有关规定和施工合同的约定。

3. 施工工艺控制

施工工艺的先进合理是直接影响工程质量、工程进度及工程造价的关键因素，施工工艺的合理可靠还直接影响到工程施工安全。因此在工程项目质量控制系统中，制定和采用先进合理的施工工艺是工程质量控制的重要环节。对施工方案的质量控制主要包括以下内容：全面正确地分析工程特征、技术关键及环境条件等资料，明确质量目标、验收目标、控制的重点和难点；制定合理、有效的施工技术方案和组织方案，前者包括施工工艺、施工方法；后者包括施工区段划分、施工流向及劳动组织等；合理选用施工机械设备和施工临时设施，合理布置施工总平面图和各阶段施工平面图；选用和设计保证质量和安全的模具，脚手架等施工设备；编制工程所采用的新技术、新工艺、新材料的专项技术方案和质量管理方案；为确保工程质量，尚应针对工程具体情况，编写气象地质等环境不利因素对施工的影响及其对应措施的文件。

（四）施工设备控制

施工设备质量控制的目的在于为施工提供性能好、效率高、操作方便、安全可靠、经济合理且数量足够的施工设备，以保证按照合同规定的工期和质量要求，完成建设项目施工任务。施工单位应从施工设备的选择、施工设备使用管理和保养、施工设备性能参数的要求三个方面予以控制。

1. 施工设备选择

施工设备选择的质量控制．主要包括施工设备的选型和主要性能参数的选择两方面。

（1）施工设备的选型应考虑设备的施工适应性、技术先进、操作方便、使用安全，保证施工质量的可靠性和经济上的合理性。

（2）施工设备主要性能参数的选择应根据工程特点、施工条件和已确定的机械设备型式来选定具体机械。

2. 施工设备使用管理和保养

为了更好地发挥施工设备的使用效果和质量效果，施工单位应做好施工设备的使用管理工作，具体如下：

（1）加强施工设备操作人员的技术培训和考核，正确掌握和操作机械设备，做到定机定人，实行机械设备使用保养的岗位职责。

（2）建立和健全机械设备使用管理的各种规章制度，如人机固定制度、操作证制度、岗位责任制、交接班制度、技术保养制度、安全使用制度、机械设备检查维修制度及机械设备使用档案制度等。

（3）严格执行各项技术规定，如技术试验规定；走合期规定；寒冷地区使用机械设备的规定等。

3. 施工设备性能参数要求

对于施工设备的性能及状况，不仅在其进场时应进行考核，在使用过程中，由于零件的磨损、变形、损坏或松动，会降低效率和性能，从而影响施工质量。项目部应对施工设备特别是关键性施工设备的性能和状况定期进行考核。

（五）施工环境控制

环境因素主要包括地质、水文、气象变化及其他不可抗力因素，以及施工现场的照明、安全卫生防护等劳动作业环境等内容。环境因素对工程施工的影响一般难以避免。要消除其对施工质量的不利影响，主要是采取预测预防的控制方法。

六、施工工序的质量控制

工程质量是在施工工序中形成的，不是靠最后检验出来的。工程项目的施工过程是由一系列相互关联、相互制约的工序所构成，工序质量是基础，工序质量也是施工顺利进行的关键，直接影响工程项目的整体质量。要控制工程项目施工过程的质量，施工单位首先必须加强工序质量控制。

（一）工序质量控制的内容

施工单位进行工序质量控制时，应着重于以下 4 个方面的工作。

1. 严格遵守工艺规程

施工工艺和操作规程，是进行施工操作的依据和法规，是确保工序质量的前提，任何人都必须遵守，不得违反。

2. 主动控制工序活动条件的质量

工序活动条件包括的内容很多，主要指影响质量的五大因素，即施工操作者、材料、施工机械设备、施工方法和施工环境。只要将这些因素切实有效地控制起来，使它们处于被控状态，确保工序投入品的质量，就能保证每道工序的正常和稳定。

3. 及时检验工序活动效果的质量

工序活动效果是评价工序质量是否符合标准的尺度。为此，必须加强质量检验工作，对质量状况进行综合统计与分析，及时掌握质量动态，发现质量问题，应及时处理。

4. 设置质量控制点

质量控制点是指为了保证作业过程质量而预先确定的重点控制对象、关键部位或薄弱环节，设置控制点以便在一定时期内、一定条件下进行强化管理，使工序处于良好的控制状态。

（二）工序分析

工序分析就是找出对工序的关键或重要的质量特性起支配作用的要素的全部活动，以便能在工序施工中针对这些主要因素制定出控制措施及标准，进行主动、预防性的重点控制，严格把关。工序分析一般可按以下步骤进行。

1. 选定分析对象，分析可能的影响因素，找出支配性要素。

2. 针对支配性要素，拟订对策计划，并加以核实。

3. 将核实的支配性要素编入工序质量控制表。

4. 将支配性要素落实责任，实施重点管理。

（三）质量控制点的设置

质量控制点是施工质量控制的重点，凡属关键技术、重要部位、控制难度大、影响大、经验欠缺的施工内容，以及新材料、新技术、新工艺、新设备等，均可列为质量控制点，实施重点控制。设置质量控制点是保证达到施工质量要求的必要前提。

1. 质量控制点设置步骤

施工单位应在提交的施工措施计划中，根据自身的特点拟定质量控制点，通过监理审核后，就要针对每个控制点进行控制措施的设计，主要步骤和内容如下。

（1）列出质量控制点明细表。

（2）设计质量控制点施工流程图。

（3）进行工序分析，找出影响质量的主要因素。

（4）制定工序质量表，对上述主要因素规定出明确的控制范围和控制要求。

（5）编制保证质量的作业指导书。

施工单位对质量控制点的控制措施设计完成后，经监理审核批准后方可实施。

2. 质量控制点的选择、设置

监理应督促施工单位在施工前全面、合理地选择质量控制点。并对施工单位设置质量控制点的情况及拟采取的控制措施进行审核。必要时，应对施工单位的质量控制实施过程进行跟踪检查或旁站监督，以确保质量控制点的实施质量。

施工单位在工程施工前应根据施工过程质量控制的要求、工程性质和特点以及自身的特点，列出质量控制点明细表，表中应详细列出各质量控制点的名称或控制内容、检验标准及方法等，提交监理审查批准后，在此基础上实施质量预控。

设置质量控制点的对象，主要有以下几个方面：人的行为，材料的质量和性能，关键的操作、施工顺序、技术参数，常见的质量通病，新工艺、新技术、新材料的应用，质量不稳定、质量问题较多的工序，特殊等级和特种结构，关键工序。

通过质量控制点的设定，质量控制的目标及工作重点就更加明晰。加强事前预控的方向也就更加明确。施工质量控制点的管理应该是动态的，一般情况下在工程开工前、设计交底和图纸会审时，可确定一批整个项目的质量控制点，随着工程的展开、施工条件的变化，随时或定期进行控制点范围的调整和更新，始终保持重点跟踪的控制状态。

3. 两类质量检验点

施工单位在施工前应全面、合理地选择质量控制点。根据质量控制点的重要程度及监督控制要求不同，施工单位项目部应根据监理机构要求将质量控制点区分为质量检验见证点和质量检验待验点。

（1）见证点。所谓见证点是指施工单位在施工过程中到达这一类质量检验点时，应先书面通知监理到现场见证，观察和检查施工单位的实施过程，然而在监理接到通知后未能在约定时间到场的情况下，施工单位有权继续施工。

质量检验“见证点”的实施程序如下：

①施工或安装施工单位在到达这一类质量检验点（见证点）之前24h，书面通知监理，说明何日何时到达该见证点，要求监理届时到场见证。

②监理应注明收到见证通知的日期并签字。

如果在约定的见证时间监理未能到场见证，施工单位有权进行该项施工或安装如果在此之前，监理根据对现场的检查写明他的意见，则施工单位在监理意见的旁边，应写明他根据上述意见已经采取的改正行动，或者他所可能有的某些具体意见。

（2）待检点。对于某些更为重要的质量检验点，必须要在监理到场监督、检查的情况下施工才能进行检验。这种质量检验点称为待检点。

待检点和见证点执行程序的不同，在于步骤3），即如果在到达待检点时，监理未能到场，施工单位不得进行该项工作，事后监理应说明未能到场的原因，然后双方约定新的检查时间。

（四）工序质量的检查

1. 施工单位自检

施工单位是施工质量的直接实施者和责任者。施工单位不能将质量控制的责任和义务转嫁予监理单位、建设单位或政府质量监督部门，施工单位项目部应加强质量控制的主动性，应建立起完善的质量自检体系并运转有效。发现缺陷及时纠正和返工，把事故消灭在萌芽状态，项目部管理者应保证施工单位质量保证体系的正常运作，这是施工质量得到保证的重要条件。

2. 质量管理自查与评价

施工单位应建立质量管理自查与评价制度，对质量管理活动进行监督检查。施工单位应对监督检查的职责、权限、频度和方法作出明确规定。

施工单位应对各管理层次的质量管理活动实施监督检查，明确监督检查的职责、频度和方法。对检查中发现的问题应及时提出书面整改要求，监督实施并验证整改效果。监督检查的内容包括：①法律、法规和标准规范的执行；②质量管理制度及其支持性文件的实施；③岗位职责的落实和目标的实现；④对整改要求的落实。

施工单位应对质量管理体系实施年度审核和评价。施工单位应对审核中发现的问题及其原因提出书面整改要求，并跟踪其整改结果。质量管理审核人员的资格应符合相应的要求。

第四节 质量检验与评定

一、工程质量检验概述

工程质量检验是经过“测、比、判”活动的过程。“测”就是测量、检查、试验或度量，“比”就是将“测”的结果与规定要求进行比较，“判”就是将比的结果作出合格与否的判断。

（一）质量检验的含义

对实体的一种或多种质量特性进行诸如测量、检查、试验、度量，并将结果与规定的质量要求进行比较，以确定各个质量特性符合性的活动称为质量检验。

在《质量管理体系基础和术语》（GB/T 19000—2008）中对检验的定义是：“通过观察和判断，适当结合测量、试验所进行的符合性评价。”在检验过程中，可以将“符合性”理解为满足要求。

由此可以看出，质量检验活动主要包括以下方面：

1. 明确并掌握对检验对象的质量要求。即明确并掌握产品的技术标准，明确检验的项目和指标要求；明确抽样方案、检验方法及检验程序；明确产品合格判定原则等。

2. 测试。即用规定的手段按规定的方法在规定的环境条件下，测试产品的质量特性值。

3. 比较。即将测试所得的结果与要求相比较，确定其是否符合质量要求。

4. 评价。根据比较的结果，反馈质量信息，对产品质量的合格与否作出评价。

5. 处理。出具检验报告，反馈质量信息，对产品进行处理。

施工过程中，施工单位是否按照设计图纸、技术操作规程、质量标准的要求实施，将直接影响到工程产品质量。为此，监理单位必须进行各种必要的检验，避免出现工程缺陷不合格产品。

（二）质量检验的作用

要保证和提高建设项目的施工质量，除了检查施工技术和组织措施外，还要采用质量检验的方法来检查施工者的工作质量。总结归纳，工程质量检验有以下作用：①质量检验的结论可作为产品验证及确认的依据；②质量问题的预防及把关；③质量信息的反馈。

（三）质量检验的职能

1. 质量把关。确保不合格的原材料、构配件不投入生产；不合格的半成品不转入下一工序，不合格的产品不出厂。

2. 预防质量问题。通过质量检验获得的质量信息有助于提前发现产品的质量问题，及时采取措施，制止其不良后果蔓延，防止其再次发生。

3. 对质量保证条件的监督。质量检验部门按照质量法规及检验制度、文件的规定，不仅对直接产品进行质量检验，还要对保证生产质量的条件进行监督。

4. 不仅被动地记录产品质量信息，还应主动地从质量信息分析质量问题、质量动态、质量趋势，反馈给有关部门作为提高产品质量的决策依据。

（四）质量检验的类型

1. 按施工过程划分

（1）进货检验。即对原材料、外购件、外协件的检验，又称进场检验。为了鉴定供货合同所确定质量水平的最低限值，对首批样品进行较严格的进场检验，这即所谓“首检”。

（2）工序检验。即在生产现场进行的对工序半成品的检验。其目的在于防止不合格半成品流入下一道工序；判断工序质量是否稳定，是否满足工序规格的要求。

（3）成品检验。即对已完工的产品在验收交付前的全面检验。

施工单位的质量检验是施工单位内部进行的质量检验，包括从原材料进货直至交工全过程中的全部质量检验工作，它是建设单位 / 监理单位及政府第三方质量控制、监督检验的基础，是质量把关的关键。

通过严格执行上述有关施工质量自检的规定，以加强施工单位内部的质量保证体系，推行全面质量管理。

2. 按检验内容和方式划分

按质量检验的内容及方式，质量检验可分为以下几方面：

（1）施工预先检验。施工预先检验是指工程在正式施工前所进行的质量检验。这种检验是防止工程发生差错、造成缺陷和不合格品出现的有力措施。

（2）工序交接检验。工序交接质量检验主要指工序施工中上道工序完工即将转入下道工序时所进行的质量检验，它是对工程质量实行控制，进而确保工程质量的一种重要检验，只有做到一环扣一环，环环不放松，整个施工过程的质量才能得到有力的保障；一般来说，它的工作量最大。

（3）原材料、中间产品和工程设备质量确认检验。原材料、中间产品和工程设备质量确认检验是指根据合同规定及质量保证文件的要求，对所有用于工程项目器材的可信性及合格性作出有根据的判断，从而决定其是否可以投用。

（4）隐蔽工程验收检验。隐蔽工程验收检验，是指将被其他工序施工所隐蔽的工序、分部工程，在隐蔽前所进行的验收检验。隐蔽工程验收检验后，要办理隐蔽工程检验签证手续，列入工程档案。施工单位要认真处理监理单位在隐蔽工程检验中发现的问题。处理完毕后，还需经监理单位复核，并写明处理情况。未经检验或检验不合格的隐蔽工程，不能进行下道工序施工。

（5）完工验收检验。完工验收检验是指工程项目竣工验收前对工程质量水平所进行的质量检验。它是对工程产品整体性能进行的一种全方位检验。完工验收是进行正式完工验收前提条件。

3. 按工程质量检验深度划分

按工程质量检验工作深度分，可将质量检验分为全数检验、抽样检验和免检三类。

（1）全数检验。全数检验也称普遍检验，是对工程产品逐个、逐项或逐段的全面检验。在建设项目施工中，全数检验主要用于关键工序及隐蔽工程的验收。

关键工序及隐蔽工程施工质量的好坏，将直接关系到工程质量，有时会直接关系到工程的使用功能及效益。因此质量检验专职人员有必要对隐蔽工程的关键工作进行全数检验。

（2）抽样检验。在施工过程中进行质量检验，由于工程产品（或原材料）的数量相当大，人们不得不进行抽样检验，即从工程产品（或原材料）中抽取少量样品（即样组），进行仔细检验，借以判断程产品或原材料批的质量情况。

（3）免检。免检是指对符合规定条件的产品，在其免检有效期内，免于国家、省、市、县各级政府监督部门实施的常规性质量监督检查。

（五）风电场工程质量检验程序

工程质量检验包括施工准备检查，中间产品与原材料质量检验，金属结构、电气产品质量检查，单元工程质量检验，质量事故检查及工程外观质量检验等程序。

1. 施工准备检查

主体工程开工前，施工单位应组织人员对施工准备工作进行全面检查，并经建设（监理）单位确认合格后才能进行主体工程施工。

2. 中间产品与原材料质量检验

施工单位应按施工质量评定标准及有关技术标准对中间产品与水泥、钢材等原材料质量进行全面检验，不合格产品，不得使用。

3. 金属结构、电气产品质量检查

安装前，施工单位应检查是否有出厂合格证、设备安装说明书及有关技术文件；对在运输和存放过程中发生的变形、受潮、损坏等问题应做好记录，并进行妥善处理。

4. 单位工程质量检验

施工单位应按施工质量评定标准检验工序及单元工程质量，做好施工记录，并填写《风力发电工程施工质量评定表》。建设（监理）单位根据自己抽检的资料，核定单元工程质量等级。

5. 质量事故检查

施工单位应按月将中间产品质量及单元工程质量等级评定结果报建设（监理）单位，由建设（监理）单位汇总后报质量监督机构。

6. 工程外观质量检验

单位工程完工后，由质量监督机构组织建设（监理）、设计及施工等单位组成工程外观质量评定组，进行现场检验评定。

（六）合同内和合同外质量检验

1. 合同内质量检验

合同内检验是指合同文件中作出明确规定的质量检验，包括工序、材料、设备、成品等的检验。

监理单位要求的任何合同内的质量检验，不论检验结果如何，监理单位均不为此负任何责任。施工单位应承担质量检验的有关费用。

2. 合同外质量检验

对于合同外的质量检验，在 FIDIC《施工合同条件》（1999 年第 1 版）和《中华人民共和国标准施工招标文件》（2007 年版）中的规定是有区别的。

（1）FIDIC 条款中的规定。合同外质量检验是指下列任何一种情况的检验：

①合同中未曾指明或规定的检验。

②合同中虽已指明或规定，但监理工程师要求在现场以外其他任何地点进行的检验。

③要求在被检验材料、工程设备的制造、装备或准备地点以外的任何地点进行的质量检验等。

（2）《中华人民共和国标准施工招标文件》中的规定。

①承包人按合同规定覆盖隐蔽工程部位后，监理人对质量有疑问的，可要求承包人对已覆盖的部位进行钻孔探测或揭开重新检验，承包人应遵照执行，并在检验后重新覆盖恢复原状。经检验证明工程质量符合合同要求的，由发包人承担由此增加的费用和（或）工期延误，并支付承包人合理利润；经检验证明工程质量不符合合同要求的，由此增加的费用和（或）工期延误由承包人承担。

②监理人对承包人的试验和检验结果有疑问的，或为查清承包人试验和检验成果可靠性要求承包人重新试验和检验的，可按合同约定由监理人与承包人共同进行。

在工程检验方面，无论采用哪种合同文本，监理工程师都有权决定是否进行合同外质量检验，施工单位项目部对于监理工程师的额外检验、重新检验应予以积极配合，提供方便。值得注意的是，虽然监理工程师有权决定是否进行合同外检验，但应慎重决定合同外检验，以减少索赔。

二、抽样检验原理

（一）抽样检验的定义

质量检验按检验数量通常分为全数检验、抽样检验和免检。全数检验是对每一件产品都进行检验，以判断其是否合格。全数检验常用在非破坏性试验，批量小、检查费用少或稍有一点缺陷就会带来巨大损失的场合等。但对很多产品来讲，全数检验是不可能往往也是不必要的，在很多情况下常常采用抽样检验。采用抽样检验有其更深的质量经济学含义：在制订抽样方案时，考虑检验一个产品所需的费用、被检验批的某个质量参数的先验分布、接收不合格批所造成的损失和拒收合格批所造成的影响因素，找出一个总费用最小的最佳抽样方案。

（二）抽样检验的分类

抽样检验按照不同的方式进行分类，可以分成不同的类型。

（1）按统计抽样检验的目的分类：

①预防性抽样检验：在生产过程中，通过对产品进行检验，来判断生产过程是否稳定或正常，这种主要为了预测、控制工序（过程）质量而进行的检验，称为预防性抽样检验。

②验收性抽样检验：从一批产品中随机抽取部分产品（称为样本），检验后根据样本质量的好坏，来判断这批产品的好坏，从而决定接收还是拒绝。

监督抽样检验：由第三方进行，包括政府主管部门、行业主管部门，如质量技术监督局的检验，主要是监督各生产部门。

（2）按单位产品的质量特征分类：

①计数抽样检验：在判定一批产品是否合格时，只用到样本中不合格数目或缺陷数，而不管样品中各单位产品的特征测定值如何的检验判断方法。

②计量抽样检验：定量地从批中随机抽取的样本，利用样本中各单位产品的特征值来判定这批产品是否合格的检验判断方法。

（3）按抽取样本的次数分类：

①一次抽样检验：仅需从批中抽取一个大小为 n 的样本，便可判断该批接受与否。

②二次抽样检验：抽样可能进行两次，对第一个样本检验后，可能有三种结果，即接受、拒收、继续抽样。若得出“继续抽样”的结论，抽取第二个样本进行检验，最终作出接受还是拒绝的判断。

③多次抽样检验：可能需要抽取两个以上具有同等大小的样本，最终才能对批作出接受与否的判定。是否需要第 i 次抽样要根据（i-1）次抽样结果而定。

④序贯抽样检验：事先不规定抽样次数，每次只抽一个单位产品，即样本量为 1，据累积不合格产品数判定批合格 / 不合格还是继续抽样时适用。针对价格昂贵、件数少的产品可使用。

3. 抽样方法

在进行抽取样本时，样本必须代表批，为了取样可靠，以随机抽样为原则，随机抽样不等于随便抽样，它是保证在抽取样本过程中，排除一切主观意向，使批中的每个单位产品都有同等被抽取机会的一种抽样方法。

（1）简单的随机抽样。一般来说，设一个总体含有 N 个个体，从中逐个不放回地抽取 n 个个体作为样本（$n \leqslant N$），如果每次抽取时总体内的各个个体被抽到的机会都相等，把这种抽样方法称为简单随机抽样。简单的随机抽样主要有直接抽选法、随机数表法、抽签法等。

（2）分层随机抽样。当批是由不同因素的个体组成时，为了使所抽取的样本更具有代表性，即样本中包含有各种因素的个体，则可采用分层抽样法。分层抽样多用于工程施工的工序质量检验中，以及散装材料（如砂、石、水泥等）的验收检验中。

（3）两级随机抽样。当许多产品装在箱中，且许多货箱又堆积在一起构成批量时，可以首先作为第一级对若干箱进行随机抽样，然后把挑选出的箱作为第二级，再分别从箱中对产品进行随机抽样。

（4）系统随机抽样。当对总体实行随机抽样有困难时，如连续作业时取样、产品为连续体时取样，可采用一定间隔进行抽取的抽样方法，这称为系统抽样。

4. 抽样检验中的两类风险

由于抽样检验的随机性，抽样检验存在下列两种错误判断（风险）。

（1）第一类风险：本来是合格的交验批，有可能被错判为不合格批，这对生产方是不利的，这类风险也可称为承包商风险或第一类错误判断，其风险大小用 α 表示。

（2）第二类风险：本来不合格的交验批，有可能错判为合格批，将对使用方产生不利。第二类风险又称用户风险或第二类错误判断，其风险大小用 β 表示。

三、风电场工程质量评定

工程质量评定是依据某一质量评定的标准和方法，对照施工质量的具体情况，确定质量等级的过程。为了提高风力发电工程的施工水平，保证工程质量符合设计和合同条款的规定，同时也是为了衡量施工单位的施工质量水平，全面评价工程的施工质量，对风电工程进行评优和创优工作，在工程交工和正式验收前，应按照合同要求和国家有关的工程质量评定标准和规定，对工程质量进行评定，以鉴定工程是否达到合同要求，能否进行验收，以及作为评优的依据。对于施工单位，参考对应的评定标准进行自评，严格把关，将是整个项目质量评定的基础。

（一）工程质量评定的依据

风电场工程施工质量等级评定的主要依据有：

1. 国家及相关行业技术标准，如《电力建设施工质量验收及评价规程》（DL/T 5210.1—2012）、《风力发电场项目建设工程验收规程》（DL/T 5191—2004）等。

2. 经批准的设计文件、施工图纸、金属结构设计图样与技术条件、设计修改通知书、厂家提供的设备安装说明书及有关技术文件。

3. 工程承发包合同中约定的技术标准。

4. 工程施工期及试运行期的试验和观测分析成果。

5. 施工期的试验和观测分析成果。

在工程项目施工管理过程中，进行工程项目质量的评定，是施工项目质量管理的重要内容。项目经理必须根据合同和设计图纸的要求，严格执行国家颁发的有关工程项目质量检验评定标准，及时地配合监理工程师、质量监督站等有关人员进行质量评定手续。工程项目质量评定程序是按单元工程、分部工程、单位工程依次进行；符合规范标准要求的，详定“合格”，凡不合格的项目则不予验收。

（二）质量评定方法

1. 风电场工程质量评定的项目划分

风电场工程的质量评定，首先应进行评定项目的划分。划分时，应以从大到小的顺序进行，这样有利于从宏观上进行项目评定的规划，不至于在分期实施过程中，从低到高评定时出现层次、级别和归类上的混乱。质量评定时，应以从低层到高层的顺序依次进行，这样可以从微观上按照施工工序和相关规定，在施工过程中把好施工质量关，由低层到高层逐级进行工程质量控制和质量检验评定。

（1）基本概念。风电场工程项目划分为单位工程、分部工程、分项工程、检验批等四级。

①单位工程。单位工程指能独立发挥作用或具有独立施工条件的工程，通常是若干个分部工程完成后才能运行使用或发挥一种功能的工程。单位工程常常是一座独立建（构）筑物，特殊情况下也可以是独立建（构）筑物中的一部分或一个构成部分。

②分部工程。分部工程系指组成单位工程的各个部分。分部工程往往是建（构）筑物中的一个结构部位，或不能单独发挥一种功能的安装工程。

③分项工程。分项工程指分部工程的组成部分，是施工图预算中最基本的计算单位。它是按照不同的施工方法、不同材料的不同规格等，将分部工程进一步划分的。

④检验批。检验批是指按统一的生产条件或工艺、工序阶段或按规定的方式汇总起来供检验用的基本检验体。

（2）项目划分的原则。质量评定项目划分总的指导原则是贯彻执行国家正式颁布的标准、规定，风电场工程以风电行业标准为主，其他行业标准参考使用。如房屋建筑安装工程按分项工程、分部工程、单位工程划分；土木建筑安装工程按检验批、分项工程、分部工程、单位工程划分等。风电场工程项目划分应结合工程结构特点、施工部署及施工合同要求进行，划分结果应有利于保证施工质量管理。

①单位工程划分原则。单位工程项目划分基本按具有独立生产（使用）功能或独立施工条件的建筑物或构筑物进行划分。建筑规模较大的单位工程可根据工程建设使用或交付安装的需要，将其具有独立使用功能或独立施工条件的部分分为一个子单位工程。

②分部工程项目划分的原则。分部工程项目划分基本按建筑物或构筑物工程的部位划分，同时兼顾专业性质；当分部工程较大或较复杂时，可按材料种类、施工特点、施工程序、专业系统及类别等划分为若干子分部工程。

③分项工程划分的原则。建筑物或构筑物工程基本按主要工种或材料、施工工艺、设备类别等工程划分；分项工程可由一个或若干检验批组成。

④检验批划分的原则。检验批的划分可根据施工及质量控制和专业验收要求，按楼层、施工区段、变形缝等进行划分。

（3）项目划分程序有以下方面：

①由项目法人组织监理、设计及施工等单位进行工程项目划分，并确定主要单位工程、主要分部工程、重要隐蔽分项工程和关键部位分项工程。项目法人在主体工程开工前将项目划分表及说明书面报相应质量监督机构确认。

②工程质量监督机构收到项目划分书面报告后，应在 14 个工作日内对项目划分进行确认并将确认结果书面通知项目法人。

③工程实施过程中，需对单位工程、主要分部工程、重要隐蔽分项工程和关键部位分项工

程的项目划分进行调整时，项目法人应重新报送工程质量监督机构进行确认。

④工程施工过程中，由于设计变更、施工部署的重新调整等诸多因素，需要对工程开工初期批准的项目划分进行调整。

2. 质量检验评定分类及等级标准

（1）工程质量评定分类。风电场工程质量等级评定前，有必要了解工程质量评定是如何分类的。工程质量评定的分类有多种，比较常用的分类方法如下：

①按工程性质分类。按工程性质可分为建筑工程质量检验评定；机电设备安装工程质量检验评定；金属结构制作及安装工程质量检验评定；电气通信工程质量检验评定；其他工程质量检验评定。

②按项目划分分类。按项目划分可分为检验批质量检验评定；分项工程质量检验评定；分部工程质量检验评定；单位工程质量检验评定；单位或整体工程外观质量检验评定。

（2）工程质量等级评定标准。质量评定时，应以从低层到高层的顺序依次进行，这样可以从微观上按照施工工序和有关规定，在施工过程中把好质量关，由低层到高层逐级进行工程质量控制和质量检验，其评定的顺序是检验批、分项工程、分部工程、单位工程、工程项目。

（三）质量评定过程中应注意的问题

在风电场工程质量评定、管理方面，由于严重缺乏相应的应用软件，质量评定管理、监督检查目前大多基于手工工作，工作效率低下。目前，因为没有统一的填表标准，各单位对《风力发电工程施工质量评定表》的要求和对相关技术标准理解也有不同程度的差异，导致施工单位、监理单位、建设单位之间或同一单位内部对填表方法意见难以达成一致，各自填写表格的准确性与完整性存在很大的差异。在风电场工程施工质量评定的实际工作中，普遍存在以下问题：

1. 实际工程施工中，因为施工单位、监理单位、建设单位之间或同一单位内部对表的填法意见不一，评定工作存在很大的差异，分项工程（工序）的施工质量已经达到合格标准，但因未及时完成评定工作，评定结果未出，不得进行下一工序施工，或得不到应付的工程进度款，严重影响工程施工进度。

2. 在风电场工程建设中，由于建设、监理和施工各方投入人力、物力有限，加之部分人员的技术素养偏低，致使分项工程质量评定工作跟不上工程施工进度的需要，往往要等到工程竣工验收前才做到分项质量评定工作，因而对施工过程中的资料难以收集齐全，仅在填表时“写回忆录”或编造凑数。这样的质量评定管理工作是没有意义的，甚至会给工程造成质量安全隐患。

随着风电场工程建设基本程序日趋完善、规范，建设单位、监理单位、施工单位都急需借助计算机辅助管理，从日常繁琐的重复劳动中解脱出来，把主要精力花在质量、工期、投资、合同的管理和技术创新中去，研究人员也逐渐开发出了适合风电场工程质量管理的应用软件。

第五节 质量标准

一、标准综述

（一）标准的定义

标准是为在一定范围内获得最佳秩序，对活动或其结果规定的共同和重复使用的规则、导则或特性文件。关于标准定义的解释，不同的机构在内涵和外延上有差异：标准的含义是对重复性的事物和概念所作的统一规定。

技术标准是指被公认机构批准、非强制性、通用或反复使用、为产品或其加工和生产方法提供的规则、导则或特性文件。

工程建设标准是为在工程建设领域内获得最佳秩序，对各类建设工程的规划、勘察、设计、施工、安装、验收、运营维护及管理活动和结果需要协调统一的事项所制定的共同的、重复使用的技术依据和准则；是工程建设标准、规范、规程的统称。它经协商一致制定并经一个公认机构批准。以科学技术和实践经验的综合成功为基础，以保证工程建设的安全、质量、环境和公众利益为核心，促进最佳社会效益、经济效益、环境效益和最佳效率为目的。

（二）标准的特点和性质

1. 标准的本质

标准的本质是“统一的规定”，这种统一规定是作为有关各方“共同遵守的准则和依据”。根据《中华人民共和国标注化法》规定，我国标准分为强制性标准和推荐性标准两类。强制性标准必须严格执行，做到全国统一。推荐性标准国家鼓励企业自愿采用。但推荐性标准经协商，并计入经济合同或企业向用户作出明示担保，有关各方则必须执行，做到统一。

2. 制订标准的对象

制定标准的对象是“重复性的事物或概念”，“重复性”指的是同一事物或概念反复多次出现的性质。

3. 标准生产的客观基础

标准生产的客观基础是“科学、技术和经验的综合成果”，这就是说标准既是科学技术成果，又是实践经验的总结，并且这些成果和经验都是经过分析、比较、综合和验证，加之规范化，只有这样制定出来的标准才具有科学性。标准应以科学、技术和经验的综合成果为基础，以促进最佳社会效益为目的。标准必须随科学技术的发展而更新换代，即不断地进行补充、修订或废止。标准的时效性强，具有有效期，有生效、未生效、试行、失效等状态，一般每五年修订一次。

4. 标准的制定过程

标准的制定过程要经过有关方面“协商一致”，并经一个公认机构的批准，以特定的形式发布，标准是经过有关方面的共同努力取得的成果，它是集体劳动的结晶，就是制定标准要发扬技术民主，与有关方面协商一致，做到“三稿定标”即征求意见稿→送审稿→报批稿。

5. 标准的表现形式

标准的表现形式是“文件”，标准文件有其自己一套特定格式和制定颁布的程序，标准必须经过一个公认的权威机构或授权单位的批准和认可。标准的编写、印刷、幅面格式和编号、发布的统一，既可保证标准的质量，又便于资料管理，体现了标准文件的严肃性。所以，标准必须“由主管机构批准，以特定形式发布”。标准从制定到批准发布的一整套工作程序和审批制度，是使标准本身具有法规特性的表现。

（三）标准的分类

为了不同的目的，可以从不同的角度对标准进行不同的分类。标准的分类是为了满足人们标准化管理的不同需要，作为风力发电工程技术人员，应该对其有所了解。

1. 层级分类法

按照标准层次及标准作用的有效范围，可以将标准划分为不同层次和级别的标准，如国际标准、区域标准、国家标准、行业标准、地方标准和组织（企业、公司）标准。

（1）国际标准。国际标准是由 ISO 或国际标准组织［国际电工委员会（International Electrotechnical Commission，1EC）、国际电信联盟］通过并公开发布的标准；另外，列入 ISO 所出版的《国际标准题内关键词索引》的国际组织制定发布的标准也是国际标准。

（2）区域标准。区域标准是某一区域标准化组织或标准组织通过并公开发布的标准。

（3）国家标准。国家标准是由国家标准机构通过并公开发布的标准。目前我国国家标准由国务院标准化行政主管部门制定，必须在全国范围内统一实施。

我国国家标准编号表示方法：标准代号 + 顺序号 + 批准年代。国家标准代号有三种：GB 为强制性国家标准，GB/T 为推荐性国家标准，GB/Z 为中华人民共和国国家标准化指导性技术文件。

（4）行业标准。行业标准是由行业标准化团体或机构批准、发布在某一行业范围内统一实施的标准，又称团体标准。我国的行业标准是对没有国家标准又需要在全国某个行业范围内统一的技术要求所制定的标准。

（5）地方标准。地方标准是由一个国家的地区通过并公开发布的标准。我国的地方标准是对没有国家标准和行业标准而又需要在省、自治区、直辖市范围内统一的产品安全、卫生要求、环境保护、仪器卫生、节能等有关要求所制定的标准，它由省级标准化行政主管部门统一组织制定、审批、编号和发布。

（6）组织（企业、公司）标准。组织（企业、公司）标准是由企业、公司自行制定发布的标准，也是对企业范围内需要协调、统一的技术要求、管理要求和工作要求所制定的标准。

2. 对象分类法

按照标准对象的名称归属分类，可以将标准划分为产品标准、工程建设标准、方法标准、工艺标准、安全标准、卫生标准、环境保护标准、服务标准、包装标准、过程标准、数据标准等和接口标准等。

3. 性质分类法

按照标准的属性分类，可以将标准划分为基础标准、技术标准、管理标准、工作标准等。

4. 标准实施的强制程度分类法

按照标准实施的强度制定，可以把标准划分为强制性标准、推荐标准。此外，还有试行标准和标准化指导性技术文件，严格意义上这两类标准还不是严格意义上的标准，仅是标准的雏形。

5. 同一标准化机构发布的标准文件分类

同一标准化机构可以制定并发布不同名称的标准文件。

（四）标准的制定、审批发布和复审

标准由主管标准化的权威机构主持制定、审批、发布和复审，各种标准都有其制定、审批发布和复审程序。我国的国家标准和行业标准的制定、审批发布和复审程序如下：

1. 标准的计划

编制国家标准的计划项目以国民经济和社会发展计划、国家科技发展计划、标准化发展计划等作为依据。

国家标准由国务院标准化行政主管部门编制计划，协调项目分工，组织制定，统一审批、编号、发布。

2. 标准的制定

负责起草单位应对所定国家标准的质量及其技术内容全面负责。应按国家标准《标准化工作导则》（GB/T 1.1—2009）的要求起草国家标准征求意见稿，同时编写“编制说明”及有关附件。国家标准征求意见稿和“编制说明”及有关附件，经负责起草单位的技术负责人审查后，印发各有关部门的主要生产、经销、使用、科研、检验等单位及大专院校征求意见。

负责起草单位应对征集的意见进行归纳整理，提出国家标准送审稿，送技术归口单位审阅，并确定能否提交审查。

国家标准送审稿会议审查，原则上应协商一致。如需表决，必须有不少于 3/4 的出席会议代表人数同意为通过。

负责起草单位，应根据审查意见提出国家标准报批稿，国家标准报批稿和会议纪要应经与会代表通过。国家标准报批稿由国务院有关行政主管部门或国务院标准化行政主管部门领导与管理的技术委员会，报国家标准审批部门审批。

行业标准制定与国家标准制定类似。

3. 标准的审批发布

国家标准由国务院标准化行政主管部门统一审批、编号、发布，并将批准的国家标准一份返报批部门。工程建设国家标准，由工程建设主管部门审批，国务院标准化行政主管部门统一编号，国务院标准化行政主管部门和工程建设主管部门联合发布。

行业标准由行业标准归口部门审批、编号、发布。行业标准报批时，应有“标准报批稿”“标准编制说明”“标准审查会议纪要”或“函审结论”及其“函审单”“意见汇总处理表”和其他相关附件。确定行业标准的强制性或推荐性，应由全国专业化标准技术委员会或专业标准化技术归口单位提出意见，由行业归口部门审定。

4. 标准的复审

国家标准实施后，应当根据科学技术的发展和经济建设的需要，由该国家标准的主管部门组织有关单位适时进行复审，复审周期一般不超过五年。国家标准的复审结果，按下列情况分别处理；不需要修改的国家标准确认继续有效；需作修改的国家标准作为修订项目列入计划；已无存在必要的国家标准准予废止。

行业标准实施后，应当根据科学技术的发展和经济建设的需要适时进行复审。复审周期一般不超过五年，确定其继续有效、修订或废止。

（五）标准的使用

工作中涉及的标准的使用应注意以下问题：

1. 有强制性国家标准和行业标准的，应该使用并执行强制性标准。强制性标准是必须执行的标准，具有法律效力，若不执行要承担相应的法律责任。

2. 标准的使用应注意时效性，要使用最新有效的版本。要及时了解各类标准修订、更新消息，在使用的过程中发生变化的，应注意新旧标准的衔接。

3. 标准的使用应尽量采用先进、严格的标准。国家鼓励积极采用国际标准。两个或多个规范之间发生矛盾时，应优先采用技术先进、要求严格的标准。

4. 标准可采用多个标准并列或交替衔接使用。风力发电行业标准有试验规程，还有工程质量评价标准（暂行），也可以参照国家标准的评定标准。

5. 标准的使用应注意选择形成系列的标准，这些标准不仅专业性强且内容详细，标准本身的表达方式也比较规范和统一。

二、风电场工程标准

（一）风电场工程标准基本情况

在风电场工程建设过程中广泛使用的风电场工程标准属于行业标准。下面介绍风电场标准体系的基本情况。

风电场工程指利用风能进行发电的工程，根据国家能源局加强风电标准化工作的管理规定，成立了三级组织：能源行业风电标准建设领导小组、能源行业风电标准建设专家咨询组、能源行业风电标准化技术委员会。领导小组的职责主要是研究我国风电标准建设的政策，审查我国风电标准建设规划，协调督查技术问题，由国家能源局任组长单位，国家标准化管理委员会任副组长单位，有关政府部门、电力行业、机械行业的个别专家领导担任成员。专家咨询组主要由院士和专家构成，主要研究风电标准化技术问题和为重大问题提供咨询决策。技术委员会由政府部门、发电企业、电网企业、制造企业中的共69名人员构成，包括设计、施工、安装、运行、科研等方面的专家。标准化技术委员会在标准化工作中起着非常关键的作用，所有标准的通过、技术水平的确定，都要标准化技术委员会最终作技术把关和技术归口。能源行业风力发电标准化技术委员会下设设计、施工、运行、并网管理、机械设备、电器设备以及气象观测7个组。

（二）风电标准体系及新标准

风电标准体系的业务流程主要包括规划设计、工程建设、运行维护及退役4个阶段。

1. 规划设计阶段

规划设计阶段的内容主要有风电场工程等级划分，（预）可研报告编制，风电场并网，电气，施工组织，安全预评价报告，防护措施，离网型风力发电机组，勘察设计收费标准等相关技术标准。

2. 工程建设阶段

工程建设阶段的内容主要有风电场土建施工，风电机组装配和安装，风测量仪器、电缆试验与检测，海上风力发电工程施工，风电机组验收，风电项目建设工程验收，达标投产验收，施工安全防护设施等相关技术标准。

3. 运行维护阶段

运行维护阶段的内容主要有风电机组运行维护，噪声测量，风电场运行、调度、通信，风力发电场检修，高处作业安全规程，风电场安全，离网型风力发电集中供电系统运行管理等相关技术标准。

4. 退役阶段

退役阶段的内容主要有风电场设备报废，配套设施报废等相关技术标准。

2016年6月1日起正式实施的54项能源标准中，与风电密切相关的新标准就达到24项。这一系列标准的发布是国家能源局在加强风电产品质量管理和产业调控方面的又一重要举措，为进一步建立和完善我国风电行业标准、检测、认证的质量管理体系，促进风电产业又好又快发展奠定了坚实基础。另外，也为我国电力设备走出国门，进一步扭转在国际市场竞争中的长期被动状态提供了参考体系。

第八章 风电场的施工管理

第一节 施工进度控制

施工进度控制是影响工程项目建设目标实现的关键因素之一。控制的总任务是在满足工程项目建设总进度计划要求的基础上，编制或审核施工进度计划，对其执行情况进行动态控制与调整，以保证工程项目按期实现控制目标。在工程进度控制过程中，必须明确进度控制的目标、实现目标的手段、方法与途径。

一、施工进度计划的控制方法

施工进度计划的表示形式有横道图及网络计划技术两种。

（一）横道图

横道图是直观反映施工进度安排的图表，又称为横线图、甘特图。它是在时间坐标上表明各工作水平横线的长度及起始位置，反映工程在实施中各工作开展的先后顺序和进度。工作按计划范围年代表单位工程、分部工程、分项工程和施工过程。横道图的左侧按工作开展的施工顺序列出各工作（或施工对象）的名称，右侧表示各工作的进度安排，在图的下方还可画出计划期间单位时间某种资源的需用量曲线。

如果将水平横线改为斜线，又称为斜线图，表示的含义相同。

（二）网络计划技术

网络计划是由箭线和节点组成表示工作流程的有向网络图上加注工作的时间参数而编成的进度计划。按箭线和节点表示的意义不同，网络计划又可分为双代号网络计划和单代号网络计划。

网络计划技术是用网络计划对计划任务的工作进度（包括时间、成本、资源等）进行安排和控制，以保证实现预定目标的科学的计划管理技术。

（三）横道图与网络计划技术的比较

一项计划任务可用一个横道图表示，也可用网络图来表示；由于表示的形式不同，它们的特点与作用也存在着差异。

1. 横道图控制法

人们常用的、最熟悉的方法是用横道图编制实施性进度计划，指导项目的实施。它简明、形象、直观，编制方法简单，使用方便。

横道图控制法是在项目过程实施中，收集检查实际进度的信息，经整理后直接用横道线表示，并直接与原计划的横道线进行比较。

利用横道控制图检查时，图示清楚明了，可在图中用粗细不同的线条分别表示实际进度与计划进度。在横道图中，完成任务量可以用实物工程量、劳动消耗量和工作量等不同方式表示。

2.S 形曲线控制法

S 形曲线是一个以横坐标表示时间，纵坐标表示完成工作量的曲线图。工作量的具体内容可以是实物工程量、工时消耗或费用，也可以是相对的百分比。对于大多数工程项目来说，在整个项目实施期内单位时间（以天、周、月、季等为单位）的资源消耗（人、财、物的消耗）通常是中间多而两头少。由于这一特性，资源消耗累加后便形成一条中间陡而两头平缓的形如 S 形曲线。

像横道图一样，S 形曲线也能直观反映工程项目的实际进展情况。项目进度控制工程师事先绘制进度计划的 S 形曲线。在项目施工过程中，每隔一定时间按项目实际进度情况绘制完工进度的 S 形曲线，并与原计划的 S 形曲线进行比较。

3. 香蕉形曲线比较法

香蕉形曲线是由两条同一开始时间、同一结束时间的 S 形曲线组合而成。其中，一条 S 形曲线是按最早开始时间安排进度所绘制的 S 形曲线，简称 ES 曲线；而另一条 S 形曲线是按最迟开始时间安排进度所绘制的 S 形曲线，简称 LS 曲线。除了项目的开始和结束点外，ES 曲线在 LS 曲线的上方，同一时刻两条曲线所对应完成的工作量是不同的。在项目实施过程中，理想的状况是任一时刻的实际进度在这两条曲线所包区域内的曲线 R。

二、进度计划实施中的调整方法

（一）分析偏差对后继工作及工期的影响

当进度计划出现偏差时，需要分析偏差对后继工作产生的影响。工作的总时差（TF）不影响项目工期，但影响后继工作的最早开始时间，是工作拥有的最大机动时间；而工作的自由时差是指在不影响后继工作的最早开始时间的条件下，工作拥有的最大机动时间。利用时差分析进度计划出现的偏差，可以了解进度偏差对进度计划的局部影响（后继工作）和对进度计划的总体影响（工期）。具体分析步骤如下：

1. 判断进度计划偏差是否在关键线路上。如果出现进度偏差的工作，则 TF=0，说明该工作在关键线路上。无论其偏差有多大，对其后继工作和工期都产生影响，必须采取相应的调整措施；如果 $TF \neq 0$，则说明工作在非关键线路上。关于偏差的大小对后继工作和工期是否产生影响以及影响的程度，还需要进一步分析判断。

2. 判断进度偏差是否大于总时差。如果工作的进度偏差大于工作的总时差，说明偏差必将影响后继工作和总工期；如果偏差不大于工作的总时差，说明偏差不会影响项目的总工期。但它是否对后继工作产生影响，还需进一步与自由时差进行比较判断来确定。

3. 判断进度偏差是否大于自由时差。如果工作的进度偏差大于工作的自由时差，说明偏差将对后继工作产生影响，但偏差不会影响项目的总工期；反之，如果偏差不大于工作的自由时差，说明偏差不会对后继工作产生影响，原进度计划可不作调整。

采用上述分析方法，进度控制人员可以根据工作的偏差对后继工作的不同影响采取相应的进度调整措施，以指导项目进度计划的实施。

（二）进度计划实施中的调整方法

当进度控制人员发现问题后，应对实施进度进行调整。为了实现进度计划的控制目标，究竟采取何种调整方法，要在分析的基础上确定。从实现进度的控制目标来看，可行的调整方案可能有多种，存在方案优选的问题。一般来说，进度调整的方法主要有下述两种：

1. 改变工作之间的逻辑关系

主要是通过改变关键线路上工作之间的先后顺序、逻辑关系来达到缩短工期的目的。例如，若原进度计划比较保守，依次实施各项工作，即某项工作结束后，另一项工作才开始。通过改变工作之间的逻辑关系，变顺序关系为平行搭接关系：便可达到缩短工期的目的。这样进行调整，由于增加了工作之间的平行搭接时间，进度控制工作就显得更加重要，实施中必须做好协调工作。

2. 改变工作延续时间

主要是对关键线路上的工作进行调整，工作之间的逻辑关系并不发生变化。例如，某一项目的进度拖延后，可通过压缩关键线路上工作的持续时间，增加相应的资源来达到加快进度目的。

第二节 费用控制

对建设单位（业主）而言，费用控制指的是投资控制；对施工单位而言，费用控制指的是成本控制。

一、投资控制

风电场建设项目的投资是指为风电场建设所花费的全部费用，也称为工程造价。而投资控制则是通过合理的、科学的方法和手段将投资控制在批准的投资限额内。业主方对投资控制应贯穿于施工全过程。首先，应预测工程风险及可能发生索赔的诱因，采取防范措施（按合同要求及时提供施工场地、设计图纸及材料与设备，减少索赔发生；通过经济分析确定投资控制最易突破的控制重点）；其次，在施工过程中协调好各方与各项工作，慎重决定工程变更，严格执行监理签证制，并按合同规定及时向施工单位支付进度款；最后，应审核施工单位提交的工程结算书，对工程费用的超支进行分析并采取控制措施，公正处理施工单位提出的索赔。

（一）投资控制的目的

1. 把投资控制在批准的投资额之内，利用有限的投资，取得较高的投资效益。

2. 使可能动用的建设资金能够在主体工程中的各单位工程、配套工程、附属工程等分项工程之间合理的分配。

3. 严格投资审核程序，发生投资偏差能及时采取补救措施，使投资支出总额控制在限定的范围内，最终不突破各阶段的投资控制。

4. 综合考虑工程造价、工程的功能要求及建设工期，以使建设投资取得较高的效益。

（二）风电场施工阶段投资控制的内容

1. 组织对费用支出的审核。通过对项目的划分，将工程项目划分为若干个分部分项工程，审查每个单项工程和分部分项工程的清单与单价，按形象进度拟定拨款计划。

2. 做好工程价款的结算工作。工程价款的结算是施工阶段投资控制的主要工作内容，它贯穿于施工的全过程。工程价款的结算，按结算费用的用途，可分为建筑安装工程价款的结算、设备与工器具购置款的结算及工程建设其他费用的结算；按结算方式，可分为按月结算、竣工后一次结算及分段结算（也可称为按工程形象进度结算）。

工程价款的预付与结算支付，应必须实行监理签证制度，以确保投资资金既不超过又能满足施工进度要求。

3. 做好工程价款调整的控制工作。在施工过程中常因工程变更及材料、劳力、设备价格变动等因素影响到工程价款的增加。工程变更是指全部合同文件在形式、质量或数量上的任何部分的改变。王程变更主要包括施工条件变更和设计变更，也包括因合同条件、技术规程、施工顺序与进度安排等的变化引起的变更。对于工程价款的调整应按合同规定的有关方法来进行。

（三）工程价款的结算

1. 建筑安装工程价款的结算

（1）按月结算。每月结算一次工程款，根据本月实际完成的工作量，由业主单位支付工程款，完成工作量的计算公式如下：

完成工作量 =（已完分项工程数量 × 预算单价）×（1+ 间接费率 + 独立费 + 计划利润）

（2）分段结算（按形象进度结算）。对当年开工、当年不能竣工的单项工程或单位工程按照工程形象进度、划分不同的部位或阶段进行结算，结算部位完成后付总造价一定比例的工程款，可以不受月度限制。划分的标准，可按各部门或省（区）市规定来确定。

（3）竣工一次结算。建设项目或单项工程全部建筑安装工售建设期在 12 个月以内，或者工程承包合同价款在 100 万元以下的，可以实行工程价款月中预付，竣工后一次结算。

施工企业需要的流动资金，包括储备材料的流动资金，以及在建工程垫付的流动资金，也可全部向银行贷款，平时不向业主单位收取工程款及备料款，等工程竣工验收后，进行一次结算。特殊工程也可在中途预收一次工程款。

在竣工结算时，若因某些条件变化，使合同工程价款发生变化，则需按规定对合同价款进行调整。

施工期间，不论工期长短，其结算款一般不应超过承包工程价款的95%，结算双方可以在5%的幅度内协商工程尾款比例，并在工程承包合同中说明，待工程竣工验收后结算。

承包单位已向业主出具履约保函或有其他保证的，可以不留工程尾款。

2. 工程承发、包双方材料往来的结算

建安工程承发、包双方的材料往来，可以按以下方式结算：

（1）由承包单位自行采购建筑材料的，业主单位可以在双方签订工程承包合同后，按年度工作量的一定比例向承包单位预付备料款，并应在一个月内付清。备料款的预付额度，建筑工程一般不应超过当年建筑（包括水、电等）工作量的30%，大量采用预制构件以及工期在6个月以内的工程，可以适当增加；预付额度，安装工程一般不应超过当年安装工程量的10%，安装材料用量较大的工程，可以适当增加。

（2）按工程承包合同规定，由承包方包工包料的，业主将主管部门分配的材料指标交承包单位，由承包方购货付款。

（3）按工程承包合同规定，由业主单位供应材料的，其材料可按材料预算价格转给承包单位。材料价款在结算工程款时陆续抵扣。

3. 国内设备工器具购置的结算

业主单位对订购的设备、工器具，一般不预付定金，只对制造期在6个月以上的大型专用设备和船舶的价款，按合同分期付款。如某结算进度规定为：当设备开始制造时，收取20%货款；设备制造进行60%时，收取40%货款；设备制造完毕托运时，再收取40%的货款。有的合同规定：设备购置方扣留5%的质量保证金，待设备运抵现场验收合格或质量保证期届满时再返回质量保证金。业主单位收到设备工器具后，要按合同规定及时结算付款，不应无故拖欠。如果资金不足延期付款，要支付一定的赔偿金。

对于进口设备与材料的结算，应根据卖方、买方的信贷形式，采用双方适合的国际结算方式。

（四）工程变更价款的确定

工程变更是指合同文件的任何部分的变更，其中涉及最多的是施工条件变更和设计变更。

1. 工程变更的控制原则

（1）工程变更无论是业主单位、施工单位还是监理工程师提出，无论是何内容，工程变更指令均需由监理工程师发出，并确定工程变更的价格和条件。

（2）工程变更，要建立严格的审批制度，切实把投资控制在合理的范围以内。

（3）对设计修改与变更（包括施工单位、业主单位和监理单位对设计的修改意见）应通过现场设计单位代表请设计单位研究。设计变更必须进行工程量及造价增减分析，经设计单位同意，如突破总概算必须经有关部门审批。严格控制施工中的设计变更，健全设计变更的审批程序，防止任意提高设计标准，改变工程规模，增加工程投资费用。设计变更经监理工程师会签后交施工单位施工。

（4）在一般的建设工程施工承包合同中均包括工程变更的条款，即允许监理工程师向承包单位发布指令，要求对工程的项目、数量或质量工艺进行变更，对原标书的有关部分进行修改。

工程变更也包括监理工程师提出的“新增工程”，即原招标文件和工程量清单中没有包括的工程项目。承包单位对这些新增工程，也必须按监理工程师的指令组织施工，工期与单价由监理工程师与承包方协商确定。

（5）由于工程变更所引起的工程量的变化，都有可能使项目投资超出原来的预算投资，必须予以严格控制，密切注意其对未完工程投资支出的影响以及对工期的影响。

（6）对于施工条件的变更，往往是指未能预见的现场条件或不利的自然条件，即在施工中实际遇到的现场条件同招标文件中描述的现场条件或不利的自然条件，即在施工中实际遇到的现场条件同招标文件中描述的现场条件有本质的差异，使施工单位向业主单位提出施工价款和工期的变化要求，由此而引起索赔。

工程变更会对工程质量、进度、投资产生影响，因此应做好工程变更的审批，合理确定变更工程的单价、价款和工期延长的期限，并由监理工程师下达变更指令。

2. 工程变更程序

工程变更程序主要包括：提出工程变更、审查工程变更、编制工程变更文件及下达变更指令。工程变更文件要求包括以下内容：

（1）工程变更令。应按固定的格式填写，说明变更的理由、变更概况、变更估价及对合同价款的影响。

（2）工程量清单。填写工程变更前后的工程量、单价和金额，并对未在合同中规定的方法予以说明。

（3）新的设计图纸及有关的技术标准。

（4）涉及变更的其他有关文件或资料。

3. 工程变更价款的确定

对于工程变更的项目有两类：一类是不需确定新的单价，仍按原投标单价计付；另一类是需变更为新的单价，包括变更项目及数量超过合同规定的范围，虽属原工程量清单的项目，其数量超过规定范围。变更的单价及价款应由合同双方协商解决。

合同价款的变更价格是在双方协商的时间内，由承包单位提出变更价格，报监理工程师批准后调整合同价款和竣工日期。审核承包单位提出的变更价款是否合理，可考虑以下原则：

（1）合同中有适用于变更工程的价格，按合同已有的价格计算变更合同价款。

（2）合同中只有类似变更情况的价格，可以此作为基础，确定变更价格，变更合同价款。

（3）合同中没有适用和类似的价格，由承包单位提出适当的变更价格，监理工程师批准执行。批准变更价格，应与承包单位达成一致，否则应通过工程造价管理部门裁定。

经双方协商同意的工程变更，应有书面材料，并由双方正式委托的代表签字；涉及设计变更的，还必须有设计部门的代表签字，均作为以后进行工程价款结算的依据。

（五）价格调整

价格调整也称为工程造价价差，它是影响工程造价的重要动态因素。

价格调整是对工程中主要材料以及劳力、设备的价格，根据市场的变化情况，按照合同规定的方法进行调整，并据此对合同进行增加或扣除相应的调整金额。因此，价格调整并不是对清单中的单价进行调整。对于承包单位可以避免随供应市场波动的冲击；对于业主来讲，由于承包单位在投标时可以不考虑市场价格浮动的风险，从而可获得一个合理的投标价格。调整的范围包括建筑安装工程费、设备与工器具购置和其他费用。

1. 价格调整的方法

（1）按实结算。在我国，由于建筑材料需求，市场采购的范围越来越大，有些地区规定对钢材、木材、水泥等三材的价格采取按实际价格结算的办法，承包单位可凭发票按实报销。由于是实报实销，故在合同文件中应规定业主有权要求承包单位选择更廉价的供应来源。

（2）按调价文件结算。双方按当时的预算价格承发、包工程，在合同期内，按照造价管理部门调价文件的规定进行抽料补差（同一价格期内按所完成的材料用量乘以价差）。也有的地方定期（一般是半年）发布一次主要材料供应价格和管理价格，对这一时期的工程进行抽料补差。

我国现行的结算基本上是按照设计预算价格，以预算定额单价和各地方定额站不定期公布的调价文件为依据进行的，在结算中对通货膨胀等动态因素考虑不足。

（3）按调价公式结算。根据国际惯例，对建设项目已完成投资费用的结算，一般采用此方法。事实上，绝大多数情况是甲乙双方在签订的合同中就规定了明确的调价公式。

目前国内的涉外工程多采用公式法进行价格调整，后三种系数可按进口与国内价格进行分别计算。

2. 建筑安装工程费用的价格调价公式

由于建筑安装工程的规模及复杂性，使调整公式较为繁琐，当调价品种仅涉及对投资影响大的设备、材料和工资，或者调价的范围在原合同规定的范围内。

各部分成本的比重系数在许多招标书中要求承包单位在投标时即提出，并在价格分析中予以论证；但也有的是由业主在招标书中即规定一个允许范围，由投标单位在此范围内选定。

在建设项目的施工阶段，业主除做好投资控制，还应要求监理工程师必须定期对实际的投资支出进行分析，提出报告。对后续完成整个项目所需的投资进行重新预测，把工程项目建设进展过程中的实际支出额与工程项目投资控制目标进行比较，通过比较找出实际支出与投资控制目标的偏差，进而采取有效的调整措施加以控制，实现项目投资控制目标。

二、施工成本控制的基础工作

施工成本控制是施工生产过程中以降低工程成本为目标,对成本的形成所进行的预测、计划、控制、核算、分析、考核等一系列管理工作的总称。

施工成本是指在建设工程项目的施工过程中所发生的全部生产费用的总和。建设过程项目施工成本由直接成本和间接成本组成。施工成本是施工工作质量的综合性指标，反映着企业生产经营管理活动各个方面的工作成果（保证工期和质量满足要求）。显然，若施工单位按照标价承担一项工程任务后，不能将工程成本控制在合同价格以内，就得亏损。所以成本管理是国内外承包企业获得承包工程合同以后所关心的一项极为重要的工作。

成本控制的基础工作有：

1. 定额工作。要有一套技术经济定额作为企业编制施工作业计划，降低成本计划，

进行经济核算，掌握人工、材料、机具消耗和控制费用开支的依据。

2. 计量检验工作。应设置必要的计量器具，建立出、入库检验制度，以期减少产生量差。

3. 原始记录工作。要有一套简便易行的施工、劳动、料具供应、机械、资金、附属企业生产等方面的原始记录和成本报表制度，包括格式、计算登记、传递方法、报送时间等的规定。

4. 内部价格工作。制订材料、工具的内部计划价格，便于及时计价，进行材料工具的核算。

5. 编制施工预算。作为内部成本核算、作业计划、签订内部责任合同和签发施工任务单的依据。

三、编制成本计划

不断降低工程成本,是工程成本管理的一项重要任务。应按工程预算项目编制工程成本计划,提出降低成本的要求、途径和措施，并层层落实到工区、施工队组，向职工提出奋斗目标，以期完成和超额完成成本计划。

编制工程成本计划要根据施工任务和降低成本目标，由企业的计划、技术和财务部门会同有关部门共同负责。编制程序时首先根据施工任务和降低成本指标，收集、整理所需要的资料，如上年度计划成本、实际成本，本单位历史最好水平及同类企业的先进水平；然后以计划部门为主，财务部门配合，对上述资料进行研究分析，比先进，找差距，挖掘企业潜力，提出降低成本的目标；再由技术生产部门会同有关部门共同研究，提出降低成本的技术组织措施计划，会同行政部门，根据人员定额和费用开支范围，编制管理费用计划；最后，在此基础上，由计划财务部门会同有关部门编制降低成本计划。

制订工程成本计划，要明确降低工程成本的途径，并制定出相应降低工程成本的措施。降低工程成本的措施一般包括：

1. 加强施工生产管理。合理组织施工生产，正确选择施工方案，进行现场施工成本控制，降低工程成本。

2. 提高劳动生产率。工程成本的高低取决于生产所消耗的物化劳动与活劳动的数量，取决

于技术和组织管理水平。建筑和安装工程施工成本中工资支出比重较大，一般建筑工程的工资支出占总成本的8%～12%。减少工资开支，主要靠提高劳动生产率来实现。劳动生产率的提高有赖于施工机械化程度的提高和技术进步，这是以少量物化劳动取代大量活劳动的结果。所以采用机械化施工和新技术新工艺，可以取得降低工资支出、降低工程成本的效果。此外，减少活劳动消耗还可以减少与此有关的保费、技术安全费、生活设施费以及与缩短工期有关的施工管理费等费用。

3. 节约材料。在建筑工程中，材料费用所占比重最大，一般达60%～70%；故节约材料消耗对降低工程成本意义重大。节约材料物资消耗的途径是多方面的，从材料采购、运输、入库、使用以至竣工后部分材料的回收等环节，都要认真对待，加强管理，不断降低材料费用。如在采购中，尽量选择质优价廉的材料，做到就地取材，避免远距离运输；合理选择运输供应方式，合理确定库存，注意外内运输衔接，避免二次搬运；合理使用材料，避免大材小用；控制用料，合理使用代用和质优价廉的新材料。

4. 提高机械设备利用率和降低机械使用费。随着施工机械化程度的提高，管理好施工机械，提高机械完好率和利用率，充分发挥施工机械的能力是降低成本的重要方面。我国的机械利用率相对较低，因此在降低工程成本方面的潜力很大。

5. 节约施工管理费。施工管理费约为工程成本的14%～16%，所占比重较大，应本着艰苦奋斗，勤俭办企业的方针，精打细算，节约开支，减少非生产人员比例。

加强技术质量管理，积极推行新技术、新结构、新材料、新工艺，不断提高施工技术水平，保证工程质量；避免和减少返工损失。

四、施工成本因素分析

施工企业在生产中，一方面生产出建筑产品，同时又为生产这些产品耗费一定的人力、物力和财力，各种生产耗费的货币表现，称为生产费用。工程成本分析，就是通过对施工过程中各项费用的对比与分析，揭露存在的问题，寻找降低工程成本的途径。

工程成本作为一个反映企业施工生产活动耗费情况的综合指标，必然同各项技术经济指标之间存在着密切的联系。技术经济指标完成的好坏，最终会直接或间接地影响工程成本的增减。下面就主要工程技术经济指标变动对工程成本的影响作简要分析。

1. 产量变动对工程成本的影响。工程成本一般可分为变动成本和固定成本两部分。由于固定成本不随产量变化，因此，随着产量的提高，各单位工程所分摊的固定成本将相应减少，单位工程成本也就会随产量的增加而有所减少。

2. 劳动生产率变动对工程成本的影响。提高劳动生产率，是增加产量、降低成本的重要途径。劳动生产率变动对工程成本的影响体现在两个方面：

（1）通过产量变动影响工程成本中的固定成本（其计算按产量变动对成本影响的公式）；

（2）通过劳动生产率的变动直接影响工程成本中的人工费（即变动成本的一部分）。值得注意的是，随着劳动生产率的提高，工人工资也有所提高。因此，在分析劳动生产率的影响时，还须考虑人工平均工资增长的影响。

3. 资源、能源利用程度对工程成本的影响。在建筑工程施工中，总是要耗用一定的资源（如原材料等）和能源。尤其是原材料，其成本在工程成本中占相当大的比重。因此，降低资源、能源的耗用量，对降低工程成本有着十分重要的意义。

影响资源、能源费用的因素主要是用量和价格两个方面。就企业角度而言，降低耗用量（当然包含损耗量）是降低成本的主要方面。

4. 机械利用率变动对工程成本的影响。机械利用的好坏，并不直接引起成本变动，但会使产量发生变化，通过产量的变动而影响单位成本。

5. 工程质量变动对工程成本的影响。工程质量的好坏，既是衡量企业技术和管理水平的重要标志，也是影响产量和成本的重要原因。质量提高，返工减少，既能加快施工速度，促进产量增加，又能节约材料、人工、机械和其他费用消耗，从而降低工程成本。工程施工中存在返工、修补、加固等现象。返工次数和每次返工所需的人工、机械、材料费等越多，对工程成本的影响越大。因此，一般用返工损失金额来综合反映工程成本的变化。

6. 技术措施变动对工程成本的影响。在施工过程中，施工企业应尽力发挥潜力，采用先进的技术措施，这不仅是企业发展的需要，也是降低工程成本最有效的手段。

7. 施工管理费变动对工程成本的影响。施工管理费在工程成本中占有较大的比重，如能精简机构，提高管理工作质量和效率，节省开支，对降低工程成本也有很大的作用。

五、工程成本综合分析

工程成本综合分析，就是从总体上对企业成本计划执行的情况进行较为全面概略的分析。

在经济活动分析中，一般把工程成本分为三种：预算成本、计划成本和实际成本。

1. 预算成本：一般为施工图预算所确定的工程成本。在实行招标承包工程中，一般为工程承包合同价款减去法定利润后的成本，因此又称为承包成本。

2. 计划成本：指在预算成本的基础上，根据成本降低目标，结合本企业的技术组织措施计划和施工条件等所确定的成本。计划成本是企业降低生产消耗费用的奋斗目标，也是企业成本控制的基础。

3. 实际成本：指企业在完成建筑安装工程施工中实际发生费用的总和，是反映企业经济活动效果的综合性指标。

计划成本与预算成本之差即为成本计划降低额；实际成本与预算成本之差即为成本实际降低额。将实际成本降低额与计划成本降低额作比较，可以考察企业降低成本的执行情况。

工程成本的综合分析，一般可分以下三种情况：

（1）实际成本与计划成本进行比较，以检查完成降低成本计划情况和各成本项目降低和超支情况。

（2）对企业内各单位之间进行比较，从而找出差距。

（3）本期与前期进行比较，以便分析成本管理的发展情况。在进行成本分析时，既要看成本降低额，又要看成本降低率。成本降低率是相对数，便于进行比较，看出成本降低水平。

六、施工成本偏差分析方法

（一）横道图法

用横道图法进行施工成本偏差分析，是指用不同的横道标识已完工程计划施工成本、拟完工程计划施工成本和已完工程实际施工成本，横道的长度与其金额成正比例。横道图法的优点是形象、直观、一目了然。但是，这种方法反映的信息量少，一般用于项目的决策分析层次。

（二）表格法

表格法是进行偏差分析最常用的方法之一，它具有灵活、适用性强、信息量便于计算机辅助施工成本控制等特点。

七、施工成本控制的程序

施工成本控制的目的是确保施工成本目标的实现，合理地确定施工项目成本控制指标值，包括项目的总目标值、分目标值、各细目标值。如果没有明确的施工成本控制目标，就无法进行项目施工成本实际支出值与目标值的比较，不能进行比较也就不能找出偏差，不知道偏差程度，就会使控制措施缺乏针对性。在确定施工成本控制目标时，应有科学的依据。如果施工成本目标值与人工单价、材料预算价格、设备价格及各项有关费用和各种取费标准不相适应，那么施工成本控制目标便没有实现的可能，则控制也是徒劳的。施工成本控制的程序如下：

1. 对施工方法、施工顺序、作业组织形式、机械设备的选型、技术组织措施等进行认真研究和分析，制定出科学先进、经济合理的施工方案。

2. 根据企业下达的成本目标，以实际工程量或工作量为基础，根据消耗标准（如我国的基础定额、企业的施工定额）和技术组织措施的节约计划，在优化的施工方案的指导下，编制明细而具体的成本计划，将成本责任落实到各职能部门、施工队组。

3. 根据项目施工期的长短和参加工程人数的多少，编制间接费预算，并进行明细分解，落实到有关部门，为成本控制和绩效考评提供依据。

4. 加强施工任务和限额领料的管理。施工任务应与工序结合起来，做好每一道工序的验收工作（包括实际工程量的验收和工作内容、进度、质量要求等综合验收评价），以及实耗人工、实耗机械台班、实耗材料的数量核对，以保证施工任务和限额领料信息的正确，为成本控制提供真实、可靠的数据。

5. 根据施工任务进行实际与计划的对比，计算工作包的成本差异，分析差异产生的原因，并采取有效的纠偏措施。

6. 做好检查周期内成本原始资料的收集、整理，准确计划各工作包的成本，做好完成工序实际成本的统计，分析该检查期内实际成本与计划成本的差异。

7. 在上述工作基础上，实行责任成本核算，并与责任成未进行对比分析成本差异和产生差异的原因，采取措施纠正差异。施工成本控制是所有施工管理人员必须重视的一项工作，必须依赖各部门、各单位的通力合作，对成本控制工作进行有效的组织与分工。

第三节 施工安全管理

施工安全管理是施工企业全体职工及各部门同心协力，把专业技术、生产管理、数理统计和安全教育结合起来，为达到安全生产目的而采取各种措施的管理。建立监工技术组织全过程的安全保证体系，实现安全生产、文明施工。安全管理的基本要求是预防为主，依靠科学的安全管理理论、程序和方法，使施工生产全过程中潜伏的危险因素处于受控状态，消除事故隐患，确保施工生产安全。

一、安全管理的内容

1. 建立安全生产制度。安全生产制度必须符合国家和地区的有关政策、法规、条例和规程，并结合施工项目的特点，明确各级各类人员安全生产责任制，要求全体人员必须认真贯彻执行。

2. 贯彻安全技术管理。进行施工组织设计时，必须结合工程实际，编制切实可行的安全技术措施，要求全体人员必须认真贯彻执行。如果执行过程中发现问题，应及时采取妥善的安全防护措施。要不断积累安全技术措施在执行过程中的技术资料，进行研究分析，总结提高，以利于后期工程的借鉴。

3. 坚持安全教育和安全技术培训。组织全体人员认真学习国家、地方和本企业的安全生产责任制、安全技术规程、安全操作规程和劳动保护条例等。新工人进入岗位之前要进行安全纪律教育，特种专业作业人员要进行专业安全技术培训，考核合格后方能上岗。要使全体职工经常保持高度的安全生产意识，牢固树立“安全第一”的思想。

4. 组织安全检查。为了确保安全生产，必须严格安全督察，建立健全安全督察制度。安全员要经常查看现场，及时排除施工中的不安全因素，纠正违章作业，监督安全技术措施的执行，不断改善劳动条件，防止工伤事故的发生。

5. 进行事故处理。人身伤亡和各种安全事故发生后，应立即进行调查，了解事故产生的原因、过程和后果，提出鉴定意见。在总结经验教训的基础上，有针对性地制定防止事故再次发生的可靠措施。

二、安全生产责任制

（一）安全生产责任制的要求

安全生产责任制，是根据“管生产必须管安全”，“安全工作、人人有责”的原则，以

制度的形式，明确规定各级领导和各类人员在生产活动中应负的安全职责。它是施工企业岗位责任制的一个重要组成部分，是企业安全管理中最基本的制度，是所有安全规章制度的核心。

1. 施工企业各级领导人员的安全职责。明确规定施工企业各级领导在各自职责范围内做好安全工作，要将安全工作纳入自己的日常生产管理工作之中，在计划、布置、检查、总结、评比生产的同时，做好计划、布置、检查、总结、评比安全工作。

2. 各有关职能部门的安全生产职责。施工企业中生产部门、技术部门、机械动力部门、材料部门、财务部门、教育部门、劳动工资部门、卫生部门等各职能机构都应在各自业务范围内，对实现安全生产的要求负责。

3. 生产工人的安全职责。生产工人做好本岗位的安全工作是搞好企业安全工作的基础，企业中的一切安全生产制度都要通过他们来落实。因此，企业要求它的每一名员工都能自觉地遵守各项安全生产规章制度，不违章作业，并劝阻他人违章操作。

（二）安全生产责任制的制定和考核

施工现场项目经理是项目安全生产第一责任人，对安全生产负全面的领导责任。

对施工现场中从事与安全有关的管理、执行和检查的人员，特别是独立行使权力开展工作的人员，应规定其职责、权限和相互关系，定期考核。

各项经济承包合同中要有明确的安全指标和包括奖惩办法在内的安全保证措施。

承发包或联营各方之间依照有关法规，签订安全生产协议书，做到主体合法、内容合法和程序合法，各自的权利和义务明确。

实行施工总承包的单位，施工现场安全由总承包单位负责，总承包单位要统一领导和管理分包单位的安全生产。分包单位应对其分包工程的施工现场安全向总承包单位负责，认真履行承包合同规定的安全生产职责。

为了使安全生产责任制能够得到严格贯彻执行，就必须与经济责任制挂钩。对违章指挥、违章操作造成事故的责任者，必须给予一定的经济制裁，情节严重的还要给予行政纪律处分，触犯法律的还要追究法律责任。对一贯遵章守纪、重视安全生产、成绩显著或者在预防事故等方面做出贡献的，要给予奖励，做到奖罚分明，充分调动广大职工的积极性。

（三）安全生产的目标管理

施工现场应实行安全生产目标管理，制定总的安全目标，如伤亡事故控制目标、安全达标、文明施工目标等。制定达标计划，将目标分解到人，责任落实、考核到人。

（四）安全施工技术操作规程

施工现场要建立健全各种规章制度，除安全生产责任制外，还包括安全技术交底制度、安全宣传教育制度、安全检查制度、安全设施验收制度、伤亡事故报告制度等。施工现场应制定与本工地有关的各工序、各工种和各类机械作业的施工安全技术操作规程和施工安全要求，做到人人知晓，熟练掌握。

（四）施工现场安全管理网络

施工现场应该设安全专（兼）职人员或安全机构，主要任务是负责施工现场的安全监督检查。

安全员应按建设部的规定，每年集中培训，经考试合格才能上岗。

施工现场要建立以项目经理为组长、由各职能机构和分包单位负责人和安全管理人员参加的安全生产管理小组，组成自上而下覆盖各单位、各部门、各班组的安全生产管理网络。

要建立由工地领导参加的包括施工员、安全员在内的轮流值班制度，检查监督施工现场及班组安全制度的贯彻执行，并做好安全值班记录。

三、安全生产检查

（一）安全检查内容

施工现场应建立各级安全检查制度，工程项目部在施工过程中应组织定期和不定期的安全检查；主要是查思想、查制度、查教育培训、查机械设备、查安全设施、查操作行为、查劳保用品的作用、查伤亡事故处理等。

（二）安全检查的要求

1. 各种安全检查都应该根据检查要求配备力量。特别是大范围、全面性安全检查，要明确检查负责人，抽调专业人员参加检查，并进行分工，明确检查内容、标准及要求。

2. 每种安全检查都应有明确的检查目的和检查项目、内容及标准。重点、关键部位要重点检查。对大面积、数量多或内容相同的项目，可采取系统观感和一定数量测点相结合的检查方法。对现场管理人员和操作工人不仅要检查是否有违章作业行为，还应进行应知、应会知识的抽查，以便了解管理人员及操作工人的安全素质。

3. 检查记录是安全评价的依据，要认真、详细记录。特别是对隐患的记录必须具体，如隐患的部位、危险性程度及处理意见等。采用安全检查评分表的，应记录每项扣分的原因。

4. 安全检查需要认真、全面地进行系统分析，定性定量地进行安全评价。哪些检查项目已达标；哪些检查项目虽然基本上达标，但还有哪些方面需要进行完善；哪些项目没有达标，存在哪些问题需要整改。受检单位（即使本单位自检也需要安全评价）根据安全评价可以研究对策，进行整改和加强管理。

5. 整改是安全检查正作重要的组成部分，是检查结果的归宿。整改工作包括隐患登记、整改、复查、施案等。

（三）施工安全文件的编制要求

施工安全管理的有效方法，是按照施工安全管理的相关标准、法规和规章，编制安全管理体系文件。编制的要求有：

1. 安全管理目标应与企业的安全管理总目标协调一致。

2. 安全保证计划应围绕安全管理目标，将要素用矩阵图的形式，按职能部门（岗位）进行安全职能各项活动的展开和分解，依据安全生产策划的要求和结果，对各要素在本现场的实施提出具体方案。

3. 体系文件应经过自上而下、自下而上的多次反复讨论与协调，以提高编制工作的质量，并按标准规定，由上报机构对安全生产责任制、安全保证计划的完整性和可行性、工程项目部满足安全生产的保证能力等进行确认，建立并保存确认记录。

4. 安全保证计划应送上级主管部门备案。

5. 配备必要的资源和人员，首先应保证工作需要的人力资源、设施、设备，并综合考虑成本、效益和风险的财务预算。

6. 加强信息管理，日常安全监控和组织协调。通过全面、准确、及时地掌握安全管理信息，对安全活动过程及结果进行连续的监视和验证，对涉及体系的问题与矛盾进行协调，促进安全生产保证体系的正常运行和不断完善，形成体系的良性循环运行机制。

7. 由企业按规定对施工现场安全生产保证体系运行进行内部审核、验证和确认，保证体系的完整性、有效性和适合性。

为了有效、准确、及时地掌握安全管理信息，可以根据项目施工的对象特点，编制安全检查表。

（四）检查和处理

1. 检查中发现隐患应登记，作为整改备查依据，提供安全动态分析信息。根据隐患记录的信息流，可以制定指导安全管理的决策。

2. 安全检查中查出的隐患除登记外，还应发出隐患整改通知单，引起整改单位的重视。凡是有即发性事故危险的隐患，检查人员应责令停工，被查单位必须立即整改。

3. 对于违章指挥、违章作业行为，检查人员可以当场指出，进行纠正。

4. 被检查单位领导对查出的隐患，应立即研究整改方案，按照“三定”原则（即定人、定期限、定措施），立即进行整改。

5. 整改完成后要及时报告有关部门。有关部门要立即派人员进行复查，经复查整改合格后，进行销案。

四、安全生产教育

（一）安全教育的内容

1. 新工人（包括合同工、临时工、学徒工、实习和代培人员）必须接受公司、工地和班组的三级安全教育。教育内容包括安全生产方针、政策、法规、标准及安全技术知识、设备性能、操作规程、安全制度、严禁事项等。

2. 电工、焊工、架工、司炉工、爆破工、起重工、打桩机和各种机动车辆司机等特殊工种工人，除接受一般安全教育外，还要接受本工种的专业安全技术教育。

3. 采用新工艺、新技术、新设备施工和调换工作岗位时，要对操作人员进行新技术、新岗位的安全教育。

（二）安全教育的种类

1. 安全法制教育。对职工进行安全生产、劳动保护方面的法律、法规的宣传教育，使其从法制角度认识安全生产的重要性，要通过学法、知法来守法。

2. 安全思想教育。对职工进行深入细致的思想政治教育，使职工认识到安全生产是一项关系到国家发展、社会稳定、企业兴旺、家庭幸福的大事。

3. 安全知识教育。安全知识也是生产知识的重要组成部分，可以结合起来交叉进行教育。教育内容包括企业的生产基本情况、施工流程、施工方法、设备性能、各种不安全因素、预防措施等。

4. 安全技能教育。教育的侧重点是安全操作技术，结合本工种特点、要求，为培养职工的安全操作能力而进行的一种专业安全技术教育。

5. 事故案例教育。通过对一些典型事故进行原因分析、事故教训及预防事故发生所采取的措施来教育职工。

（三）特种作业人员的培训

根据国家经济贸易委员会《特种作业人员安全技术培训考核管理办法》的规定，特种作业是指容易发生人员伤亡事故，对操作者本人、他人及周围设施的安全有重大危害的作业。从事这些作业的人员必须接受专门培训和考核。经考试合格后，颁发特种工作作业证，持证上岗。

与建筑业有关的作业种类主要有：①电工作业；②金属焊接切割作业；③起重机械（含电梯）作业；④企业内机动车辆驾驶；⑤登高架设作业；⑥压力容器操作；⑦爆破作业。

（四）安全生产的经常性教育

施工企业在做好新工人入场教育、特种作业人员安全生产教育和各级领导干部、安全管理干部的安全生产教育的同时，还必须把经常性的安全教育贯穿于管理工作的全过程，并根据接受教育对象的不同特点，通过多层次、多渠道的多种方法进行。

（五）班前的安全活动

班组长在班前进行上岗交底、上岗检查，做好上岗记录。

1. 上岗交底。对当天的作业环境、气候情况、主要工作内容和各个环节的操作安全要求以及特殊工种的配合等进行交底。

2. 上岗检查。查上岗人员的劳动防护情况，每个岗位周围作业环境是否安全无患，机械设备的安全保险装置是否完好有效，以及各类安全技术措施的落实情况等。

第四节 工程招投标与合同管理

工程建设实行招标投标，在建筑行业中引进了竞争机制，有助于施工企业提高经营管理水平、采用先进技术和方法、保证工程质量、提高投资效果。招标投标是确定工程建设承发包关系的一种方式，必须遵循《中华人民共和国招标投标法》。

一、施工招标

施工招标由建设单位或由建设单位委托授权的机构主持。建设工程招标应具备以下条件：

1. 招标人已经依法成立。

2. 初步设计及概算应当履行审批手续的，已经批准。

3. 招标范围、招标方式和招标组织形式等应当履行核准手续的，已经核准。

4. 有相应资金或资金来源已经落实。

5. 有招标所需的设计图纸及技术资料。

根据竞争程度来分，建设工程招标的方式一般有以下几种：

（1）公开招标。公开招标亦称为无限竞争性招标，是指招标人以招标公告的方式邀请不特定的法人或者其他组织投标。建设工程项目一般应采用公开招标方式。

（2）邀请招标。邀请招标亦称为有限招标，是指招标人以投标邀请书的方式邀请特定的法人或者其他组织投标。

有下列情形之一的，经批准可以进行邀请招标：

①项目技术复杂或有特殊要求，只有少量几家潜在投标人可供选择的。

②受自然地域环境限制的。

③涉及国家安全、国家秘密或者抢险救灾，适宜招标但不宜公开招标的。

④拟公开招标的费用与项目的价值相比，不值得的。

⑤法律、法规规定不宜公开招标的。

施工招标的范围，可以是一个建设项目的全部工程，也可以是单项工程、专项工程乃至分部分项工程；可以是包工包料，也可以是包工、部分包料或包工不包料。

（一）招标文件

招标文件是发包单位为了选择承包单位对标的所作的说明，是承发包双方建立合同协议的基础。具备施工条件的工程项目，由建设单位向主管部门提出招标申请，经批准后，就可着手招标文件的准备。建设单位可以自行准备，也可委托咨询机构或其他单位代办。其主要内容如下：

1. 工程综合说明。介绍工程概况，包括工程名称、规模、地址、工程内容、建设工期和现有的基本条件，如场地、交通、水电供应、通信设施等，使投标单位对拟建项目有基本了解。

2. 工程设计和技术说明。用图纸和文字说明，介绍工程项目的具体内容和它们的技术质量要求，明确工程适用的规程规范，以便投标单位能够据此拟定工程施工方案和施工进度等技术组织措施。

3. 工程量清单和单价表。工程量清单和单价表是投标单位计算标价、确定报价和招标单位评定标书的重要依据，必须列清。通常以单项工程或单位工程为对象，按分部分项列出实物工程量，简要说明其计算方法、技术要点和单价组成。工程量清单由招标单位提出，单价则由投标单位填列。

4. 材料供应方式。明确工程所需各类建筑材料由谁负责供应，如何组织供应，如何计价、调价等问题。

5. 工程价款支付方式。说明工程价款结算程序和支付方式。

6. 投标须知。为了避免由于投标手续不完备而造成废标？招标单位通常在投标须知中告诉投标单位在填写标书和投送标书时应注意的事项，如废标条件、决标优惠条件、现场勘察和解答问题的安排，投标截止日期及开标时间、地点等。

7. 合同主要条件。为了使投标单位明确承包工程以后应承担的义务和责任及应享有的权利，并为合同谈判提供基础，招标文件应列出合同条件，其主要项目有：

（1）合同依据的法律、法规。

（2）合同项目及工作内容。

（3）承包方式。

（4）开工、竣工日期。

（5）技术资料供应内容和时间。

（6）施工准备工作。

（7）材料供应和价款结算办法。

（8）工程价款结算办法。

（9）工程质量和验收标准。

（10）工程变更程序和责任；停工、窝工损失和处理办法；提前竣工和拖延工期的奖罚；竣工验收和最终结算办法；保修的责任和费用；工程分包办法等。

（二）标底

标底是招标工程的预期价格，是上级主管部门核实建设规模，建设单位预计工程造价和衡量投标单位标价的依据。

制定标底是一项重要的招标准备工作，必须严肃认真且按科学方法来编制。

《中华人民共和国招标投标法》要求：“工程施工招标的标底，在批准的概算或修正概算以内，由招标单位确定。”招标单位可以自行组织力量，也可以委托咨询机构或设计机构进行标底制定。

制定好的标底，经核实后，应报主管部门备案。在开标以前，要严格保密。泄漏标底，应严肃处理，甚至追究法律责任。

（三）招标

招标申请经主管部门批准，招标文件准备好以后，就可以开始招标。

招标阶段要进行的工作包括：发布招标消息；接受投标单位的投标申请；对投标单位进行资格预审；发售招标文件，组织现场踏勘、工程交底和答疑；接受投标单位递送的标书等。

1. 招标文件与资格预审文件的出售

（1）招标人应当按招标公告或者投标邀请书规定的时间、地点出售招标文件或资格预审文件。自招标文件或者资格预审文件出售之日起至停止出售之日止，最短不得少于5个工作日。

（2）对招标文件或者资格预审文件的收费应当合理，不得以营利为目的。对于所附的设计文件，招标人可以向投标人酌收押金；对于开标后投标人退还设计文件的，招标人应当向投标人退还押金。

（3）招标文件或者资格预审文件售出后，不予退还，招标人在发布招标公告、发出投标邀请书后或者售出招标文件或资格预审文件后不得擅自终止招标。

招标单位在接到投标单位的投标申请和填报的投标单位情况调查表并交验有关证件以后，应进行资格预审，当确认他们的投标资格以后，才发售招标文件。

2. 资格预审的要求

（1）资格预审应主要审查潜在投标人或者投标人是否符合下列条件：具有独立订立合同的权利；具有履行合同的能力，包括专业、技术资格的能力，资金、设备和其他物质设施情况，管理能力，经验、信誉和相应的从业人员；没有处于被责令停业，投标资格被取消，财产被接管、冻结，破产状态；在最近三年内没有骗取中标和严重违约及重大工程质量问题；法律、行政法规规定的其他资格条件。

（2）资格预审时，招标人不得以不合理的条件限制、排斥潜在投标人或者投标人，不得对潜在投标人或者投标人实行歧视待遇。任何单位和个人不得以行政手段或者其他不合理方式限制投标人的数量。

对于邀请投标的单位，一般不进行资格预审，而是在评标时一并审查。

招标单位发出招标文件以后，要邀集投标单位到现场进行踏勘，统一进行工程交底，说明工程的技术质量要求、验收标准、工期要求、供料情况、材料款和工程款结算支付办法以及投标注意事项等。此时，投标单位如有疑问，可用书面或口头方式在交底时提出，招标单位应公开作出答复，并以书面记录印发给各投标单位，作为招标文件的补充。为了公平竞争，在开标以前，招标单位与投标单位不应单独接触解答任何问题。

（四）开标

1. 开标的时间和地点。开标应当在招标文件确定的提交投标文件截止时间的同一时间公开进行；开标地点应当为招标文件中确定的地点。

2. 废标的条件。

（1）逾期送达的或者未送达指定地点的。

（2）未按招标文件要求密封的。

（3）无单位盖章并无法定代表人或法定代表人授权的代理人签字或盖章的。

（4）未按规定的格式填写，内容不全或关键字迹模糊、无法辨认的。

（5）投标人递交两份或多份内容不同的投标文件，或在一份投标文件中对同一招标项目报有两个或多个报价，且未声明哪一个有效（按招标文件规定提交备选投标方案的除外）。

（6）投标人名称或组织机构与资格预审时不一致的。

（7）未按招标文件要求提交投标保证金的。

（8）联合体投标未附联合体各方共同投标协议的。

开标由招标单位主持，投标单位、当地公证机关和有关部门代表参加。

经公证人确认标书密封完好，封套书写符合规定，当众由工作人员一一拆封，宣读标书要点，如标价、工期、质量保证、安全措施等，逐项登记，造表成册，经读标人、登记人、公证人签名，作为开标正式记录，由招标单位保存。

投标以后，如果全部投标单位的报价超出标底过多，招标单位可以宣布本次投标无效，另行组织招标。

（五）评标决标

开标以后，首先从投标手续、投标资格等方面排除无效标书，并经公证人员确认，然后由评标委员会就标价、工期、质量保证、技术方案、信誉、财务保证等方面进行审查评议。

为了保护竞争，应公布评审原则和标准，公平对待所有有效标书。若有优惠政策，应在招标通告或投标须知中事先说明。

评标委员会成员为 5 人以上单数，且技术经济专家占 2/3，以上，应从专家库随机抽取。

评标以后，通常按标价由低到高列出名单，并写出评价报告，评标委员会推荐的中标候选人应当限定在 1 ~ 3 人，并标明排列顺序。供招标单位抉择。

从开标到决标的期限常无定规，一般为 5 ~ 15 天，也有更长的。

决标以后，应立即向中标单位发出中标通知，并通知未中标单位领回标书、投标保证金（投标保函）。

中标通知发出以后，承发包双方应约定时间（不超过 30 天）就施工合同进行磋商，达成协议后，正式签订合同，招标工作即告结束。

二、施工投标

施工单位在获知招标信息或得到招标邀请以后，应根据工程的建设条件、工程质量要求和自身的承包能力等主客观因素，首先决定是否参加投标，这是把握投标机会、制定投标策略的重要一步。

在决定参加投标以后，为了在竞争的投标环境中取得较好的结果，必须认真做好各项投标工作，主要包括：建立或组成投标工作机构；按要求办理投标资格审查；取得招标文件；仔细研究招标文件；弄清投标环境，制定投标策略；编制投标文件；按时报送投标文件；参加开标、决标过程中的有关活动。

（一）投标工作机构

为了适应招标投标工作的需要，施工企业应设立投标工作机构，平时掌握建筑市场动态，积累有关资料；遇有招标项目，可迅速组成投标小组，开展投标活动。投标工作机构应由企业领导以及熟悉招投标业务的技术、计划、合同、预算和供应等方面的专业人员组成。

投标工作班子的成员不宜过多，最终决策的核心人员宜限制在企业经理、总工程师和合同预算部门负责人范围之内，以利投标报价的保密。

（二）研究招标文件

仔细研究招标文件，弄清其内容和要求，以便全面部署投标工作。研究的重点通常放在以下几个方面：

1. 研究工程综合说明，了解工程轮廓全貌。

2. 详细研究设计图纸和技术说明，如工程布置，各建筑物和各部件的尺寸以及对材料品种规格的要求，各种图纸之间的关系和技术要求的说明等。弄清这些问题，有助于合理选择施工方案，正确拟定投标报价。

3. 研究合同条件，明确中标后合同双方的责任和权利。

4. 熟悉投标须知，明确投标手续和进程，避免造成废标。

5. 分析疑点，提出需要招标单位澄清的问题。

（三）弄清投标环境

投标环境主要是指投标工程的自然、经济、社会条件，以及投标合作伙伴、竞争对手和谈判对手的状况。弄清这些情况对正确估计工程成本和利润，权衡投标风险，制定投标策略，都有重要作用。投标单位除了通过招标文件弄清其中一部分情况外，还应有准备、有目的地参加由招标单位组织的现场踏勘和工程交底活动，切实掌握施工条件。此外，还可通过平时收集的情报资料，对可能的合作伙伴、竞争对手和谈判对手作出透彻的分析。

（四）制定投标策略

施工企业为了在竞争的投标活动中，取得满意的结果，必须在弄清内外环境的基础上，制定相应的投标策略，借以指导投标过程中的重要活动。例如，在决定标价时的报价策略，进行谈判时的谈判策略等，这对是否能够中标以及中标以后盈利多少，要承担多大风险等至关重要的问题，常起决定性作用。

（四）编制投标文件

编制投标文件是投标过程中的一项重要工作，时间紧，工作量大，要求高。它是能否中标的关键，必须加强领导，组织精干力量，认真编制。

参加文件编制的人员必须明确企业的投标宗旨，掌握工程的技术要求和报价原则，熟悉计费标准，了解本单位的竞争能力和对手的竞争水平，并能做好保密工作。

投标文件的主要内容应包括：施工组织设计纲要，工程报价计算，投标文件说明和附表等。

在施工组织设计纲要中，要提出切实可行的施工方案，先进合理的施工进度，紧凑协调的施工布置，以期在施工方法、质量安全、工期进度乃至文明施工等方面，对招标单位产生吸引力。如果在提前竣工、节省投资等方面，准备提出一些夺标的优惠条件，也可在纲要中反映，当然，这些优惠条件也可作为投标策略，在适当时机提出。

在报价计算中，要提出拟向招标单位报送的标价及其计算明细表。报价的高低对于能否中标和企业盈亏，有决定性影响。

三、施工合同

（一）施工合同的概念

施工合同即建筑安装工程承包合同，是建设单位（发包方）和施工单位（承包方）为完成商定的建筑安装工程，明确相互之间权利、义务关系的合同。

施工合同的当事人是建设单位（业主、发包方）和施工单位（承包方）。承发包双方签订施工合同，必须具备相应的资质条件和履行合同的能力。

（二）施工合同的特点

1. 合同标的特殊性。施工合同的标的是各类建筑产品。建筑产品是不动产，其基础部分与大地相连，不能移动，决定了每个施工合同的标的都是特殊的，相互间具有不可替代性，即建筑产品是单体性生产，决定了施工合同标的特殊性。

2. 合同履行期限的长期性。建筑物的施工由于结构复杂、体积大、建筑材料类型多、工作量大，一般工期都较长。而合同履行期限肯定要长于施工工期，因为工程建设的施工应当在合同签订后才开始，且需加上合同签订后到正式开工前的施工准备时间和工程全部竣工验收后，办理竣工结算及保修期的时间。在工程的施工过程中，还可能因为不可抗力、工程变更、材料供应不及时等原因而导致工期拖延。所有这些情况，决定了施工合同的履行期限具有长期性。

3. 合同内容的多样性和复杂性。虽然施工合同的当事人具有两方（这一点与大多数合同相同），但其涉及的主体较多。与大多数经济合同相比较，施工合同的内容多样而复杂，履行期限长，标的额大，涉及的法律关系包括了劳动关系、保险关系、运输关系等。这就要求施工合同的条款应当尽量详尽。施工合同除了应具备经济合同的一般条款外，还应对安全施工、专利技术使用、地下障碍和文物、工程分包、不可抗力、工程变更、材料设备供应、运输、验收等内容作出规定。

4. 合同管理的严格性。施工合同的履行会对国家、社会、公民产生较大的、长期的影响，国家对施工合同的管理十分严格。在合同签订、履行管理中应遵循主管工商部门、金融概构，建设行政主管机关对合同履行的监督和管理。

（三）施工合同的作用

1. 明确建设单位和施工企业在施工中的权利和义务。施工合同一经签订，即具有法律效应，施工合同明确了建设单位（发包方）和施工企业（承包方）在工程施工中的权利和义务，这是双方在履行合同过程中的行为准则。双方应认真履行各自的义务，任何一方无权随意变更或解除施工合同；任何一方违反合同规定的内容，都必须承担相应的法律责任。

2. 有利于对工程施工的管理。合同当事人（发包方和承包方）对工程施工的管理应以合同为依据，这是毫无疑问的。同时，有关的国家机关、金融机构对工程施工的监督和管理也以施工合同为重要依据。

3. 有利于建筑市场的培育和发展。在市场经济条件下，合同是维系市场运转的主要因素。

因此，培育和发展建筑市场，首先要培育合同（契约）意识。推行建设监理制度、实行招标投标制等，都以签订施工合同为基础。

4. 有利于维护合同双方的合法利益。

（四）订立施工合同应遵守的原则

1. 遵守国家法律、法规和计划的原则。订立施工合同，必须遵守国家的法律、法规，也应遵守国家的建设计划和其他计划（如贷款计划等）。特别需要说明的是，《中华人民共和国招标投标法》规定：签订施工合同，必须按照招标文件和中标人的投标文件，明确约定合同条款。

2. 平等互利、协商一致的原则。签订施工合同的当事人，都具有平等的法律地位，任何一方都不得强迫对方接受不平等的合同条件。合同的内容应当是互利的，不能单纯损害一方的利益。协商一致则要求施工合同必须是双方协商一致达成的协议，并且应当是当事人双方真实意思表示。

（五）订立施工合同的程序

施工合同作为经济合同的一种，其订立也应经过要约和承诺两个阶段。如果没有特殊的情况，工程建设的施工都应通过招标投标确定施工企业。

中标的施工企业应当与建设单位及时签订合同。依照《中华人民共和国招标投标法》和招标文件的规定，中标通知书发出后规定的时间内，中标单位应与建设单位依据招标文件、投标书等签订工程承发包合同。签订合同的必须是中标的施工企业，投标书中已确定的合同条款在签订时不得更改，合同价应与中标价相一致。如果中标的施工企业拒绝与建设单位签订合同，则建设单位将不再返还其投标保证金，按照招标文件和中标人的投标文件的相关条款给予一定的处罚。

四、施工合同的履行和管理

（一）施工合同的履行

施工合同的履行是指合同当事人根据合同规定的各项条款，实现各自权利、履行各自义务的行为。施工合同一旦生效，对双方当事人均有法律约束力，双方当事人应当严格履行。

施工合同的履行要求合同当事人必须按合同规定的标的执行。由于工程建设具有不可替代性、较强的计划性、建设标准的强制性，遵循以上原则显得尤为重要。合同当事人不能以支付违约金来替代合同的履行。

施工合同的工程竣工、验收和竣工结算是合同履行的三个基本环节。

1. 工程竣工必须在施工合同约定的期限条款、数量条款和质量条款相互结合的前提下进行。承包方必须同时严格遵守合同约定的时间、数量、质量等条款。只有同时符合以上条款的要求，才能视为承包方已履行施工合同的规定。

2. 工程竣工后，应组织竣工工程验收。竣工工程应当根据施工合同规定的施工及验收规范和质量评定标准，由发包方组织验收。验收合格后由当事人双方签署工程验收证明。

3. 竣工结算应根据施工合同规定在工程竣工验收后一定期限内，按照经办银行的结算办法进行。在工程价款未全部结算拨付前承包方不能交付工程，即可对工程实施留置。在全部结算并拨付工程款后，根据合同规定的期限，承包方向发包方交付工程，以完成施工合同履行最后步骤。

（二）合同双方的责任与义务

1. 施工承包合同中发包方的责任与义务

发包人最主要的责任与义务包括：

（1）提供具备施工条件的施工现场和施工用地。

（2）提供其他施工条件，包括将施工所需水、电、通信线路从施工场地外部接至专用条款约定地点，并保证施工期间的需要，开通施工场地与城乡公共道路的通道，以及专用条款约定的施工场地内的主要道路，满足施工运输的需要，保证施工期间的畅通。

（3）提供有关水文地质勘探资料和地下管线资料，提供现场测量基准点、基准线和水

准点及有关资料，以书面形式交给承包人，并进行现场交验，提供图纸等其他与合同工程有关的资料。

（4）办理施工许可证及其他施工所需证件、批件和临时用地、停水、停电、中断道路交通、爆破作业等的申请批准手续（证明承包人自身资质的证律除外）。

（5）协调处理施工场地周围地下管线和邻近建筑物、构筑物（包括文物保护建筑）、古树名木的保护工作、承担有关费用。

（6）组织承包人和设计单位进行图纸会审和设计交底。

（7）按合同规定支付合同价款。

（8）按合同规定及时向承包人提供所需指令、批准等。

（9）按合同规定主持和组织工程的验收。

2. 施工承包合同中承包方的责任与义务

承包方的主要责任和义务包括：

（1）根据发包人委托，在其设计资质等级和业务允许的范围内，完成施工图设计或与工程配套的设计，经工程师确认后使用，发包人承担由此发生的费用。

（2）按合同要求的质量完成施工任务。

（3）按合同要求的工期完成并交付工程。

（4）遵守政府有关主管部门对施工场地交通、施工噪声以及环境保护和安全生产等的管理规定，按规定办理有关手续，并以书面形式通知发包人，发包人承担由此发生的费用，因承包人责任造成的罚款除外。

（5）按专用条款约定的数量和要求，向发包人提供施工场地办公和生活的房屋及设施，发包人承担由此发生的费用。

（6）负责保修期内的工程维修。

（7）接受发包人、工程师或其代表的指令。

（8）负责工地安全，看管进场材料、设备和未交工工程。

（9）负责对分包的管理，并对分包方的行为负责。

（10）按专用条款约定做好施工场地地下管线和邻近建筑物、构筑物（包括文物保护建筑）、古树名木的保护工作。

（11）安全施工，保证施工人员的安全和健康。

（12）按时参加各种检查和验收。

（三）施工合同的管理

施工合同的管理，是指各级工商行政管理机关、建设行政主管机关和金融机构以及工程发包单位、社会监理单位、承包企业等依照法律和行政法规、规章制度，采取法律的、行政的手段，对施工合同关系进行组织、指导、协调及监督，保护施工合同当事人的合法权益，处理施工合同纠纷，防止和制裁违法行为，保证施工合同法规的贯彻实施等一系列活动。

1. 施工合同的签订管理。承包方中标后，在施工合同正式签订前与发包方进行谈判。当使用“示范文本”时，同样需要逐条与发包方谈判，双方意见达成一致后，即可正式签订合同。

2. 施工合同的履行管理。在合同履行过程中，为确保合同各项要求的顺利实现，承包方需建立一套完整的施工合同管理制度。主要有：

（1）检查制度。承包方应建立施工合同履行的监督检查制度，通过检查发现问题，督促有关部门和人员改进工作。

（2）奖惩制度。奖优罚劣是奖惩制度的基本内容，建立奖惩制度有利于增强有关部门和人员在履行施工合同中的责任心。

（3）统计考核制度。这是运用科学的方法，利用统计数字，反馈施工合同的履行情况。通过对统计数字的分析，总结经验，找出教训，为企业的经营决策提供重要依据。

3. 施工合同的档案与信息管理。施工企业在生产过程中产生大量的工程管理信息与文档，做好施工合同归档与信息管理工作对指导生产、安排计划，具有重要作用。

五、施工索赔管理

（一）施工索赔的概念

索赔是当事人在合同实施过程中，根据法律、合同规定及惯例，对并非由于自己的过错，而应由对方承担责任的情况所造成的损失，向对方提出给予补偿或赔偿的权利要求。索赔是相互的、双向的。承包人可以向发包人索赔，发包人也可以向承包人索赔。

在工程建设的各个阶段，都有可能发生索赔。但发生索赔最集中、处理难度最大、最复杂的情况常发生在施工阶段，因此人们常说的工程建设索赔主要是指工程施工的索赔。索赔的内容为费用和工期。

施工索赔是法律和合同赋予当事人的正当权利。施工企业应当树立起索赔意识，重视索赔、善于索赔。索赔的性质属于经济补偿行为，而不是惩罚。索赔的损失结果与被索赔人的行为并不一定存在法律上的因果关系。索赔工作是承发包双方之间经常发生的管理业务，是双方合作的方式，而不是对立。

（二）索赔与工程变更的关系

变更（设计等的变更）有时会发生索赔，但变更并不一定带来索赔。索赔与变更是既有联系也有区别的两个概念。

1. 索赔与变更的相同点。对索赔和变更的处理往往都是由于施工企业完成了工程量表中没有约定的工作，或者在施工过程中发生了意外事件，需要施工单位额外处理时，由建设单位或者监理工程师按照合同的有关规定给予施工企业一定的费用补偿或者批准展延工期。

2. 索赔与变更的区别。变更是建设单位或者监理工程师提出变更要求（指令）后，主动与施工企业协商确定一个补偿额付给施工企业；而索赔则是施工企业根据法律和合同的规定，对它认为有权得到的权益，主动向建设单位提出的要求。

（三）施工索赔的起因

索赔起因很多，归结起来主要有以下几类：

1. 建设单位违约。包括发包人和工程师没有履行合同责任，没有正确地行使合，同赋予的权力，工程管理失误，不按合同支付工程款等。

2. 合同文件的缺陷。合同文件由于在起草时的不慎，可能本身就存在缺陷，这种缺陷也可能存在于技术规范和图纸中。由于此类缺陷给施工企业造成费用增加、工期延长的损失，施工企业有权提出索赔。

3. 合同变更。合同变更的表现形式非常多，如设计变更、追加或取消某些工作、施工方法变更、合同规定的其他变更等。

4. 不可抗力事件。不可抗力事件是指当事人在订立合同时不能预见，对其发生和后果不能避免并不能克服的事件。如恶劣的气候条件、地震、洪水、战争状态、禁运等。不可抗力事件的风险承担应当在合同中约定，承担方可以向保险公司投保。根据工程惯例，不可抗力事件造成的时间及经济损失，应由双方按以下方法分别承担：

（1）工程本身的损害，因工程损害导致第三方人员伤亡和财产损失以及运至施工场地用于施工的材料和待安装的设备的损害，由发包人承担。

（2）发包人、承包人人员伤亡由其所在单位负责，并承担相应费用。

（3）承包人机械设备损坏及停工损失，由承包人承担。

（4）停工期间，承包人应工程师要求留在施工场地的必要的管理人员及保卫人员的费用由发包人承担。

（5）工程所需清理、修复费用，由发包人承担。

（6）延误的工期相应顺延。

（四）索赔成立的条件

索赔成立的条件如下：

1. 与合同对照，事件已造成了承包人工程项目成本的额外支出，或直接工期损失。

2. 造成费用增加或工期损失的原因，按合同约定不属于承包人的行为责任或风险责任。

3. 承包人按合同规定的程序和时间提交索赔意向通知和索赔报告。

以上三个条件必须同时具备，缺一不可。

（五）施工索赔的程序

1. 陈述索赔理由。发生了上述索赔起因，都有可能成为正当的索赔理由。从施工企业索赔管理的角度看，应当积极寻找索赔机会。要有正当的索赔理由，必须具有索赔起因发生时的有关证据，靠证据说话。因此，索赔管理必须与工程建设管理有机地结合起来。

2. 发出索赔通知。索赔事件发生后 28 天内，施工企业应向监理单位发出索赔通知。施工企业在索赔事件发生后，应立即着手准备索赔通知。索赔通知是合同管理人员在其他管理职能人员配合和协助下起草的。索赔通知应包括施工企业的索赔要求和支持这个要求的有关证据。证据应当详细和全面，但不能因为证据的收集而影响索赔通知的按时发出，因为通知发出后，施工企业还有补充证据的机会。

3. 批准索赔。监理单位在接到索赔通知后应在规定的时间内予以说明索赔是否成立、索赔的数额是否恰当，或要求施工企业进一步补充索赔理由和证据。

第九章 风电场运行管理

第一节 风电场运行工作

一、风电场运行工作主要内容

风电场运行工作主要内容有风电场系统运行状态的监视、调节、巡视检查；风电场生产设备操作、参数调整；风电场生产运行记录；风电场运行数据备份、统计、分析和上报；工作票、操作票、交接班、巡视检查、设备定期试验与轮换制度的执行；风电场内生产设备的原始记录、图纸及资料管理；风电场内房屋建筑、生活辅助设施的检查、维护和管理；根据风电场安全运行需要，制定风电场各类突发事件的应急预案。风电场运行可以分为风电场系统运行、风电场主要生产设备运行及风电场设备异常运行和故障处理等。

二、风电场运行方式

（一）正常运行方式

1. 风电机组运行状态

①上电自检状态。当机组控制系统通电后，计算机系统开始启动，并启动系统自检程序，对内存、硬盘、各状态位、各传感器、开关、继电器等进行检查，此时液压系统开始工作，对于失速机组叶尖将收拢，进入空转状态；变桨距机组叶片处于正常停机的顺桨状态（叶片角度通常为 90° 左右）。

②待机状态。风电机组在上电后通过自检系统未发现故障，显示系统 OK，此时如果风速低于启动风速，机组处于待机状态，变桨距角度保持 0° 或叶尖刹车在正常运行位置；如果外界风速达到切入风速，系统将进入启动状态。

③启动状态。如果外界风速达到切入风速（某个时间的平均值）后，系统将进入启动状态，失速机组在风的推动下开始启动旋转加速，变桨距机组角度调节到 0° 左右，开始启动旋转加速，机组加速到并网要求的转速时，机组将通过软并网系统并入电网运行。

④维护状态。如果机组需要人员对其进行维护，可以人为地将状态调整为维护状态。机组在调整前应处于停机状态，待机状态时，方可调整到维护状态。维护状态通常是非正常停机状态，

但由于机组每年需要正常维护，所以通常根据机组容量、维护难度，确定一定时间作为计划检修时间。

⑤正常停机状态。正常停机状态时，发电机与电网解列，偏航系统不再动作，变桨距机构已经顺桨，刹车系统开始时保持打开状态，待风电机组转速低于某个设定值后，刹车系统再动作。手动停机状态与正常停机状态时停机的动作过程相同。

⑥紧急停机状态。安全链动作或人工按动紧急停机按钮，所有操作都不再起作用，此时空气动力和机械主刹车一起动作，直至将紧急停机按钮复位。

⑦运行状态。风电机组在切入风速以上和切出风速之前，应处于运行状态，即发电状态，且自动运行。

⑧高风切出状态。当风速超过机组设定的切出风速时，机组将停止运行，处于等待状态，如果风速回到切出再投运风速时，机组将自动恢复运行。

2. 风电机组运行操作

①启停操作。风电机组的启动和停机有手动与自动两种方式。

风电机组的手动启动是当风速达到启动风速范围时，手动操作启动键或按钮，风电机组按计算机启动程序启动和并网；风电机组的手动停机是当风速超出正常运行范围或出现故障时，手动操作停机键或按钮，风电机组按计算机停机程序与电网解列、停机。

手动启动和停机的四种操作方式如下：

1）主控室操作：在主控室操作计算机启动键和停机键。

2）就地操作：断开遥控操作开关，在风电机组控制盘上操作启动或停机按钮，操作后再合上遥控开关。

3）远程操作：在远程终端操作启动键或停机键。

4）机舱上操作：在机舱的控制盘上操作启动键或停机键，但机舱上操作仅限于调试时使用。凡经手动停机操作后，须再按“启动”按钮，方能使风电机组进入自启状态。

风电机组的自动启动：风电机组处于自动状态，当风速达到启动风速范围时，风电机组按计算机程序自动启动并入电网。

风电机组的自动停机：风电机组处于自动状态，当风速超出正常运行范围或出现故障时，风电机组按计算机程序自动与电网解列、停机。

②手动偏航。当机组需要维护或需要偏航时，机组可在人工手动操作下进行偏航动作，即手动偏航。

③手动解缆。机组通过手动偏航进行的解缆操作为手动解缆。

④复位操作。就地复位是故障停机和紧急停机状态下的手动启动操作。风电机组在故障停机和紧急停机后，具备启动条件重新启动前必须按“重置”或“复位”就地控制按钮，方能按正常启动操作方式进行启动；远方复位是风电机

组运行中出现的某些故障可以通过SCADA系统进行远方复位而恢复，这些故障称为远方可复位故障。

（二）调度运行方式

当风电场总的功率输出大于该时段电网的风电接纳空间及电网紧急情况时，电网调控中心对风电场采取调度运行方式，即对有功功率进行限制。

（1）有功调节运行。根据《风电场接入电力系统技术规定》（GB/T 19963—2016）的规定，风电场应具备有功功率调节能力，能根据电力调度部门指令控制其有功功率输出。为了实现对有功功率的控制，风电场需配置有功功率控制（automatic gain control，AGC）系统，接收并自动执行调度部门远方发送的有功功率控制信号，确保风电场最大有功功率值及有功功率变化值不超过电力调度部门的给定值。

风电场参与功率自动控制有两种可行的方法：①风电场设置一定的储能设备，可以在短时间内提供功率调节能力；②在没有储能设备的情况下，风电场不按照最大风能捕获要求发电，而是留有一定的裕度，例如，按照最大风能的90%功率发电，剩余10%作为备用容量。

（2）无功运行方式。电网调度根据电网运行电压变化情况，要求风电场对运行电流的相位进行调节，使机组进行容性方式运行，以维持电压的下降。要求风电场的静止无功发生器（static var generator，SVG）实时投运，以确保电网电压波动时风电场电流相位的变化。

目前投入风电场使用的SVG大都采用电压型桥式电路。其基本工作原理是将桥式变流电路直接并联或通过电抗器并联在电网上，适当调节桥式变流电路交流侧输出电压的相位和幅值或直接控制其交流侧电流，使该电路吸收或者发出满足要求的无功电流，从而实现动态无功补偿的目的。与SVC相比，SVG具有五个优点：调节速度快、运行范围宽、调节范围广、元件容量小、谐波含量小。

（三）风电场功率预测

风电场经营企业根据气象条件、统计规律等技术手段，提前对一定运行时间内风电场发电有功功率进行分析预报，向电网调度机构提交预报结果，提高风电场与电力系统协调运行的能力。

根据《风电场接入电力系统技术规定》（GB/T 19963—2016）的规定，风电场应配置风电功率预测系统，系统具有0～48h短期风电功率预测以及15min～4h超短期风电功率预测功能。风电场每15min自动向电网调度部门滚动上报未来15min～4h的风电场发电功率预测曲线，预测值的时间分辨率为15min。风电场每天按照电网调度部门规定的时间上报次日0～24时风电场发电功率预测曲线，预测值的时间分辨率为15min。

对风电场输出功率预测是增加风电接入容量、提高电力系统运行安全性与经济性的有效手段。目前我国风电功率预测研究相对较少，主要有两种方法：基于反向传播（back propagation，BP）神经网络的风电场功率预测和基于物理原理的风电功率预测。

（1）基于BP神经网络的风电场功率预测方法。该方法研究风电场超短期风速预测，通过分析不同高度输入风速对预测结果的影响，实现误差带的预测。基于该方法的风电功率预测系统已运行于吉林省电力调度中心，取得了良好的社会与经济效益。然而，BP神经网络算法属于统计方法的范畴，需要历史数据的支持，对于新建风电场的功率预测存在较大困难；此外，电网调度人员在一些特殊运行方式下会限制风电出力，甚至切除风电，这种人为因素的干扰使得风电场输出功率测量值的变化规律难以保持一致性，可能出现同一风速对应多个输出功率的情况，导致BP神经网络的样本训练遇到困难，甚至失败。

（2）基于物理原理的风电功率预测方法。该方法可以有效地解决统计方法存在的问题，是适用于电网调度的预测方法，具有对风电场各种出力方式的预测能力，同时还能给出某时段内的整体预测与逐点预测的误差统计。

三、风电场运行要求

风电场运行应坚持“安全第一、预防为主、综合治理”的原则，监测设备的运行，及时发现和消除设备缺陷，预防运行过程中不安全现象和设备故障的发生，杜绝人身、电网和设备事故。风电场的运行人员应当经过培训，取得相应的资质，熟悉掌握风电场的设备运行条件及性能参数。风电场应根据风电场所在地区和风资源变化特点，结合实际设备状况，合理确定风电场的运行方式，调节设备运行参数，确保风电场的安全运行，提高风电场的经济效益。风电场应制订相应的运行规程，并随设备变更及时修订。

（一）风电场系统运行

风电场变电站中属于电网直接调度管辖的设备，运行人员按照调度指令操作；属于电网调度许可范围内的设备，应提前向所属电网调度部门申请，得到同意后进行操作；通过数据采集与监控系统监视风电机组、输电线路、升压变电站设备的各项参数变化情况，并做好相关运行记录；分析生产设备各项参数变化情况，发现异常情况后应加强该设备监视，并根据变化情况做出必要处理；对数据采集与监控系统、风电场功率预测系统的运行状况进行监视，发现异常情况后做出必要处理；定期对生产设备进行巡视，发现缺陷及时处理；进行电压和无功的监视、检查和调整，以防风电场母线电压或吸收电网无功超出允许范围；遇到可能造成风电场停运的灾害性气候现象（沙尘暴、台风等），应向电网调度及相关部门报告，并及时启动风电场应急预案。

（二）风电场主要生产设备的运行

1.风电机组的运行。风电机组及其附属设备均应有设备制造厂的铭牌，应有风电场内唯一的设备名称和设备编号，并标示在明显位置；筒式塔架应有防止小动物进入的措施，桁架式塔架底部独立安装的电气控制箱应满足防雨、防沙尘、防止小动物进入的要求；风电机组可自动并网与解列，也可由运行人员手动完成。

风电机组再投入使用前应具备下列条件：停运和新投入的风电机组在投入运行前应检查发电机定子、转子绝缘，合格后才允许启动；经维修的风电机组在启动前，设立的各种安全措施均已拆除；外界环境条件符合风电机组的运行条件，温度、风速在机组设计参数范围内；手动启动前风轮表面应无覆冰、结霜现象；控制装置正确投入，且控制参数均与批准设定值相符；机组各分系统的油温、油位正常，系统中的储能装置工作正常；远程通信装置处于正常状态。

风电机组长期退出运行时，应符合下列要求：在机组周边设立相关安全警示标志，机组电气柜前悬挂明显标志；机组内部设置相应的安全措施；定桨距机组退出运行时，机舱尽可能处于侧对风状态，有条件的应使设备处于自动侧对风状态；定桨距机组应释放所有叶尖阻尼板，变桨距机组应使所有叶片处于顺桨状态；在保障机组安全前提下，关闭机组内各系统的后备电源装置，或断开蓄电池的连接；在保障机组安全前提下，条件允许时应将机组制动系统置于失效状态，使风轮及传动系统处于自由旋转状态；关闭远程控制装置，将机组的操作转入就地操作；风电机组长期退出运行期间，应定期对设备进行巡视检查。

2. 风电场数据采集与监控系统。风电场监控系统正常巡视检查的主要内容：装置自检信息正常；不间断电源工作正常；装置上的各种信号指示等正常；运行设备的环境温度、湿度符合设备要求；系统显示的各信号、数据正常；打印机、报警音响等辅助设备工作情况，必要时进行测试。

运行人员应定期对风电场数据采集与监控系统数据备份进行检查，确保数据的准确、完整；风电场数据采集与监控系统软件的操作权限分级管理，未经授权不能越级操作；系统操作员可对系统的参数设定、数据库修改等重要工作进行操作。

3. 风电场场内输电线路运行。风电场场内输电线路运行按照《架空输电线路运行规程》（DL/T 741—2010）的规定进行。

4. 风电场升压变电站运行。风电场升压变电站运行按照《变电站运行导则》（DL/T969—2005）的规定进行。

四、风电场设备异常运行与故障处理

当风电场设备在运行过程中出现异常时，当班负责人应立即组织人员查找异常原因，采取相应措施，及时处理设备缺陷，保证设备正常运行；当风电场设备在运行过程中发生故障时，运行人员应立即采取相应措施，防止故障扩大，并及时上报。若发生人身触电、设备爆炸起火时，运行人员可先切断电源进行抢救和处理，并立即上报相关部门。对标志机组有异常情况的报警信号，运行人员要根据报警信号提供的部位组织人员进行现场检查和处理；电网发生系统故障造成风电场断电或线路故障导致线路开关跳闸时，应检查断电或跳闸原因（若逢夜间应首先恢复中央控制室用电），待系统恢复正常后才能重新启动风电机组；当电网频率、电压等系统原因造成风电机组解列时，应按照风电并网相关要求执行；当风电机组发生过速、叶片损坏、结霜等可能导致高空坠物的情况时，禁止就地操作，运行人员应通过风电场数据采集与监控系统进行遥控停机，并设立安全防护区域，禁止人员进入风电机组周边区域；当机组发生起火时，运行人员应立即停机，并断开连接此台机组的线路断路器，同时报警；当机组制动系统失效时，运行人员应根据专项处理方案做相应处理。

风电机组因其他异常情况需要进行停机操作的顺序如下：进行正常停机；正常停机无效时，

采取就地紧急停机；就地紧急停机无效时，应断开风电机组主开关或断开连接此台机组的线路断路器。

当机组出现叶片处于不正常位置或相互位置与正常运行状态不符，风电机组主要保护装置拒动或失效，风电机组受到雷击，风电机组发生叶片断裂、开裂、齿轮箱轴承损坏等严重机械故障等情况之一时，风电机组应立即停机。

风电机组主开关发生跳闸时，要先检查主回路中的部件及设备（如可控硅、发电机、电容器、电抗器等）绝缘是否损坏，主开关整定动作值是否正确等，确定无误后才能重合开关，否则应退出运行进一步检查。风电机组升压变压器异常运行与故障处理参照《电力变压器运行规程》（DL/T 572–2010）的规定进行。风电场内架空线路及电缆异常运行与故障处理参照《架空输电线路运行规程》（DL/T 741–2010）的规定进行。风电场内电气设备的异常运行与故障处理参照《变电站运行导则》（DL/T 969—2005）的规定进行。

五、风电场运行分析

风电场的运行分析应按照风电场运行指示与评价导则的要求，宜每月进行一次。运行分析应结合风电场资源情况、设备参数、运行记录、设备巡回检查等情况，对风电场各项安全指标、运行指标及材料消耗等进行综合分析，发现影响安全、经济运行的因素和问题，必要时进行专题分析，提出改进措施。由多个不同类型的风电机组组成的风电场，与风电机组相关的指标应分别进行分析。

第二节 风电场维护工作

风电场的检修及维护是为了保持风电场设备的良好技术状态及正常运行所采取的有效技术措施，是保证设备安全经济和可靠的关键环节。

一、风电场检修项目及其主要内容

风电场的检修项目及其主要内容见表 9–1。风电场需配备必要的维修设备和工具，专用维护设备可由风电机组制造厂家随机一起提供；一般的小型维修设备和工具，风电场自备；风电场还需配置必要的生产、生活车辆；大型的维修设备和工具（如起重设备）由风电场选择固定的且有相应能力的公司临时租用。

表 9–1 风电场的检修项目及其主要内容

风电场检修项目	主要内容
故障检修	日常检修即临时故障的排除，包括过程中的检查、清理、调整、注油及配件更换等。没有固定的时间周期。大型部件检修应根据设备的具体情况及时实施
定期维护	风力发电场应制定定期维护项目并逐步完善；定期维护项目应逐项进行，对所完成的维护检修项目应记入维护记录中，并管理存档；定期维护必须进行较全面的检查、清扫、试验、测量、检验、注油润滑、修理和易耗品更换，消除设备和系统的缺陷。定期维护周期可为半年、一年，特殊项目的维护周期结合设备技术要求确定

续表

状态检修	状态监测是对风电机组振动状态、数据采集与监控系统数据等进行监测，分析判定设备运行状态、故障部位、故障类型及严重程度，提出检修决策。风力发电场应根据自身情况定期出具状态监测报告
	油品检测是对风电机组齿轮箱润滑油、液压系统油等进行油品监测，分析判定设备的润滑状态及磨损状况，预测和诊断设备的运行状况，提出管理措施和检修决策。增速齿轮箱润滑油每年至少出具一次油液检测报告

二、维护方式

根据以往风电场工作经验，风电场维护管理一般经历两个阶段。

（一）从风电机组调试至厂家质保期内的维护

本阶段风电场升压站新投运，风电机组陆续开始调试且厂家负责风电机质保维护，风电场新员工较多、人员水平参差不齐，可以采取运检一体管理模式，通过“传、帮、带”“师徒协议”以及配合厂家人员进行风电机组调试消缺检修等方式使新员工在工作中学习，尽快熟悉一般性升压站电气设备操作及风电机组调试消缺检修技能，从而避免员工一进场就进行运检分离模式管理，导致知识技能片面，并且可以从中培养出一些技术业务骨干，为下一步运检分离做准备。

（二）厂家退出质保期后的维护

本阶段风电机将完全由风电场负责检修维护及故障消缺，风电场有必要采取运检分离的管理模式，成立运行班组及检修班组，明确运行人员和检修维护人员的职责与分工。运行班组负责升压站内电气一、二次设备运行及操作等工作。抽调技术骨干组成检修班组，满足风电机组维护的需要；检修班组负责所有风电机的正常运行，做好日常风电机组的保养和维护，制定风电机组的半年、一年及两年检修计划，做好备品备件及耗材的准备工作，按要求完成检修任务，提高风电机经济效益。

风电场的维护工作主要是指在厂家退出质保期后的维护工作，工作中采用的主要形式有风电场业主自行维护和专业运行公司承包运行维护。

1. 风电场业主自行维护。风电场业主自行维护是指业主自己拥有一支具有过硬专业知识和丰富管理经验的运行维护队伍，同时还需配备风电机组运行维护所必需的工具及装备。作为业主，初期一次性投资较大，而且还必须拥有一定的人员技术储备和比较完善的运行维护前期培训，准备周期较长。

因此这种维护方式对一些新建的中小容量电场来说，不论在人员配备还是在工程投资方面都不一定很合适。目前国内的几家建场历史较长、风电机组装机容量较大的风电场多采用此种运行方式。

2. 专业运行公司运行维护。随着国内风电产业的不断发展，风电场的建设投资规模越来越大。一些专业投资公司也开始更多地涉足风电产业。这样就出现了风电场的业主不一定熟悉风电机组的运行维护方式或是只愿意参与风电场的运营管理而不希望进行具体运行维护工作的情况。于是业主便将风电场的运行维护工作部分或者全部委托给专业运行公司负责。目前这种运行方式在国内还处于起步阶段，公司的规模有待进一步发展壮大，管理模式有待进一步规范。由于影响风电场生产指标的因素较多，作为业主应当结合电场的实际状况合理量化运行管理的工作内容，制定出明确、客观的承包经营考核指标用于检查考核合同的完成情况。

此外，国外的一些风电机组制造商也都设有专门的售后服务部门为风电场业主提供相应的售后技术服务。由于地域原因，国外一些厂家在完成质保期内的服务工作后，很难保证继续提供快捷、周到的技术服务或是服务费用较高风电场业主不能承受。随着国内风电机组制造商的增多，服务时效和费用的问题已得到了较好的解决。并且一些国内厂家已初步具备了为业主提供长期技术服务的能力。这种运行模式在今后也会有一定的发展空间。目前，风电机组维检总承包和部分承包是专业维修公司开展维修的两种主要方式。风电机组维检总承包是指风电机组的维修、更换零件、定期检修所需要的人力、工具、配件等全部由承包方负责。一般 95% 的可利用率是承包方承诺的，超过 95% 部分，按比例分成；低于 95% 的部分损失就需要承包方进行补偿。部分承包就是风电机组的故障处理和零件更换的大型维修任务由承包方完成，一些小的维修任务由业主自行完成。

3. 两种维护模式的利弊。目前，国内风电企业风电场维修和管理模式还处于探索阶段。由于安全管理经验和技术水平的不足，这项工作在开展过程中还不够顺利。当前，风电公司基本上采用统一的管理运行模式。就两种运行维护模式来看，因为一般国有大型风电公司拥有先进的技术、丰富的维修管理经验和高素质的专业维修管理人员，这类大型风电公司拥有自行维修的能力，所以采取风电场业主自行维护模式。

对于一些规模较小、发展较晚的风电企业，由于不具备自行维修的能力，所以一般选用专业维修公司承包运行维护的模式。从经济角度来看，专业维修公司承包所需费用较高，安全系数也高，部分承包费用较低，安全系数也低，风险系数较大。

三、风力发电场检修要求

风电场检修应遵循“预防为主，定期维护和状态检修相结合”的原则。检修安全应符合《电力发电场安全规程》（DL/T796—2012）要求。应在定期维护的基础上，逐步扩大状态检修的比例，最终形成一套融定期维护、状态检修、故障检修为一体的优化检修模式。应按照有关技术法规、设备的技术文件、同类型机组的检修经验以及设备状态评估结果等合理安排设备检修。应在规定的期限内完成既定的全部检修作业，达到质量目标，保证机组安全、稳定、经济运行。应制定检修计划和具体实施细则，开展设备检修、验收、管理和修后评估工作。应加强对检修工器具的管理，正确使用相关工器具；需要定期检验的工器具应根据使用说明及相关标准进行定期检验与校准。应制定检修过程中的环境保护和劳动保护措施，改善作业环境和劳动条件，合理处置各类废弃物文明施工，清洁生产。应结合现场具体情况制定适合相应设备的检修规程，指导现场检修作业。检修人员应熟悉系统和设备的构造、性能和原理，熟悉设备的检修工艺、工序、调试方法和质量标准，熟悉安全工作规程，掌握相关的专业技能。检修施工宜采用先进工艺和新技术、新方法，推广应用新材料、新工具，提高工作效率，缩短检修工期。输变电设备的检修应按照《滤波器及并联电容器装置检修导则》（DL/T355—2010）、《电力变压器检修导则》（DIZT 573—2010）、《变压器分接开关运行维修导则》（DI/T 574—2010）、《电力系统用蓄电池直流电源装置运行与维护技术规程》（DL/T 724—2000）、《互感器运行检修导则》（DL/T 727—2013）、《架空输电线路运行规程》（DL/T 741—2010）的有关规定执行。

第三节 风电场运行和维修管理

风电场的运行和维修管理决策必须建立在安全生产的基础上，以科技进步为先导，以设备管理为重点，以提高人才质量为保证，在风电场维修和管理方面要充分掌握风电场检修的特点，重点关注风电机组普遍性的缺陷，不断建立和完善风电场维修管理制度，不断提高工作人员的专业素质，通过科学的运行维护管理不断地提高和确保设备的可利用率，在整个风电场的生命周期内，使设备始终保持安全稳定的运转状态，从而提高风电场的发电量和发电效率。

一、检修管理工作的主要内容

（一）技术管理

风电场的技术管理主要包括风电场各项技术指标、检修施工作业标准、管理标准和年度技术改革措施的修订。其中，风电场的技术档案主要是指使用说明书、技术协议、设备出厂记录、主要零件清单等相关资料，同时设备的检修报告、事故报告和风电场日常运行报告也都记录在案。相关标准主要包括设备缺陷管理制度、质量标准、设备检修的程序和工艺方法等。

（二）消缺和定检管理

消除缺陷检查工作主要包括日常故障的排除、大型零件的非日常维护、检修计划的制定和设备维修管理的动态管理等。通常以厂家提供的年度例行保养内容为主要依据，来制定每年的风电场维护计划。在制定维修和管理制度时，要根据风电机组的实际运行状况，保证每个维护期间都能顺利地进行维修和管理工作。同时，在保证风电机组安全运行的前提下，及时调整维护时间，尽量将检修作业安排在每一年的小风月，避免在恶劣的气象条件下作业，从而减少停机维修时间，降低维护成本。同时要对备件进行科学合理的评价，找到符合实际生产要求的管理方法，从而更好地完成维修作业。

（三）风电机组维护和检修管理

根据制造商的标准进行全面检查，包括叶片的清洁、风电机组运行的测试以及控制系统缺陷的消除。定期功能测试主要包括速度测试、紧急停机测试、液压系统各元件的承压测试、振动开关试验以及扭缆开关试验等。

（四）人力资源的管理

主要是指技能培训、人员管理等。风电单位要定期组织培训，培训内容包括维修管理工作的相关标准，使工作人员的工作标准化，建立完善的考核制度，对参加培训的人员及时进行考核；定期对公司管理制度及场内各项规章制度进行学习，风电场工作严格执行公司管理制度及场内各项规则制度。不断学习国内外先进的维修和管理经验，不断提高检修管理人员自身的专业技术能力，从而更好地适应新形势的考验。

（五）信息化平台的建设

信息化平台服务于风电企业商业化运营与标准化管理，为企业的生产、运行提供方便快捷的信息处理手段，为各级主管提供有效的管理工具和决策支持工具，从而优化企业资源配置，提高管理效率和生产效率。内容有设备基本信息管理、故障分类统计及趋势分析、维护工作标准流程、安全监督管理、预防性维护管理、风电场运行管理、物资管理、生产运行数据查询及统计。

二、检修管理工作的要求

风电场检修管理工作要求见表 9-2。

表 9-2 风电场检修管理工作要求

项目		内容
检修基本管理要求	检修计划	风电场每年应编制年度检修计划并严格执行，不得随意更改或取消，不得无故延期或漏检，切实做到按时实施。可根据需要编制跨年度检修规划；风电场应依据设备的检修周期、设备的监测报告、设备维护手册提供的检修要求、当地的气象特点，编制下年度检修计划；检修计划内容主要包括项目名称、机号、机组类型、维护级别、维护时间、维护项目、起止日期、列入计划的原因、施工方式、领用物资（材料和备件）和各种费用等
	备品备件管理	风电场应按照可靠性和经济性原则，结合风电场装机情况、设备故障概率、采购周期、采购成本和检修计划确定风电场所需备品备件的定额；为保证检修计划的顺利进行，维护检修项目所需备品备件，应按计划提前订购；风电场应有相应人员负责备品备件的管理，并建立备品备件采购计划表、备品备件出入库登记表、备品备件使用统计表、备品备件维修记录表等；风电场备品备件应按照不同属性分类保管，及时更新备品备件库资料，做到账卡物一致，并逐步实现备品备件的信息化管理；风电场应根据自己的技术水平和备品备件维修产生的效益，合理安排缺陷部件的修理和再利用
	委托检修管理	受托方应具有相应的资质、业绩、完善的质量保证体系和职业健康安全体系；风电场应对委托项目的安全、质量、进度实施全过程管理
	检修费用管理	风电场检修应实行预算管理、成本控制；风电场应编制检修预算，制定相应管理制度和考核方法，提高检修费用的使用效益；风电场检修预算项目主要包括：风电机组日常检修和定期维护项目、大型部件检修项目、输变电设备维护和试验项目等
检蜂过程管理要求	基本要求	风电场检修应实施全过程管理，使检修计划制定、材料和备品备件采购、技术文件编制、施工、验收以及检修总结等环节处于受控状态，以达到预期的检修效果和质量目标；风电场应收集和整理检修相关技术资料，建立检修技术资料档案；风电场应根据检修计划，落实材料和工器具的采购、验收及保管工作；施工机具、安全用具、测试仪器仪表应检验合格；开工前，检修工作负责人应组织检查各项工作的准备情况；检修工作应执行工作票制度；风电场应按照质量验收标准履行规范的验收程序；检修结束，恢复运行前，检查人员应向运行人员说明设备状况及注意事项，提交设备变更记录；工作结束后应及时提交检修报告和总结，并存档；设备检修记录、报告和设备变更等技术文件，应作为技术档案保存
	日常检修全过程管理	风电场应在故障分析的基础上，安排人员和车辆，准备工器具、备品备件等；检修过程应严格按照工艺要求、质量标准、技术措施进行；检修完成后，检修人员应整理工器具，归还缺陷部件，提交风电机组日常检修单；风电场应定期统计故障和备件使用情况，进行分析和总结

续表

检测过程管理要求	大型部件检修全过程管理	大型部件检修开工前，应做好以下各项准备工作： 确定施工和验收负责人；编制检修方案，制定技术措施、组织措施和安全措施；编制项目预算；确定需测绘与校核的专用工具和备品备件加工图：落实物资准备和大型部件检修施工前的场地布置：确定大型吊车及备品备件的到货、进场等时间安排：准备技术记录表格；组织维护检修人员学习检修方案并进行安全技术交底工作，形成记录并确认无误。 设备的解体、修理和安装工作为现场重点工作，应符合下列要求： 检修负责人和相关专业技术人员应在现场；设备检修应严格按技术措施进行作业；设备解体后如发现新的缺陷，应及时补充检修项目，落实检修方法，并修改施工进度表和调配必要的工机具与劳动力等；宜保留解体、修理、安装过程的影像或图片资料。 工作完成后，应提交风电机组大型部件检修总结报告
	定期维护全过程管理	风电场应根据定期维护计划和实施方案安排人员与车辆，准备工器具、备品备件等；维护人员应按照维护手册要求、工期计划、安全措施，全面完成规定维护项目；定期维护通过验收后，恢复机组运行，风电场应跟踪机组在规定时间内的运行情况；维护人员应填写风电机组定期维护记录，并整理归档；定期维护计划完成后应提交风电场定期维护总结报告
	状态检修全过程管理	风电场应根据自身情况选择不同的状态检测方法，并制定检测计划；状态检测设备应检验合格，专业检测应由具备相应资格的单位和人员完成；状态检测应采用统一的数据采集、记录、处理、分析规范，使用同一报告模板，确保状态信息的规范、完整和准确；检测后根据设备的状态信息和评价标准，出具检测报告；风电场应根据检测报告结合实际情况确定设备检修项目和检修时间，并按期执行，检修完成后，应进行绩效评估，并将检修情况和评估结果反馈给状态检测人员；状态监测人员应跟踪检修过程和设备运行情况，验证检测的准确性，持续优化检测手段和分析方法

第四节 风电机组可靠性维护

机械设备的故障预测技术在近年来得到了快速的发展，目前应用最为广泛的方法有三种：基于模型、基于知识和基于数据的故障预测方法。而随着计算机技术和故障诊断技术的快速发展，基于数据的故障预测方法实现的可能性最大，机械设备预测性维护的实现需要大数据分析平台作为支撑。一些实力较强、规模较大的风电机组整机制造商尝试建立风电大数据平台，通过接入风电机组 SCADA 数据，利用智能数据分析方法，实现对风电机组运行状况的监测。丹麦 Vestas 公司与美国 IBM 公司合作开发风电大数据平台，优化风电机组配置方案，提高风电场的发电效能；国内金风科技与美国 HP 公司合作，开发风电场全生命周期管理平台；国内远景风能与国家超级计算中心合作，开发“格林尼治”风电大数据全周期管理平台。风电大数据平台主要侧重于风电场规划、测风方案管理、风资源评估、精细化微观选址、风电场设计优化、经济性评价和资产后评估分析等方面，还可用于机组运行异常状况的监测和预警。

一、风电机组故障及可靠性维护

风电机组运行过程中外部工况十分恶劣和复杂，会不可避免地出现各种各样的故障。

DNVGL 集团围绕 EUFP7 项目对风电机组的故障情况进行了深入研究。通过长期收集多种型号风电机组的 SCADA 数据、现场维护记录和故障报警信息，建立故障信息库，对 35000 次停机事件进行统计分析，得到风电机组各主要零部件故障率。统计结果表明，变桨系统故障、偏航系统故障和齿轮箱故障为风电机组的主要故障模式，其故障率分别为 22%、13% 和 7%。进一步统计分析发现，不同类型故障造成了严重的停机损失时间，其中，变桨系统故障、偏航系统故障和齿轮箱故障造成的停机时间分别占总故障停机时间的 24%、8% 和 6%。

从国内外统计数据可知，风电机组主要故障集中在齿轮箱、发电机、低速轴、高速轴、叶片、电气系统、偏航系统和控制系统等部件，这些部件占风电机组总成本的 80% ~ 90%。如果上述部件发生故障，风电机组停机维修的时间普遍为 1 ~ 8 天。由于风电场多建设于偏远地区或近海区域，交通和配套设施落后，所以现场维护工作相对困难。

纵观国际大型设备运维策略的发展，大体经历了以下三个阶段。

第一阶段事后维修（20 世纪 50 年代以前）。事后维修也称为故障后维修，指在装备发生故障后，再进行维修。早期的设备和系统较为简单，每次任务结束后再进行检查维修，这种运维策略的特点是“坏了再修，不坏不修”。然而，事后维修对设备内一些潜在的隐患和故障重视不够，直接导致故障率较高。在相当长的一段时间内，制约了工业领域大型设备维修的发展。

第二阶段定期检修（20 世纪 50 ~ 60 年代）。定期检修源于军事上美国和苏联两大军事集团主导的航空维修保障技术，定期检修策略对工业领域大型设备维修的发展产生了较为深远的影响，随着该领域技术的不断发展，逐渐形成了两大定期检修维护保障体系。

1. 非计划性定期检修体系（美国模式）。非计划性定期检修体系主要以摩擦学和可靠性理论为基础，其特点是通过周期性的检查和分析，制定维修保障方法。该运维策略减少了故障停机，避免了维修的盲目性，但受主观影响较大，容易造成维修过度或维修不足。

2. 计划性定期检修体系（苏联模式）。计划性定期检修体系是事先制定固定的周期检查时间，减少了非计划的故障停机。由于检修时间固定，且较少考虑设备的实际运行状况、外部环境工况和运维工作任务情况。该运维策略极容易造成维修不足或维修过度，我国早期的大型设备运维体系就是借鉴和模仿苏联的模式。

第三阶段视情维修（20 世纪 70 年代至今）。视情维修也称为基于状态的维修。20 世纪 70 年代以来，随着越来越多机械化、信息化和自动化设备的不断出现，传统大型设备维修保障方式日益凸显出弊端，基于状态的维修应运而生。

视情维修主要根据大型设备的实际运行状态参数判断是否进行维修。通过对大型设备工作和非工作状态下运行状态参数进行检测，判断大型设备可能发生的故障，分析故障机理，根据检测和分析结果，决定进一步的设备维修工作。

20 世纪 70 年代至今，工业领域不断涌现大型设备维修保障决策理论，其中，较具代表性的维修保障决策理论是以可靠性为中心的维修（reliability centered maintenance，RCM）。以可靠性为中心的维修的基本思路是：对系统进行功能与故障分析，明确系统内各故障的后果；用规范化的逻辑决断方法，确定出各故障后果的预防性对策；通过现场故障数据统计、专家评估、定量化建模等手段，在保证安全性和完好性的前提下，以维修停机损失最小为目标优化系统的运维策略。以可靠性为中心的维修改变了传统的定期检修只凭经验和主观判断的弊端，根据大型设备的可靠性评价结果和保持设备功能的需要，确定维修计划，节约了维修费用，提高了设备的可利用率和可靠性。

以可靠性为中心的风电机组运维策略是建立在机组运行状态监测基础上的，是目前国际流行的、用以确定设备预防性维修需求的一种系统工程方法。利用先

进的智能监测和故障诊断分析手段，及时发现早期故障，分析故障产生的原因，通过调整工作条件或适度减小出力，使风电机组维持正常运转。因为故障维修前已做好充分的准备，对故障位置和故障成因又有清晰的了解，所以大大减少了维修所用的时间，节省了现场维护的成本。

目前，我国风电机组现场运维工作主要采用定期检修和事后维修相结合的方式，这种方式缺乏对风电机组实际运行状况、外部环境工况条件、关键机械零部件疲劳载荷状况以及风电机组历史运行状况的了解，难以实现保证机组安全性、延长机组寿命和降低现场运维成本的目标。

二、基于大数据分析的风电机组智能状态监测

（一）智能状态监测系统

风电机组智能状态监测系统主要由历史事件监测部分和历史状态监测部分组成。历史事件监测部分通过记录风电机组历史故障模型与历史运维方案，在考虑到数据与信息的充分性、成本限制、资源限制以及风电机组可靠性与安全性的基础上，形成故障概率模型、可靠性模型、运维服务质量模型，预测风电机组可能发生重大事故，并以此更新现有运维方案。历史状态监测部分是实现风电机组智能状态监测系统的基础。通过实时监测风电机组运行状态，训练并形成风电机组正常运行状态模型。利用数据挖掘技术和人工智能技术，融合风电机组运行状态监测和早期故障预警，形成从风电机组运行状态数据和事件信息到运维方案与运维计划的有效转化。

风电机组智能运行状态监测系统主要由运行状况预警与监测部分、SCADA 数据通信传输部分和数据存储与分析部分组成。采用英国 GH 公司的 SCADA 远程接口单元（remote interface unit，RIU），实现 SCADA 数据格式处理和通信协议转换。风电机组 SCADA 在线监测系统能够收集风电机组运行相关数据，实时掌握风电机组的运行状态，对风电机组整机功率特性状况和部件早期缺陷进行预警与监测。典型的风电场SCADA在线监测系统由远程接口单元、现场通信网络、SCADA 现场服务器、现场工作站、远程客户端等组成。SCADA 在线监测系统的核心部分为风电机组塔底主控制柜。主控制柜内可编程逻辑控制器负责风电机组各种运行数据和参数的监测，通过以太网与 Internet 连接，将风电机组实时参数和运行数据传送至远端风电大数据中心，由大数据中心对所收集的数据进行统一分析和处理。

风电机组及其零部件进行早期故障监测和预警，分析故障原因，跟踪故障发展趋势，优化现场运维方案和运维计划，实现以可靠性为中心的风电机组预测性维护策略。

（二）风电机组功率特性状态监测

由于气象条件、环境条件以及在风电场中风电机组的分布情况不同，所以风电机组实际功率特性曲线与标准功率特性曲线存在着一定差异。为了有效地评价风电机组的实际运行状况，需要对风电机组轮毂中心高度处实际风速与风电机组输出有功功率进行测试，利用功率特性分析方法将上述测试数据进行分区，得到每一规格化分区后的风速区间的平均风速和平均输出功率，从而评价风电机组的功率特性。风电机组的功率特性除了表述风电机组整体的能量转换能力，还可以反映风电机组的整体运行状态。

风速测量的准确性受到运行风电机组和障碍物所引起的尾流效应的影响程度较大。所以测量风速时为了避免邻近运行风电机组及大型障碍物尾流的影响，需要全面综合地考虑风电机组周围障碍物的分布情况，从而最终确定排除扇区。《风力发电机组第12部分风轮发电的动力性测试》（IEC 61400-12-1-2017）标准列举了测试场地中5种典型的运行风电机组和障碍物分布模式，在确定测试场地有效扇区的过程中，须按照以下每种情况逐一进行分析。

视为排除区域的测试场地气流畸变区域有气象桅杆处于被测风电机组的尾流中；气象桅杆处于临近正在运行的风电机组的尾流中；被测风电机组处于临近正在运行的风电机组的尾流中；气象桅杆处在高大障碍物的尾流中；被测风电机组处在高大障碍物的尾流中。

利用风电机组SCADA数据对风速进行测量，采用风电场内各风电机组机舱风速计作为风速传感器，融合风电场多台风电机组SCADA风速历史数据，实施风速测量，改善了尾流效应对风速监测数据准确性的影响。然后基于风速测量结果对风电机组功率特性数据的分布情况进行拟合分析，评估风电机组输出功率性能降级程度。利用贝叶斯极大似然分类器对风电机组功率特性降级状况进行模式分类，利用概率统计对风电机组SCADA功率特性数据分布状况的相似性进行分析，识别潜在的运行异常状况，从而定量化评估设备的性能退化程度。实现风电机组运行异常状况的有效预警。

对风电机组功率特性降级的预警需要建立运行异常状况模型库，监测数据采用10min功率特性数据，将风电机组功率特性分为正常运行、微弱功率降级、轻度功率降级、中度功率降级、偏重功率降级、严重功率降级。

（三）基于大数据分析平台的齿轮箱故障识别与预警

利用风电机组SCADA系统，收集齿轮箱运行状态数据，风电机组SCADA数据主要包括两大类：运行状态数据和运行状态信息。运行状态数据包含有功功率、无功功率、齿轮箱轴承温度、齿轮箱油箱温度、机舱温度、环境温度、故障码、液压油温度、定子三相电压、定子三相电流、发电机转速等126个状态参数；运行状态信息包含机组启动、停机、发电机超温、变桨系统故障、发电机系统故障、变频器系统故障、偏航系统故障、液压系统故障和齿轮箱系统故障等实时运行状况信息。建立齿轮箱早期故障监测参数预测模型，找出SCADA系统中每个变量与齿轮箱温度之间的关系，根据变量与齿轮箱温度之间的相关系数实现齿轮箱故障识别与预警。

为了深入诊断齿轮箱内部机械部件的损伤状况，需要对该机组齿轮箱进行振动测试分析。试验所采用的测试设备为法国 AREVA 集团的 Oneprod-Wind 风电机组传动链振动测试系统，该系统具有 12 路模拟采集通道，可通过传感器及数据采集器采样参数的灵活配置进行多种测量，实现风电机组齿轮箱的故障诊断试验研究。

第十章 风力发电机组的维护管

第一节 维护的基础工作

风力发电机组是集电气、机械、空气动力学等各学科于一体的综合产品，各部分紧密联系，息息相关。风力发电机组维护的好坏直接影响到发电量的多少和经济效益的高低，风力发电机组本身性能的好坏，也要通过维护检修来保持，维护工作及时有效可以发现故障隐患，减少故障的发生，提高风力发电机组的效率。

通常风力发电机组维护的要求如下：

1. 风力发电机组转动部位的轴承每隔3个月应注一次润滑油或润滑脂，最长不能超过6个月；机舱内的发电机等部件的润滑最长间隔时间不能超过1年，具体要视风力发电机组的运行情况而定。

2. 每月都应检查增速器内的润滑、冷却部位是否缺油、漏油。每年应换油1次，最多不能超过2年。

3. 每周都应检查1次有刷励磁发电机的炭刷、滑环是否因打火被烧出坑，发现问题应及时维修和更换。

4. 每月都应检查1次制动器的刹车片，调整间隙，确保制动刹车功能。

5. 每月应检查1次液压系统是否漏油。

6. 每月应检查1次所有紧固件是否松动，发现松动即时拧紧。

7. 每月应检查1次发电机输出用炭刷和集电环是否接触良好。检查输出用电缆是否打结，以防解绕失灵而机械停机开关未起作用造成电缆过缠绕。

8. 单机使用的风力发电机组经整流（或直接）给蓄电池充电，再经蓄电池至“直－交”逆变器或“交—直—交”逆变器。应每天都检查1次蓄电池的充电、放电情况及连锁开关是否正常，防止蓄电池过度充电、放电而报废，对逆变器也进行检查，防止交流频率发生变化对用电器造成损害。

9. 每天都应检查电控系统是否正常。

风力发电机组维护可分为定期检修维护和日常排故维护两种方式。

一、定期检修维护

风力发电机组的定期检修维护可以让设备保持最佳期的状态，并延长风力发电机组的使用寿命。定期检修维护工作的主要内容有风力发电机组连接件之间的螺栓力矩检查（包括电气连接）、各传动部件之间的润滑和各项功能测试。

风力发电机组在正常运行时，各连接部件的螺栓长期运行在各种振动的合力当中，极易松动，为了不使其在松动后导致局部螺栓受力不均被剪切，必须定期对其进行螺栓力矩的检查。在环境温度低于 -5℃时，应使其力矩下降到额定力矩的 80% 进行紧固，并在温度高于 -5℃后进行复查。一般对螺栓的紧固检查都安排在无风或风小的夏季，以避开风力发电机组的高出力季节。

风力发电机组的润滑系统主要有稀油润滑（或称矿物油润滑）和干油润滑（或称润滑脂润滑）两种方式。风力发电机组的齿轮箱和偏航减速齿轮箱采用的是稀油润滑方式，维护方法是补加和采样化验，若化验结果表明该润滑油已无法再使用，应进行更换。干油润滑部件有发电机轴承、偏航轴承、偏航齿等。这些部件由于运行温度较高，极易变质，导致轴承磨损，定期检修维护时，必须每次都对其进行补加。另外，发电机轴承的补加剂量一定要按要求的量加入，不可过多，防止太多后挤入电机绕组，使电机烧坏。

定期检修维护的功能测试主要有过速测试、紧急停机测试、液压系统各元件定值测试、振动开关测试、扭缆开关测试，还可以对控制器的极限定值进行一些常规测试。

定期检修维护除以上三大项以外，还要检查液压油位是否正常、各传感器有无损坏、传感器的电源是否可靠工作、闸片及闸盘是否磨损等。

二、日常排故维护

风力发电机组在运行当中，也会出现一些故障必须到现场去处理，这样就可顺便进行日常排故维护。

1. 观察。要仔细观察风力发电机组内的安全平台和梯子是否牢固，有无连接螺栓松动，控制柜内有无糊味，电缆线有无位移，夹板是否松动，扭缆传感器拉环是否磨损破裂，偏航齿的润滑是否干枯变质，偏航齿轮箱、液压油及齿轮箱油位是否正常，液压站的表计压力是否正常，转动部件与旋转部件之间有无磨损，看各油管接头有无渗漏，齿轮油及液压油的滤清器的指示是否在正常位置等。

2. 听。听控制柜里是否有放电的声音，有声音就可能是有接线端子松动或接触不良，必须仔细检查，听偏航时的声音是否正常，有无干磨的声响，听发电机轴承有无异响，听齿轮箱有无异响，听闸盘与闸垫之间有无异响，听叶片的切风声音是否正常。

3. 清理。清理干净自己的工作现场，并将液压站各元件及管接头擦净，以便于今后观察有无泄漏。

虽然上述日常排故维护项目并不是很完全，但只要每次都能做到认真、仔细，一定能很好地防范故障隐患，提高设备的完好率和可利用率。要想运行维护好风力发电机组，在平时还要对风力发电机组相关理论知识进行深入研究和学习，认真做好各种维护记录并存档，对库存的备件进行定时清点，对各类风力发电机组的多发性故障进行深入细致分析，并力求对其做出有效预防。只有防患于未然，才是运行维护的最高境界。

第二节　维护项目及所需工具

一、维护项目

第一，风力发电机组安装调试完运行一个月后，需要进行全面维护，包括所有螺栓连接的紧固、各个润滑点的润滑，以及其他各个需要检查的项目。

第二，最初运行一个月的维护做完后，风力发电机组的正常维护分为间隔半年维护和间隔一年维护，两种维护类型的内容不尽相同，具体维护项目按维护表执行。

台 1500kW 风力发电机组一年需要进行两次正常维护，即间隔半年维护和间隔一年维护。间隔半年维护主要是检查风力发电机组的运行状况及各个润滑点加注润滑脂；间隔一年维护还需抽查螺栓力矩，如抽检时发现某处螺栓有松动现象，则应该对该处螺栓进行全部检查。

对于高强度螺栓维护检查项目主要应注意以下四方面的问题。

1. 维护检修周期

风力发电机组运行 1000h 要检查重点部位螺栓紧固情况，机组运行 2500h 进行机组紧固件定期检查，应全部检查。

2. 维护检查标准

进行第一次维护及检查时，应检查所有螺栓；进行第二次及后续维护和检查时，应检查 10% 的螺栓，要求均匀检查，只要一个螺栓可转动 20°，说明预紧力仍在限度以内，但要检查该法兰内所有螺栓；如果螺母转动 50°，则应更换螺栓和螺母，且该项剩余的所有螺栓必须重新紧固，更换后的螺栓应该做好相应的标记，并在维护报告中记录。

3. 允许使用的工具

维护检查时允许使用的工具有液压扳手、力矩放大器，但不要使用电动扳手。力矩误差要控制在 ±3% 以内。

4. 防锈方法

目测螺栓是否锈蚀，对于锈蚀严重的，需要换；对于已经生锈但不严重的螺栓，手工除锈之后均匀涂红丹防锈漆做底漆，再涂银粉漆；对于未锈螺栓，均匀涂红丹防锈漆做底漆，再涂银粉漆。

二、维护所需工具

维护前需明确本次维护的内容，带上相应的维护表；备齐安全防护用具和维护所需的工具及油品。不同的维护类型不一定用到表中所列的所有工具，可根据需要进行选择。

第三节 风力机的维护

检查风轮罩表面是否有裂痕、剥落、磨损或变形，风轮罩支架支撑及焊接部位是否有裂纹。叶片检查和维护过程需要用到的工具为防护面具，防护手套，扭力扳手（1250N·m，M30），扭力扳手（1300N·m，M30）防水记号笔，照相机，木槌，望远镜，液压扳手（1250N-m，M30），液压扳手（1300N·m，M30）双头呆扳手（10mm×13mm），双头呆扳手（16mm×18mm），十字形螺丝刀（Ⅱ型），手电筒，记录卡片。

1. 为确保工作人员的安全，到轮毂里作业前，必须用风轮锁紧装置完全锁紧风轮，锁紧方法如下所述。

停机后，桨叶到顺桨位置，一人在高速轴端手动转动高速轴制动盘，另一人观察轮毂转到方便进入的位置，松开定位小螺柱，用呆扳手逆时针旋转锁紧螺柱，锁紧装置内的锁紧柱销就会缓缓伸出。当锁紧柱销靠近锁紧盘时，慢慢转动风轮，使锁紧柱销正对风轮制动盘上的锁紧孔，然后继续逆时针旋转锁紧螺柱，直到锁紧柱销伸入锁紧孔1/2以上为止。轮毂内作业完成，所有工作人员回到机舱后，应该顺时针拧锁紧螺柱，直到锁紧柱销完全退回到锁紧装置内，锁紧上面的小螺柱，以防止运行时风轮与锁紧销相碰。运行前必须完全退回锁紧装置。

风轮锁紧装置用SKF润滑脂润滑，每个油嘴注入10g。

2. 高速轴锁紧装置

高速轴锁紧装置，它是安装在齿轮箱后部的一个插销式锁紧装置，通过插销把锁紧装置和高速轴制动圆盘固定，具有简单、快捷的特点。

3. 变桨轴承与沦毂连接

检查维护过程所需工具为液压扳手、46mm套筒、线滚子。将液压扳手搬到机舱罩前部，把液压扳手放置在安全位置；扳手头和控制板由两个人分别控制，调好压力，开始检查螺栓力矩。

液压扳手电源从塔上控制柜引出。

4. 桨叶与变桨轴承连接

检查维护所需工具为液压扳手、50mm中空扳手、线滚子。

1500kW风力发电机组的每片桨叶都有自己独立的变桨系统。由于轮毂内位置有限，在紧螺栓时，需要进行2～3次的变桨动作，将桨叶转到不同位置，才能检查到全部的桨叶螺栓。

变桨动作时，要首先打开维护开关，才可以在控制柜内手动操作，对桨叶进行360°回转。操作次序如下：

（1）在机舱控制柜切断轮毂UPS、断路器Q20.1和Q20.3。

（2）切断主柜的1F2、1F3、1F4断路器。

（3）拔下连接轴柜的行程开关插头 H（1，2 或 3）。

（4）拔下连接轴柜的发电机插头 C（1、2 或 3）。

这样才能可靠保证发电机不会带动回转齿圈。在维护结束时，应当按相反次序进行恢复。

注意：①只有在完全保证发电机不会带动齿圈旋转的情况下才能进行维护，在此过程中，身体的任何部位或工具不应接触回转齿圈；②当手动操作一片桨叶进行维护时，必须保证其他两片桨叶在顺桨位置。

5. 风轮罩与轮毂连接

检查维护所需工具为扭力扳手，24mm 呆扳手、活扳手。

检查所有风轮罩与支架连接螺栓、支架与轮毂连接螺栓，按维护表中的要求紧固到相应扭矩，并检查 M16 以下连接螺栓。

6. 检查轮毂内螺栓连接

在 1500kW 风力发电机组轮毂内，除了桨叶连接螺栓外，还包括轴控柜支架、限位开关、变桨电动机等部件的螺栓连接。应按照维护表要求，把所有固定螺栓紧到规定力矩。

轮毂内变桨电动机与轮毂的连接使用内六角螺栓时，要求使用规格为 14mm 的旋具头，并用扭力扳手紧固到要求力矩。

7. 变桨集中润滑系统

1500kW 变桨润滑采用 BAKE 集中润滑系统。检查集中润滑系统油箱油位，当油位低于 1/2 时，必须添加润滑脂。半年维护的用油量约为 1.8kg，记录添加前、后的油脂面刻度，验证油脂的实际用量是否准确。检查油管和润滑点是否有脱离或泄漏现象。检查变桨轴承密封圈的密封性，除去灰尘及泄漏出的多余油脂。

（1）强制润滑

按泵侧面的红色按钮，即可在任何时候启动一次强制润滑。这个强制润滑按钮也可以用于检查系统的功能。在维护过程中，对集中润滑系统进行 1 ~ 2 次强制润滑，确保润滑系统正常工作。

（2）检查集油盒

集油盒内的废油超过容量的 1/5 时，则需要清理。

轮毂内维护工作完成后，必须对轮毂内进行卫生清理，并做仔细检查，保持轮毂内清洁，严禁变桨齿圈和驱动小齿轮的齿面存在垃圾和颗粒杂质，这将对变浆齿圈或电极造成损坏。

8. 检查桨叶表面

站在机舱罩上，做好安全防护措施，仔细检查桨叶根部和风轮罩的外表面，看是否有损伤或表面有裂纹。叶片内残存胶粒造成的响声是否影响到正常运转，若有则需要清理叶片内胶粒。检查桨叶是否有遭雷击的痕迹。

9. 叶片的维护检修

风力发电机组叶片是具有空气动力形状、接受风能使风轮绕其轴转动的主要构件，具有复合材料制成的薄壳结构。

运行中应加强对叶片的日常巡视，特殊天气后应对叶片全面重点检查。叶片的定期维护检修一般首次是运行 12 个月后，之后每 24 个月进行一次。

（1）外观维护检查。叶片的表面有一层胶衣保护，日常维护中应检查是否有裂痕、损害和脱胶现象。在最大弦长位置附近处的后缘应格外注意。

①叶片清洁。污垢经常周期性发生在叶片边缘，通常情况下，叶片不是很脏时，雨水会将污物去除。但过多的污物会影响叶片的性能和噪声等级，所以，必须要清洁叶片，清洁时一般用发动机清洁剂和刷子来清洗。

②表面砂眼。风力发电机组在野外风沙抽磨的环境下，时间久了叶片表层会出现很多细小的砂眼。这些砂眼在风雨的侵蚀下会逐渐扩大，从而增加风力机的运转阻力，若砂眼内存水，会增加叶片被雷击的几率。在日常巡检中，发现较大砂眼要及时修复。通常采用抹压法和注射法对叶片砂眼进行修复。

③裂纹检查与修补。检查叶片是否有裂纹、腐蚀或胶衣剥离现象；是否有受过雷击的迹象。雷击损击的叶片的叶尖附件防雷接收器处可能产生小面积的损害。较大的闪电损害（接收器周围大于 10mm 的黑点）表现在叶片表面有火烧黑的痕迹，远距离看像是油脂或油污点；叶尖或边缘、外壳与梁之间裂开，在易断裂的叶片边缘及表面有纵向裂纹，外壳中间裂开；叶片缓慢旋转时叶片发出咔嗒声。

观察叶片可以从地面或机舱里用望远镜检查，也可以使用升降机单独检查。出现在外表面的裂纹，在裂纹末端做标记并且进行拍照记录，在下一次检查中应重点检查，如果裂纹未发展，不需要采取进一步措施。裂缝的检查可以通过目测或敲击表面进行，可能的裂缝处应用防水记号笔做记号。如果在叶片根部或叶片承载部分发现裂纹或裂缝，风力发电机组应停机。

裂纹发展至玻璃纤维加强层处，应及时修补。若出现横向裂纹，应采用拉缩加固复原法修复，细小的裂纹可用非离子活性剂清洗后涂数遍胶衣加固。如果环境温度在 101 以上时，叶片修补在现场进行。温度降低，修补工作延迟直到温度回升到 10℃以上。当叶片修补完后，风力机先不要运行，需等胶完全固化。现场温度太低而不能修补时，叶片应被吊下运回制造公司修补。一个新的或修复后叶片安装后应与其他叶片保持平衡。

第一，防腐检查。检查叶片表面是否有腐蚀现象。腐蚀表现为前缘表面上的小坑，有时会彻底穿透涂层；叶片面应检查是否有气泡。当叶片涂层和层压层之间没有充分结合时会产生气泡。由于气泡腔可以积聚湿气，在温度低于 0℃（湿气遇冷结成冰）时会膨胀和产生裂缝，因此这种损害应及时进行修理。

第二，叶片噪声与声响检查。叶片的异常噪声可能是由于叶片表层或顶端有破损产生的，也可能是叶片尾部边缘产生的。如叶片的异常噪声很大，可能是由于雷击损坏。被雷击损坏的叶片外壳处会裂开，此时，风力发电机组应停机，修补叶片。应检查叶片内是否有异物不断跌落的声响，如果有，应将有异常声响的叶片转至斜向上位置，锁紧叶轮。如存在异物，则应打开半块叶片接口板取出异物。

第三，排水孔检查。应该常清理排水孔，保持排水通畅。若排水孔堵死，可以用直径大约5mm的正常钻头重新开孔。

第四，T型螺栓保护检查。在叶根外侧应检查柱型螺母上部的层压物质是否有裂纹，检查螺母有没有受潮。在叶片内侧，柱型螺母通过一层PU密封剂进行保护，有必要进行外观检查。根据要求定时定量向叶片轴承加油脂，需在各油嘴处均匀压入等量润滑脂。

10. 轮毂的维护检修

风力发电机组的核心部件是风轮，风轮由叶片和轮毂组成。轮毂是将叶片或叶片组固定到转轴上的装置，它将风轮的力和力矩传递到主传动机构中去。

轮毂的日常维护项目包括检查轮毂表面的防腐涂层是否有脱落现象，轮毂表面是否有裂纹。如果涂层脱落，应及时补上。对于裂纹应做好标记并拍照，随后的巡视检查中应观察裂纹是否进一步发展，如有应立即停机并进行维护检修。检查轮毂内是否有异物不断跌落的声响，检查电机制动盘和制动环之间是否有异物不断滚动。轮毂内如有异物，应清理出来，并检查异物的来源。如果是螺栓松动造成，检查所有这种螺栓是否松动，并全部涂胶拧紧。如果螺栓断裂，则应及时更换。制动盘和制动环之间如有异物存在，则应停机清理。

第四节 传动系统与发电机的维护

一、传动系统的维护

（一）主轴

1. 主轴集中润滑系统

1500kW主轴润滑采用BAKE集中润滑系统，检查集中润滑系统油箱油位，当油位低于1/2时，必须添加润滑脂。半年维护的用油量约为2.4kg，记录添加前、后的油脂面刻度，验证油脂的实际用量是否准确。检查油管和润滑点是否有脱离或泄漏现象。

（1）强制润滑。按泵侧面的红色按钮，即可在任何时候启动一次强制润滑。这个强制润滑按钮也可以用于检查系统的功能。在维护过程中，对集中润滑系统进行1 ~ 2次的强制润滑，确保润滑系统正常工作。

（2）积油盆清理。在主轴轴承座正下方有一个积油盆，应该定期对积油盆进行清理，保持机组整洁。

2. 主轴与轮毂连接

检查维护所需工具为液压扳手、55mm套筒、线滚子。

先检查上半圈连接螺栓，再转动风轮将下半圈的螺栓转上来进行检查。为了操作方便，检查前需先拆下防护栏，检查完后再装回。

值得注意的是，为保障安全，不得在转动风轮时进行螺栓的检查工作。

3. 主轴轴承座

检查维护所需工具为液压扳手、55mm 套筒、线滚子。

主轴轴承座螺栓两侧共 10 个，使用液压扳手时，可将扳手反作用力臂靠在相邻的螺栓上。

4. 主轴轴承座与端盖

检查主轴轴承座与端盖连接的所有螺栓。其中，最下面几个螺栓可以拆掉积油盆后进行检查。

5. 胀套

检查维护所需工具为液压扳手、46mm 套筒、线滚子。

转动主轴，检查胀套螺栓是否达到规定扭力。

（二）齿轮箱

1. 齿抡箱常规检查

齿轮箱和各旋转部件处、接头、结合面是否有油液泄漏。在故障处理后，应及时将残油清理干净。

检查齿轮箱的油位，在风力发电机组停机时，检查齿轮箱在运行时是否有异常的噪声。

2. 弹性支撑轴与圆挡板连接

检查维护所需工具为液压扳手、46mm 套筒、线滚子。

检查垫块是否有移位，按规定检查力矩。

3. 弹性支撑与机舱连接

检查维护所需工具为液压扳手、55mm 套筒、线滚子。

按规定检查力矩。检查弹性支撑的磨损状况，是否有裂缝以及老化情况。

值得注意的是，用液压扳手工作时，扳手反作用力臂禁止直接作用在齿轮箱箱体上。

4. 齿轮油的更换

齿轮油使用 3 ~ 5 年后必须更换。更换油液时，必须使用与先前同一牌号的油液。为了清除箱底的杂质、铁屑和残留油液，齿轮箱必须用新油液进行冲洗。高黏度的油液必须进行预热，新油液应该在齿轮箱彻底清洗后注入。操作次序如下：

（1）在放油堵头下放置合适的积油容器，卸下箱体顶部的放气螺帽。

（2）把油槽及凹处的残留油液吸出，或用新油进行冲洗，这样也可以把油槽中的杂质清除干净。

（3）清洁位于放油堵头处的永磁铁。

（4）拧紧放油堵头（检查油封，堵头处受压的油封可能失效），必要时可更换放油堵头。

（5）卸下连接螺栓，抬起齿轮箱盖板进行检查。

（6）将新的油液过滤后注入齿轮箱（过滤精度为 60；zm 以上）。必须使油液可以润滑到轴承以及充满所有的凹槽。

（7）检查油位（油液必须加到油标的中上部）。

（8）盖上观察盖板，装上油封。

（三）联轴器

1. 联轴器表面观察

观察联轴器表面是否变形扭曲，高弹性连杆表面是否有裂纹。

2. 联轴器连接

由于联轴器的特殊性（起刚性连接和柔性保护作用），要求严格按照规定的力矩进行检查。

3. 齿轮箱输出轴与发电机输入轴对中

在机组月维护、半年维护和一年维护时，都要对齿轮箱输出轴与发电机输入轴进行对中测试，轴向偏差为（700 ± 0.25）mm，径向偏差要求为 0.4mm，角向偏差为 0.10。如果测试值大于以上精度要求，则要对发电机进行重新对中。

二、发电机的维护

（一）双馈式异步发电机

1. 发电机集中润滑系统

所需工具为油枪一把、润滑脂。

发电机润滑使用林肯集中润滑系统。半年维护使用油脂量约为 0.3kg。检查集中润滑系统油箱油位，若有必要则添加润滑脂，并记录添加前、后的油脂面刻度。检查润滑系统泵、阀及管路是否正常，有无泄漏。

强制润滑：启动一个强制润滑，用来检查系统的功能。在维护过程中，对集中润滑系统进行 1 ~ 2 次的强制润滑，确保润滑系统正常工作。

2. 发电机滑环、电刷维护

通常发电机主电刷和接地电刷的寿命约为半年，在维护时维护人员要特别注意检查。

维护人员在维护时，打开发电机尾部的滑环室，检查滑环表面痕迹和电刷磨损情况。正常情况下，各个主电刷应磨损均匀，不应出现过大的长度差异；滑环表面应形成均匀薄膜，不应出现明显色差或划痕，若表面有烧结点、大面积烧伤或烧痕、滑环径向跳动超差，必须重磨滑环。值得注意的是，在观察过程中，不要让滑环室上盖的螺栓或弹簧垫圈摔入滑环室。

主电刷和接地电刷高度少于新电刷 1/3 高度时需要更换，更换的新电刷要分别使用粗大砂粒和细砂粒的砂纸包住滑环，对新电刷进行预磨，电刷接触面至少要达到滑环接触面的 80%。磨完后仔细擦拭电刷表面，安装到刷握里，并要确定各刷块均固定良好，清洁滑环室、集尘器，清洁后测量绝缘电阻。

3. 发电机与弹性支撑连接

检查维护所需工具为液压扳手、46mm 中空扳手头。

检查各连接螺栓的力矩。

4. 发电机弹性支撑与机舱连接

检查维护所需工具为 24mm 套筒、300N · m 扭力扳手。

检查各连接螺栓力矩。

5. 发电机常规检查

（1）检查接线盒和接线端子的清洁度。

（2）确保所有的电线都接触良好，发电机轴承及绕组温度无异常。

（3）检查风扇清洁程度。

（4）检查发电机在运行中是否存在异常响声。

6. 动力电缆，转子与接线盒的连接螺栓

检查全部 M16 连接螺栓，扭矩为 75N · m。

7. 主电缆

检查主电缆的外表面是否有损伤，尤其是电缆从机舱穿过平台到塔架内的电缆保护以及电缆对接处的电缆保护，检查其是否有损伤和下滑现象，紧固每层平台的电缆夹块，同时检查灭火器的压力。

（二）直驱式永磁发电机

直驱式永磁发电机是外转子结构永磁多级同步发电机，由叶轮直接驱动，传动结构简单，没有齿轮箱。发电机由定子、转子、定轴、转动轴及其他附件构成。应对发电机的以下部分进行检查和维护。

1. 绝缘电阻

绕组的绝缘电阻可反映绕组的吸潮、表面灰尘积聚及损坏等情况。绕组的绝缘电阻值接近最小工作电阻时，要采取措施对发电

机进行相应处理，以提高其绝缘电阻值。

绝缘电阻分为绕组对地绝缘电阻和两套绕组之间的绝缘电阻。测量绕组对地绝缘时，测量仪器的两端分别接绕组任意一条出线与机壳；测量两套绕组之间的绝缘时，测量仪器的两端分别接两套绕组的任意一条出线。常用的测量仪器是 1kV 摇表或绝缘电阻测试仪，摇表测量时，稳定在 120r/min，数值稳定时读数；绝缘电阻测试仪测量时，用 1k 电压挡，读取 1min 时的数值。

如果绝缘电阻值低于要求的阻值，则需要查找原因，绝缘电阻正常时才可以运行。

2. 电气连接

检查发电机到机舱开关柜的接线是否有磨损，固定是否牢固；检查与发电机断路器连接铜排的螺栓的紧固力矩；检查发电机绕组中性线的固定是否牢固，绝缘或端头热缩封帽是否可靠。

3. 保护设定值

对发电机保护设定值进行检查，如过压保护值、过流保护值、过热保护值等，既包括软件

中的保护值，也包括硬件上的保护值。根据参数表和电路图纸中的数值进行检查。

4. 发电机定子和转于外观

检查有无损坏；检查焊缝和漆面。如果防腐漆面剥落，需要对剥落部位进行补漆处理。

5. 定轴和转动轴

检查定轴表面是否有裂纹，防腐层是否损坏。若有防腐漆面剥落，需要对剥落部位进行补漆处理。

检查定轴和底座、定轴和定子支架、转动轴和转子支架连接部位的螺栓的紧固力矩。

6. 发电机前后轴承的检查

检查轴承密封圈的密封，若表面有多余油脂，需擦拭干净，保证清洁。

加注油脂时，应保证每个油嘴的加注量均匀，同时打开排油口，直到排出旧油。若轴承配有自动加脂装置，则不需要该项操作。

7. 转子制动器及转于锁定装置

（1）检查闸体上的液压接头是否紧固，以及接头处有无漏油现象。

（2）检查摩擦片，当摩擦片厚度不大于 2mm 时需要更换。

（3）检查转子锁定装置转动是否灵活。手轮或螺栓转动不灵活时，需要涂润滑脂。

（4）检查转子锁定装置的接近传感器的间距（应为 3 ~ 5mm）。

（5）叶轮锁定操作必须严格按照对应的技术文件来执行。

第五节 偏航与液压系统的维护

一、偏航系统的维护

（一）偏航驱动器

在维护过程中，由于位置局限，部分螺栓不能用力矩扳手扳紧，要求用扳手敲紧。检查偏航齿箱油位以及偏航齿轮油是否有泄漏；检查偏航电动机在偏航过程中是否有异常响声；检查电磁刹车的间隙，间隙偏大（大于 1 mm）时需要调整。

（二）偏航轴承

（1）偏航轴承与机舱连接。

（2）检查维护所需工具为液压扳手、46mm 套筒。

（3）检查所有螺栓的扭矩，并检查偏航制动圆盘上有无油迹。若有油迹，则需要把油污擦净。检查偏航摩擦片，摩擦片厚度不大于 2mm 时需要更换。

（三）偏航制动器

检查所有螺栓的扭矩，并检查偏航制动圆盘上有无油迹。若有油迹，则需要把油污擦净。检查偏航摩擦片，摩擦片厚度不大于 2mm 时需要更换。

（四）偏航大齿轮润滑

润滑偏航大齿轮的润滑油脂为马力士 GL95 号（低温）。

在偏航大齿轮齿面上均匀涂润滑油脂，检查大齿轮和偏航电动机间隙，检查齿面是否有明显的缺陷。

（五）偏航小齿抡

检查偏航小齿轮有无磨损和裂纹，润滑情况是否正常。

二、液压系统的维护

（一）液压系统

液压系统主要安装在机舱座前部、主轴下面，其作用是给高速制动器和偏航制动器提供压力（液压系统 P_{max}=15MPa，P_{min}=14MPa）。

（二）液压系统的常规检查

（1）检查液压系统管路、液压系统到高速制动器和偏航制动器之间的高压胶管、偏航制动器间连接的硬管是否有渗油现象。

（2）在断电情况下，可以通过手动打压，再旋动接头来手动控制高速制动器。

（三）液压油的更换

为了保证液压系统正常运行，在最初运行 1 年后，液压油必须全部更换，之后液压油每两年更换一次。

将液压油泵停机，打开油缸底部的放油帽，将放出来的油液全部放到事先准备好的容器里。重新拧好放油帽，加油至油标中线以上。

第六节 润滑冷却系统与其他部件的维护

一、润滑冷却系统的维护

（一）冷却系统常规检查

（1）检查各个润滑点是否有润滑，主要查看齿轮箱齿轮是否有油对齿轮进行润滑，齿轮油油路顺序是否正确。

（2）冷却系统的常规检查包括检查冷却系统的接头是否漏油，冷却循环的压力表工作时是否有压力，冷却风扇风向是否正常。

（3）检查在润滑冷却循环系统中的软管是否固定可靠，是否老化或存在裂纹。

（二）冷却系统滤芯的更换

（1）将冷却油泵停机，将准备好的容器放置到滤油器下方的放油阀下，打开放油阀。放完滤油器中残留的油液后，关闭放油阀。

（2）逆时针方向拧开滤油器上方端盖，用手拧住滤芯上部的拉环，往上提起滤芯。卸下滤芯底部黄色端盖，清理干净后，重新装在新的滤芯底部。

（3）将新的滤芯装回滤油器，并将之前放出的齿轮油液倒回滤油器中后，重新旋紧滤油器上方端盖，并恢复其他接线。

二、其他部件的维护

（一）机舱及提升机

1. 主机架检修维护

主机架（机舱底盘）是风力发电机组部分的基础，对各个零部件起支撑、连接和紧固作用。

（1）定期采用清洁剂进行表面清洁，除去残余的油脂或含有硅酮的物质。

（2）目检发现有漆层裂开脱落，应及时清洁并补漆。

（3）目检主机架上的焊缝，如果在随机检查中发现有焊接缺陷，做好标记和记录。如果下次检查发现焊接缺陷有变化，应进行补焊。焊接完成后，下次检查应注意该焊缝。

（4）目检主机架踏板、梯子及其他各部件外形，若有变形损坏，应及时修复或更换。

（5）使用力矩扳手或液压力矩扳手用规定力矩检查机架各部件螺栓连接情况。

2. 罩体维护与检修

为保护机组设备不受外界环境的影响、减少噪声排放，机舱和轮毂均采用罩体密封。罩体的材料一般由聚酯树脂、胶衣、面层、玻璃纤维织物等材料复合而成。

（1）检查机舱罩及轮毂罩是否有损坏、裂纹，如有应及时修复；检查壳体内是否渗入雨水，如有应清除雨水并找出渗入位置；检查罩子内雷电保护线路界线情况。

（2）用力矩扳手以规定的力矩检查各部件连接用螺栓的紧固程度。

（3）检查航空灯接线是否稳固，工作是否正常；电缆绝缘层有无损坏腐蚀，如有应及时修复或更换。

（4）检查风速风向仪连接线路接线是否稳固，信号传输是否准确；检查电缆绝缘层有无损坏或磨损，如有应及时更换。

3. 机舱内电气部件维护

（1）设定参数检查。检查机组控制系统参数设定是否与最近参数列表一致。用便携式计算机通过以太网与机舱 PLC 连接，打开风力发电机组监控界面，进入参数界面观察参数设定。

（2）电缆及辅件检查。观察所有连接电缆及辅件，有无损坏及松动现象；目测观察电缆及辅件有无破坏和损伤现象，并用手轻微拉扯电缆看是否有松动现象。

（3）安装及接线检查。检查机舱控制柜安装及内部接线牢靠情况；目测观察及用手触摸整个柜体是否有松动现象及内部元件的固定是否牢靠，接线是否有松动；目测检查柜内是否干净或有遗留碎片，如有应清理干净。

（4）传感器检查。应进行振动传感器可靠性及安全性检查。用便携计算机通过以太网与机舱 PLC 连接，打开机组监控界面，在风小的情况下偏航，在界面上可以看到由于偏航引起的振动位移情况。

（5）通信光纤检查。检查通信光纤通信是否正常，外观是否完好。目测检查光纤的外护套是否有损坏现象，是否存在应力，特别是拐弯处。

（6）烟雾探测装置检查。检查烟雾探测装置功能是否正常。用香烟的烟雾或一小片燃着的纸来测试烟雾传感器，如果其工作正常，风力发电机组将紧急触发，紧急变桨距动作。

（7）测风装置检查。检查风速风向传感器功能及可靠性。目测观察是否清洁，是否有破损现象；转动风杯和风向标是否顺畅；用万用表测量风速风向加热器的电源是否正常。

4. 提升机维护

慢挡是否正常，提升机的电源线和接地线有没有损伤。

值得注意的是，提升机在工作时，操作人员应注意自身安全，站立稳当，起吊过程中，保持起吊速度平稳，防止物品撞击塔身和平台。

（二）塔架

1. 塔架间连接螺栓

塔架间连接螺栓的检查维护所需工具为液压扳手、55mm 套筒、线滚子、55mm 敲击扳手。

紧固塔架间连接螺栓时，需要 3 个人配合：一个人控制液压扳手；一个人摆放扳手头，在紧固螺栓时，防止螺栓打滑；另一个人则应该用 55mm 敲击扳手将螺栓固定在塔

架法兰下表面的螺栓头上。值得注意的是，使用液压扳手时，不要把手放在扳手头与塔筒壁之间，以防扳手滑出压伤手掌。3 个人应该紧密配合，确保安全。在塔架连接的平台上预设有插座，可以提供液压扳手所需要的电源。液压扳手通过提升机直接运送到上层塔架平台。在提升液压扳手接近平台时，要用慢挡，并由一个人手扶，避免与平台发生碰撞。

2. 塔架Ⅲ与回转支撑连接

塔架Ⅲ与回转支撑连接的检查维护所需工具为液压扳手、41mm 套筒、线滚子。

紧固塔架Ⅲ与回转支撑连接螺栓时，至少需要两个人配合：一个人负责托住液压扳手头；另一个人负责控制液压扳手开关。

值得注意的是，如果液压扳手反作用臂作用在塔架壁上，应在两者之间垫一块 2cm 厚的木板，以免反作用臂擦伤塔架油漆。

3. 梯子、平台紧固螺栓

梯子、平台紧固螺栓的检查维护所需工具为两把 12mm 活扳手（或两把 24mm 呆扳手）。

机舱上的维护工作完成后，可安排一个人带上活扳手先下风力发电机组，顺便检查梯子、平台紧固螺栓。检查螺栓时，只要看螺栓是否松动即可，若有松动，则拧紧螺母（不要用很大的力，以免脚下失去平衡）。平时上下梯子时，若发现有松动的螺栓，也应该及时紧固。

若梯子及任何一层平台上沾有油液、油渍，必须及时清理干净。

4. 电缆和电缆夹块

电缆夹块固定螺栓较容易松动，每次维护时都必须全面检查。检查平台螺栓时，可将电缆夹块固定螺栓一并紧固。要注意查看电缆是否扭曲，电缆表面是否有裂纹，电缆是否有向下滑迹象。

5. 塔架焊缝

检查塔架焊缝是否有裂纹。

6. 塔架照明

若塔架照明灯不亮，应检查是灯管损坏还是整流器损坏，并及时进行修理或更换。塔架内光线不足容易发生意外。

7. 塔筒油漆

检查塔架表面是否有裂纹，防腐漆是否有剥落。若有，需要补漆处理。

（三）监控系统

1. 检查所有硬件是否正常，包括微型计算机、调制解调器、通信设备及不间断电源（UPS）等。

2. 检查所有接线是否牢固。

3. 检查并测试监控系统的命令和功能是否正常。

4. 远程控制系统通信信道测试每年进行一次，保证信噪比、传输电平、传输速率等技术指标达到额定值。

（四）风速风向仪及航空灯

1. 风速风向仪检查维护

（1）检查风速风向仪功能是否正常，检查所有固定螺栓，用扳手手动扳紧即可。

（2）检查连接线路接线是否稳固，信号传输是否准确，电缆绝缘皮有无损坏或磨损，如有应及时更换。

2. 航空灯的检查维护

（1）检查航空灯功能是否正常，固定是否牢靠。

（2）检查航标灯接线是否稳固，工作是否正常，电缆绝缘皮有无损坏腐蚀，如有应及时修复或者更换。

（五）防雷接地系统

检查防雷系统可见的组件是否有受过雷击的迹象，是否完整无缺、安装牢固，如有受过雷击的迹象则应整理和修复组件呈设计状态；检查雷电接收器和叶片表面附近区域是否有雷击造成的缺陷、雷电接收器是否损坏严重、雷电记录卡是否损坏。如果叶片表面变黑，可以用细粒的抛光剂除去；如果雷击造成叶片主体损坏，则由专业维护人员及时进行修补。

1. 雷电保护系统

（1）检查雷电保护系统线路是否完好。

（2）检查叶片是否存在雷击损伤，雷击后的叶片可能存在如下现象：

①在叶尖附近防雷接收器处可能产生小面积的损伤。

②叶片表面有火烧黑的痕迹，远距离看像油脂或油污点。

③叶尖或边缘裂开。

④在叶片表面有纵向裂纹。

⑤在外壳和梁中间裂开。

⑥在外壳中间裂开。

⑦在叶片慢慢旋转时，叶片发出“咔哒”声。

注意，第②项~第④项通常可以从地面或机舱里用望远镜观察。如果从地面观察后，可以决定吊下叶片，在拆卸之前就不用再仔细检查。如果有疑问，就使用升降机单独检查叶片。雷击损坏的叶片吊下后，需经公司质量控制部获悉和批准后，方可修补叶片。安装新的或修补的叶片时必须与其他叶片相比较做平衡。

（3）检查导雷系统可见的组件是否完整无缺，安装牢固。

2. 接地系统

（1）电刷及传感器。

①检查连接主轴和机舱座的电刷接地状况，是否与主轴紧密接触；检查电刷磨损情况。

②检查传感器的螺栓是否紧固，信号指示灯和传感器是否正常。

（2）发电机接地。

①检查接地线和机舱座的连接螺栓是否紧固。

②检查接地线绝缘层是否有破损。

（3）风向风速仪接地。

①检查接地线和塔架的机舱座螺栓是否紧固。

②检查接地线绝缘层是否有破损。

（4）塔架间的连接。

①检查两根接地线和塔架的连接螺栓是否紧固。

②检查接地线是否有破损。

（5）塔架、控制柜与接地网连接。

①检查两根接地线和塔架的连接螺栓是否紧固，接地线绝缘层是否有破损。

②检查接地线和控制柜的连接螺栓是否紧固，接地线绝缘层是否有破损。

参考文献

[1] 王世明，曹宇 . 海上风力发电技术 [M]. 上海：上海科学技术出版社，2020.

[2] 马宏伟 . 风力发电系统控制原理 [M]. 北京：机械工业出版社，2020.

[3] 刘震卿 . 风力发电中的计算风工程 [M]. 武汉：华中科学技术大学出版社，2020.

[4] 侯雪，张润华 . 风力发电技术 [M]. 北京市：机械工业出版社，2020.

[5] 蒲海 . 风力发电机组安装调试 [M]. 国家开放大学出版社，2020.

[6] 姚兴佳 . 风力发电机组原理与应用 [M]. 北京：机械工业出版社，2020.

[7] 孙强 . 大容量海上风力发电机组奥林匹克赛场 [M]. 北京：中国水利水电出版社，2020.

[8] 单光坤 . 海上风力发电技术 [M]. 北京：科学出版社，2019.

[9] 唐明珠 . 风力发电原理 [M]. 长沙：中南大学出版社，2019.

[10] 洪霞，黄华圣 . 风力发电技术 [M]. 北京：中国电力出版社，2019.

[11] 赵万清，皮玉珍 . 风力发电机组结构及原理 [M]. 北京：中国电力出版社，2019.

[12] 赵万清，纪秀，赵晓烨 . 风力发电机组运行与维护 [M]. 北京：中国电力出版社，2019.

[13] 叶杭冶 . 风力发电机组监测与控制 [M]. 北京：机械工业出版社，2019.

[14] 李良君 . 风力发电机组控制技术 [M]. 北京：化学工业出版社，2019.

[15] 任清晨，刘胜军，王维征 . 风力发电机组安装 · 运行 · 维护 第 2 版 [M]. 北京：机械工业出版社，2019.

[16] 王勃 . 风力发电功率预测技术及应用 [M]. 北京：中国电力出版社，2019.

[17] 张军利 . 双馈风力发电机组控制技术 [M]. 西安：西北工业大学出版社，2018.

[18] 赵丽君 . 风力发电技术基础 [M]. 北京：机械工业出版社，2018.

[19] 薛迎成，彭思敏 . 风力发电机组原理与应用 [M]. 北京：中国电力出版社，2018.

[20] 刁统山 . 风力发电技术及其仿真分析 [M]. 北京：电子工业出版社，2018.

[21] 秦世耀，王瑞明，李少林 . 风力发电机组并网测试技术 [M]. 北京：中国电力出版社，2018.

[22] 张军利 . 双馈风力发电机组控制技术 [M]. 北京：中国电力出版社，2018.

[23] 马铁强 . 风力发电机组结构原理与装配方法 [M]. 北京：中国水利水电出版社，2018.

[24] 任岩 . 风力发电机组监测技术与故障诊断研究 [M]. 北京：中国水利水电出版社，2018.

[25] 欧阳金鑫，熊小伏 . 双馈风力发电系统电磁暂态分析 [M]. 北京：科学出版社，2018.

[26] 陈家伟 . 风力发电系统功率控制与载荷抑制技术 [M]. 北京：科学出版社，2018.

[27] 潘文霞，杨建军，孙帆 . 风力发电工程技术丛书 风力发电与并网技术 [M]. 北京：中国水利水电出版社，2017.

[28] 李昆 . 风力发电设备原理 [M]. 北京：中国电力出版社，2017.

[29] 邹振春，赵丽君 . 风力发电机组运行与维护 [M]. 北京：机械工业出版社，2017.

[30] 丁立新 . 风力发电机组维护与故障分析 [M]. 北京：机械工业出版社，2017.

[31] 赵萍 . 大型风力发电机组动力学 [M]. 北京：科学出版社，2017.